蔬菜重金属控制原理与方法

徐卫红 著

科学出版社

北京

内 容 简 介

我国菜田土壤因长期大量使用磷肥以及受城市垃圾、污泥和污灌等影响导致重金属污染问题日趋严重。蔬菜为高重金属蓄积类作物。本书在作者大量研究和实践基础上，详细介绍我国蔬菜重金属污染现状、污染来源分析、蔬菜重金属蓄积的内外影响因素，总结作者和课题组近十五年在蔬菜重金属污染控制方面的阶段性研究成果，系统介绍蔬菜重金属污染控制的方法，阐述低重金属蓄积蔬菜种类及品种选育、生物炭、沸石、植物-微生物修复、外源物质调控等对蔬菜重金属蓄积的影响及生理生化和分子机理。

本书可供植物营养与生态环境、土壤重金属污染修复及蔬菜抗性育种的专家学者、科技工作者、政府部门管理人员和相关领域研究生参考。

图书在版编目(CIP)数据

蔬菜重金属控制原理与方法 / 徐卫红著. — 北京：科学出版社，2019.10
ISBN 978-7-03-061888-7

Ⅰ. ①蔬… Ⅱ. ①徐… Ⅲ. ①蔬菜–土壤污染–重金属污染–污染防治–研究 Ⅳ. ①X53

中国版本图书馆 CIP 数据核字（2019）第 150785 号

责任编辑：莫永国 刘莉莉 / 责任校对：彭 映
责任印制：罗 科 / 封面设计：墨创文化

科 学 出 版 社 出版

北京东黄城根北街16号
邮政编码：100717
http://www.sciencep.com

四川煤田地质制图印刷厂印刷

科学出版社发行 各地新华书店经销
*
2019 年 10 月第 一 版 开本：B5（720×1000）
2019 年 10 月第一次印刷 印张：13.75
字数：270 000

定价：99.00 元
（如有印装质量问题，我社负责调换）

序

　　重金属是一类典型的高毒性和持久性物质，一旦污染环境，将对生态系统产生长期危害，并通过食物链损害人类健康。在我国工农业现代化发展过程中，由于工业"三废"的排放、农用化学品的不合理使用、畜禽粪便农用、污泥农用、污水灌溉及大气沉降等，出现了广泛的农田土壤重金属污染。这使得我国包括蔬菜在内的农作物遭受重金属污染问题日益严峻。据国家生态环境部和自然资源部联合发布的全国土壤污染状况调查公报，我国耕地土壤重金属点位超标率近20%，其中大部分为中轻度污染。常见的农田土壤重金属污染物包括镉、汞、铅、砷、铬、铜等。农田土壤重金属通过作物的吸收和转运，蓄积于其可食部分。近年来，镉米、铅米、砷米、镉麦和蔬菜重金属超标的事件时有报道。超量重金属通常会导致作物减产，并可以通过食物链进入动物和人体，引起急性中毒和慢性中毒，甚至致突变、致癌和致畸。鉴于此，为了削减和控制重金属污染，保护农田生态系统和人类健康，近年来对重金属污染农田土壤修复和农作物重金属阻隔技术的研究成为国内外环境保护工作的紧迫任务和热点研究课题。近十五年来，徐卫红教授及其课题组结合国家大宗蔬菜现代农业产业技术体系栽培与营养研究，在蔬菜重金属污染控制方面进行了大量的研究工作，取得了系列研究成果。《蔬菜重金属控制原理与方法》这本书是作者对其研究和实践成果的阶段性总结，值得庆贺。

　　该书将研究重点聚焦在菜田重金属污染修复和蔬菜重金属含量的控制，是建立在对我国当前农作物重金属污染现状的精准分析之上的。虽然目前菜田土壤重金属污染的健康风险相对低于稻田，但蔬菜亦是我国居民膳食中的主要食品之一，而且对菜田重金属污染的研究相对落后于稻田。因此适时总结出版关于修复菜田重金属污染和控制蔬菜作物重金属蓄积技术的专著十分必要，对广大工作在蔬菜安全生产一线的农业从业人员具有重要的指导作用。该书的另一特色是将土壤改良剂和钝化剂施用、植物营养元素和生物活性物质调控、植物-微生物联合修复、重金属低积累品种选用等农艺调控措施作为修复菜田重金属污染和控制蔬菜作物重金属蓄积的主要技术措施。这些技术特别适用于中轻度重金属污染菜田的安全利用和蔬菜作物重金属含量的达标控制，对从事农田生态系统重金属污染修复和保护的农艺师和环境工程师具有重要的参考价值。此外，该书在重点介绍修复菜田重金属污染和控制蔬菜作物重金属蓄积技术措施的同时，以大量的具体研究实例予以实证，并且注重对相关基本原理的阐述。这对有志于从事重金属污染农田安全利用和绿色农产品生产的莘莘学子无疑是一本不可多得的学习、考研和科研参考书。

该书是作者的蔬菜重金属污染控制研究工作的阶段性总结，也将是作者更广泛而深入研究工作的起点。同时可以预期，随着该书的出版发行，我国将产生更多、更深入和更系统的有关农田重金属污染修复和农作物重金属控制的创造性研究工作，将人们餐桌上的食品安全推向更高水准。

熊治廷

武汉大学资源与环境科学学院

2019 年 7 月

前　　言

随着我国大规模的工业城市化进程，污水灌溉、固体废弃物堆积、大气沉降以及农药和肥料的施用，我国农田重金属污染日益严重。各类土壤重金属污染中，以土壤镉(cadmium，Cd)污染最为严重、危害最大。镉在土壤系统中的污染过程具有隐蔽性、潜伏性、积累性和长期性，能通过食物链进入人体，产生致癌、致畸、致突变性作用。1984 年联合国环境规划署将 Cd 列为 12 种危害全球环境的化学物质和化学过程清单的首位。据美国地质调查局(USGS)2014 年公布的数据显示，2013 年中国 Cd 的产量为 7300 吨，位居全球首位，约占全球总产量的 33%。随着矿山的不断开发和尾矿的日积月累，加上交通和工业的快速发展、农药化肥的滥用等因素，土壤重金属镉污染问题不容乐观。

本书在国家现代产业技术体系专项、国家重点研发计划项目、国家科技支撑计划项目、国际合作项目等课题支持下，开展了近 15 年的蔬菜重金属污染控制相关研究，发表了 33 篇 SCI 论文。本书主要针对菜园土壤重金属污染问题，运用最前沿最新的植物营养学、环境科学、生物学、分子学等科学研究方法，详细论述菜园土重金属污染控制的研究方法和阶段性研究成果，为低中度重金属污染菜园土蔬菜安全生产提供理论参考和实际可操作的修复方案、方法。

全书共分八章。第一章，重金属镉在蔬菜中的吸收、运输和累积机制；第二章，生物炭在蔬菜重金属镉污染控制中的作用；第三章，沸石在蔬菜重金属镉污染控制中的作用；第四章，畜禽粪便在蔬菜重金属镉污染控制中的作用；第五章，菜田重金属镉污染与植物修复；第六章，菜田重金属镉污染与植物-微生物联合修复；第七章，菜田重金属镉污染与外源物质调控；第八章，低重金属镉蓄积蔬菜种类及品种选育。

本书的写作由作者一人完成，书中内容主要来自作者及课题组在相关领域的学术成果，特别感谢王宏信、李文一、刘吉振、韩桂琪、张海波、陈贵青、张晓璟、刘俊、周坤、江玲、熊仕娟、陈蓉、王卫中、陈永勤、迟苏琳、秦余丽、李桃、张春来等多位研究生为本书中数据的获取付出的辛勤劳动，同时感谢彭秋、贺章咪、邓继宝、焦璐琛等研究生在参考文献整理方面和数据核对工作给予的帮助。特别感谢中国科学院生态环境研究中心焦文涛副研究员对本书的大力支持。作者的博士导师武汉大学熊治廷教授还在百忙之中欣然提笔为本书作序，科学出版社刘莉莉等编辑为本书的出版付出了辛苦的工作，在此一并表示衷心的感谢！

　　本书以作者和课题组的科研工作为重点撰写而成，难免有疏漏或不妥之处，一些观点也是一家之言，尚祈读者和相关领域专家惠予批评指正。

徐卫红

2019 年 5 月

目　　录

绪　　论

在重金属污染物中，镉(Cadmium，Cd)由于其迁移性较强、生物毒害性高、污染面积大等原因，被列为主要土壤重金属污染物(Satarug et al.，2003)。Cd 在自然界中常以硫镉矿存在，一般含量很低，不会影响人体健康(周健，2013)。土壤是生态环境系统的重要组成部分，也是人类赖以生存和发展的重要自然资源之一。土壤环境质量对于农业生产十分重要。近年来，我国由于采矿、电镀、冶金等工业活动产生的废水、废气、固体废弃物的排放，污水灌溉，磷肥及有机肥施用等，使大面积农田土壤被 Cd 污染(Hawrylak-Nowak et al.，2014；Wong et al.，2014；Li et al.，2009；Huang et al.，2009)。土壤中的 Cd 通过土壤-植物系统迁移到农作物中，影响食品安全生产，并可通过食物链转移到人体内，引起 Cd 的急性或慢性中毒(Page et al.，1986)。人体摄入过量的 Cd 易引起前列腺癌、肾癌和痛痛病等多种疾病(Chaney et al.，1999)。当人体尿液中 Cd 含量＞5 μg/g 时，19.9%的人将会患肾功能障碍疾病。全球"八大公害"之一的日本"骨痛病"就是长期食用镉米所引发的一种疾病。因此，土壤 Cd 污染问题亟待解决，并且已经成为全球的研究热点。

一、土壤中镉的来源及全球农田镉污染现状

(一)土壤中镉的来源

土壤中 Cd 的背景值取值范围为 0.01～2.00 mg/kg，平均值为 0.35 mg/kg，其主要取决于成土母质(Hong et al.，2014)。近年来，在全球范围内，化肥和农药的不合理施用、不合标准的污水灌溉和含有重金属的污泥肥田使大面积的农田遭到了不同程度的 Cd 污染(Hawrylak-Nowak et al.，2014；Wong et al.，2014；Huang et al.，2009)。

我国工业废水处理技术不够完善导致废水处理不彻底，致使水中重金属含量超标。如电池制造厂所产生的废水里就含有大量镉(Page et al.，1986)。如果用这种处理不完善的污水进行长期灌溉会导致土壤重金属污染。欧洲每年约 12.35 吨含 Cd 污水直接排入自然水体中和约 1.68 吨含 Cd 污水间接排入自然水体中，而对 Cd 的限制仅为 0.005 吨/年(Herrero et al.，2008)。截至 2010 年底，我国因

污水灌溉而污染的耕地有 216.67 万 hm²。我国沈阳市西郊污灌区农田土壤的 Cd 含量达 1.42～2.89 mg/kg，均为重度 Cd 污染。

污泥、有机肥的施用也可能会导致土壤 Cd 污染。污泥、有机肥的施用可供给土壤养分，提高土壤有机质含量，改善土壤理化性质，并因此提高作物产量。但污泥和有机肥中常含有各种重金属，长期施用会导致土壤重金属的积累。研究表明，污泥施用后，就 Pb、Cu、Zn、Cd 含量增幅比较而言，Cd 元素的增加幅度较大，超过了我国土壤环境质量(GB15618—2018)二级标准。相关研究表明，污泥的添加使土壤中有效态 Cd 和 Zn 含量显著增加了。施用有机肥也会增加土壤重金属含量，从而增加作物特别是蔬菜对重金属吸收积累的风险，如长期施用有机肥会增加全 Cd 和有效态 Cd 的含量。但污泥和有机肥如果使用合理不仅可以提高土壤肥力，促进作物生长，还可以抑制作物对重金属的积累，目前已有学者在进行这方面的研究。

(二) 全球农田镉污染现状

农田重金属污染已成为全球问题，其中 Cd 污染较为严重。除了一些地区没有文献报道外，大部分地区都存在着 Cd 污染问题。在西欧，1 400 000 个测试点受到重金属影响。在美国，有 60 万 hm² 遭受重金属污染的区域需要修复(Gabrielsen et al., 2011)。Hong 等调查，2014 年尼日利亚北部灌溉区的 Cd 含量平均值达到 9.83 mg/kg(Hong et al., 2014)。在新西兰的一些牧场调查发现，土壤中的 Cd 含量在其背景值之上(René et al., 2014)。我国环境保护部和国土资源部公布的 2014 年全国土壤污染状况调查公报显示，我国土壤 Cd 的点位超标率达到 7%，居各种重金属污染之首，其中轻微、轻度、中度和重度污染点位超标率分别为 5.2%、0.8%、0.5% 和 0.5%。刘意章等调查表明，三峡库区巫山建平地区土壤存在严重的 Cd 污染问题，表层耕作土壤中的 Cd 含量范围为 0.42～42 mg/kg，超过我国土壤环境质量二级标准值(0.3 mg/kg) 1.4～140 倍(刘意章 等，2013)。曾希柏等调查了吉林四平、山东寿光、河南商丘和甘肃武威四个地方的农田重金属含量，表明镉污染超标最为严重，且 Cd 累积趋势明显(曾希柏 等，2013)。

二、土壤镉污染治理和修复方法的研究现状

(一) 工程法(物理修复)

土壤中的 Cd 主要分布在表层。在我国沈阳张士污灌区土壤剖面中，Cd 较多集中于 0～30 cm 的土壤表层，占 Cd 积累总量的 77.0%～86.6%(Li et al., 2009)。工程法是指利用工程的或物理的措施对 Cd 污染土壤进行治理的方法，

主要包括客土法、换土法、翻耕法和固化法等。客土法是指在 Cd 污染土壤上覆盖一层新土，以降低表层土壤 Cd 含量的方法。换土法是指把受污染的表层土壤换入同等厚度的新土的方法。翻耕法是指通过深耕，使污染较重的表层土翻入下层，而污染较轻的土壤翻到上层，以降低土壤表层 Cd 含量的方法。客土、换土和翻耕这三种工程方法是治理土壤 Cd 污染比较有效和实用的方法。但这些方法和措施的成本较高，且会破坏土壤结构，影响土壤肥力。所以，目前这些方法仅适用于 Cd 污染严重且面积较小的地区。固化法是指向土壤中添加黏合剂或固化剂以固定土壤中的 Cd，使其不再向环境中迁移的方法。将污染土壤和固化剂以一定的比例混合，经熟化后形成渗透性很低的混合物。常用的固化剂有水泥、硅酸盐、高炉渣、沥青等。该方法也主要适用于小面积污染土壤。

(二) 化学法

土壤 Cd 污染的化学修复法是指通过向土壤中添加各种化学物质，如土壤改良剂、有机肥和重金属螯合剂等，来改变土壤的有机质含量、pH(酸碱度)、Eh(氧化还原电位)、CEC(阳离子交换量)等理化性质，以改变 Cd 的形态和生物有效性，从而达到污染土壤修复的目的。所施入的化学物质包括两类，一类是土壤改良剂、有机肥等，主要目的是降低 Cd 等生物有效性，从而减少作物对 Cd 的吸收。目前研究和应用比较多的土壤改良剂主要包括石灰性物质、磷酸盐、硅肥和硅酸盐、蛭石、粉煤灰、氮肥、硫化物以及铁氧化物等。另一类是包括小分子有机酸和螯合剂，如 EDTA、聚天冬氨酸(PASP)和柠檬酸在内的重金属螯合剂，以提高 Cd 的溶解度和生物有效性。小分子有机酸和螯合剂对 Cd 生物有效性的影响可能因植物种类和土壤类型的不同而异。化学修复操作相对比较简单，适用于污染程度不甚严重的地区，比较适合大面积操作。但添加的化学物质易引起二次污染，而且处理效果可能不太理想。

(三) 生物修复

生物修复是指利用生物的代谢活动来降解、固定或转移重金属的方法。它通过两种途径达到修复重金属污染土壤的目的：一是通过生物作用改变重金属在土壤中的化学形态，降低其在土壤中的移动性和生物有效性；二是通过生物的吸收和代谢来达到固定或转移重金属的目的。目前研究和应用比较多的是植物修复技术和微生物修复技术。

植物修复根据其修复机理可分为植物提取、植物固定、植物挥发和根际降解过滤 4 种(Chen et al.，2000)。目前研究较多的是超积累植物。对 Cd 来说，叶片或地上部分 Cd 的累积量达到 100 mg/kg 以上的植物就是超积累植物。目前已发现的 Cd 超积累或富集植物有龙葵(*Solanum nigrum* L.)、黑麦草(*Lolium perenne* L.)、烟草(*Nicotiana tabacum* L.)、川蔓藻属(*Ruppia*)、骆驼蹄瓣(*Zygophyllum fabago* L.)、拟南芥(*Arabidopsis thaliana*,Arabidopsis)、白三叶(*Trifolium repens*)、路易斯安娜鸢尾(*Iris hex agona*)等。但目前发现的 Cd 超积累植物大多生长缓慢、生物量低,因此修复周期长,且其生长环境要求比较严格,这些都限制了植物提取技术的大规模应用。因此,有待进一步研究,寻找更好的超积累植物。

微生物修复重金属污染的主要机理是生物吸附和生物转化。微生物可通过带电荷的细胞表面吸附重金属离子或通过摄取必要的营养元素主动吸收重金属离子,即通过对重金属的胞外络合、胞内积累、沉淀和氧化还原反应等作用,将重金属离子富集在微生物细胞表面或内部,降低土壤中重金属的生物可利用率,进而降低农作物和农产品中镉的含量。土壤微生物包括与植物根部相关的自由微生物、共生根际细菌和菌根真菌,它们是根际生态区的完整组成部分。微生物种类繁多,数量极大,分布广泛,而且繁殖迅速,个体微小,比表面积大,对环境适应能力强,因而成为人类最宝贵、最具开发潜力的资源库之一(徐良将 等,2011)。微生物在修复重金属污染土壤方面具有独特的作用。但微生物可以从多方面影响植物对镉的吸收和积累,这可能与微生物种类和植物品种以及土壤性质有关,其影响机理也比较复杂,有待进一步研究。

(四)叶面喷施或向土壤施加外源物质

主要是指叶面喷施或土壤施加的外源物质,限制作物对 Cd 的吸收或阻碍 Cd 向作物可食部分的转移,并缓解 Cd 胁迫对作物的毒害,促进作物生长,提高作物产量。所施用的外源物质主要包括两类:一类是 Zn、Fe、Si、P、Ca、Se 等中微量营养元素或有益元素,以利用它们与 Cd 的竞争拮抗作用来抑制 Cd 的吸收和积累;另一类是谷胱甘肽(GSH)、抗坏血酸(AsA)、水杨酸(SA)、酶类等有机物。

(五)筛选低镉累积品种

不同种类作物以及同种作物不同品种间 Cd 积累存在较大的差异,因此可考虑选择低 Cd 累积品种种植,以降低作物对 Cd 的吸收和积累。选育低重金属蓄积品种是降低作物镉吸收最有效的策略之一,并已对此开展了研究。部分粮食作物,如水稻、向日葵和硬粒小麦,通过育种途径降低籽粒镉含量的研究也已取得了进展。2017 年 9 月,"杂交水稻之父"袁隆平院士宣布成功使用 CRISPR/Cas9 技术敲除了与水稻镉吸收和积累相关的基因。目前已知在水稻中

OsNRAMP1 显示对镉和铁的运输活性；OsNRAMP5 是定位于质膜的转运蛋白，分布在外皮层和内皮层，是主要的镉转运体之一。由于作物低镉吸收积累机理的复杂性，现有研究存在着许多还未澄清的问题，镉向可食部位(果实或籽粒)转运的调控机制仍然难以捉摸，镉蓄积关键基因及其分子机理仍不清楚，这极大地限制了利用现代分子生物学技术来培育耐镉、低镉作物新品种的进程。此外，低 Cd 累积品种与其他品种相比，其产量、品质、抗病性以及其他特性可能会发生改变(Grant et al.，2008)，限制了此种方法的应用。综合前文所述，各种方法的原理和优缺点见表 1。

表 1 土壤镉污染修复各种方法的原理和优缺点比较

修复方法		原理	优缺点
工程法(物理修复)		利用工程的或物理的措施对 Cd 污染土壤进行治理的方法，主要包括客土法、换土法、翻耕法和固化法等。以新土换掉或者覆盖镉污染土壤	适用于 Cd 污染严重且面积较小的地区，短期效果明显。但其成本较高，且会破坏土壤结构，影响土壤肥力
化学法		向土壤添加各种化学物质，如土壤改良剂、有机肥和重金属螯合剂等，改变土壤的有机质含量、pH、Eh、CEC 等理化性质，以改变 Cd 的形态和生物有效性，从而达到污染土壤修复的目的	化学修复操作相对比较简单，适用于污染程度不甚严重的地区。但添加的化学物质易引起二次污染，并且 Cd 仍存留在土壤中，容易再度活化、危害植物
生物修复	植物修复	植物提取是用植物吸收重金属并将其转移至植物地上部分，通过收获地上部分以达到清除土壤中重金属的目的；植物固定是利用重金属耐性植物的根系吸收、沉淀或还原作用将重金属固定；根际降解过滤是指重金属元素被植物根系吸收后，通过体内代谢活动来沉淀、降解或集中重金属	植物修复方法是比较理想的方法，对土壤扰动小，可有效降低废弃矿场和重金属污染严重地区重金属的危害。但目前所找到的镉富集植物大多生长缓慢、生物量低，因此修复周期长，限制了植物提取技术的大规模应用
	微生物修复	主要机理是生物吸附和生物转化，微生物可通过带电荷的细胞表面吸附重金属离子或通过摄取必要的营养元素主动吸收重金属离子，即通过对重金属的胞外络合、胞内积累、沉淀和氧化还原反应等作用，将重金属离子富集在细胞表面或内部，降低土壤中重金属的生物可利用率，进而降低农作物和农产品中镉的含量。比如植物根际促生菌可提高重金属在土壤中的溶解态含量，促进植物根系对重金属的吸收和向地上部的转移	可降低农产品重金属污染的风险；与植物修复配合应用，可强化镉富集物对土壤镉污染的修复能力。但目前微生物修复技术还局限于科研和实验室水平，实例研究尚少，未能大面积推广
叶面喷施或向土壤施加外源物质	Zn	Zn 与植物吸收 Cd 形成竞争关系，Zn 能加快 PCs-Cd 和 MT-Cd 复合物的形成，使 Cd 固定在液泡中，从而减轻植物的毒害	适量的 Zn 可减少农作物对 Cd 的吸收。植物种类、品种、部位、锌镉相对浓度等都会影响锌镉相互作用的结果，因此，也可能会促进农作物对 Cd 的吸收
	Fe	Cd 和 Fe 在土壤和植物体内也存在比较复杂的相互作用，其具体影响机理目前尚不明确	施加适量的 Fe 可以缓解 Cd 对植株的毒害，但目前存在不确定性
	Si	可溶性硅酸盐水解成呈凝胶状态的 H_2SiO_3，其能够吸附有毒物质，保护蛋白质的结构；硅酸盐可以影响土壤 pH 和阳离子含量；Si 在地下部沉积进而阻碍 Cd 向植株地上部转移	可在一定程度上缓解 Cd 对植物的毒害，但效果不太理想

续表

修复方法		原理	优缺点
叶面喷施或向土壤施加外源物质	P	P 施入土壤后能够与 Cd 形成沉淀，进而影响到 Cd 的生物有效性和作物对 Cd 的吸收	可在一定程度上缓解 Cd 对植物的毒害，但目前还存在不确定性
	Ca、Se	钙盐会提高土壤 pH，从而影响土壤中镉的形态；硒提高了谷胱甘肽(GSH)过氧化物酶的活性，抑制了含 Cd 复合物 PCs 的形成，从而降低了 Cd 的吸收	适量的 Se 可在一定程度上缓解 Cd 对植物的毒害，还会提高农作物的品质。但长期添加钙盐可能会导致土壤板结，影响土壤肥力
	GSH、AsA、SA、酶类等有机物	是比较有效的抗氧化剂，在 Cd 胁迫下可增加植物体内的抗氧化酶活性，从而保护植株免受 Cd 的毒害	可有效保护植株免受镉的毒害，但目前大都局限于实验室研究
筛选低镉累积品种		通过分子生物学研究，筛选出低镉积累品种的农作物进行种植	可在一定程度上减少农产品受镉污染的风险。但低 Cd 积累品种与其他品种相比，其产量、品质、抗病性以及其他特性可能会发全改变

目前，国内外土壤重金属镉污染修复的研究大多局限于实验室，很多问题有待解决。譬如在植物修复技术方面，虽然已从基因工程方面展开了研究(Arifa et al.，2012；Kudo et al.，2007)，但尚未培育出理想的超富集植物。而且，植物体内的镉怎样从环境中回收才能避免镉再次进入环境中需要进一步研究。近几年，微生物修复已成为研究热点(He et al.，2009；Sheng et al.，2008)，但是，在微生物对重金属的富集机理方面也仍有许多问题有待于解决，这些问题包括细胞壁中吸附或结合重金属的特有成分或基团、细胞质膜上起转运金属离子作用的重金属转运蛋白(酶)或载体、金属硫蛋白在菌体细胞内的定位以及对重金属解毒的作用程度如何、与菌体耐重金属有关的基因的表达与调控，等等。国内外学者也有将不同修复方法结合起来修复土壤镉污染的研究(Marijke et al.，2014)，但由于各种修复技术联合应用的过程中其各自反应机理比较复杂，因此仍然存在着一些问题有待深入探讨，如在微生物-植物联合修复过程中，微生物和植物品种的筛选、各自的用量及配置等。目前，国内外学者就土壤镉污染生物修复的机理，已从亚细胞角度、生理生化角度、分子生物学角度开展了广泛的研究(金山，2013；Arifa et al.，2012；Shao et al.，2008)。此外，土壤污染不仅仅是重金属镉污染，通常情况还伴有其他重金属以及有机污染物的复合污染。现有的大多数研究只探讨了复合污染的结果，如作物生物量、重金属吸收、土壤酶活性以及它们与土壤污染物含量等之间的相关性，而对于其作用机理尚不明确。

主要参考文献

陈贵青, 张晓璟, 徐卫红, 等. 2010. 不同锌水平下辣椒体内镉的积累、化学形态及生理特性[J]. 环境科学, 31(7): 247-252.

董静. 2009. 基于悬浮细胞培养的大麦耐镉性基因型差异及大小麦耐渗透胁迫差异的机理研究[D]. 杭州: 浙江大学.

黄志熊, 王飞娟, 蒋晗, 等. 2014. 两个水稻品种镉积累相关基因表达及其分子调控机制[J]. 作物学报, 40(4): 581-590.

江玲, 杨芸, 徐卫红, 等. 2014. 黑麦草-丛枝菌根对不同番茄品种抗氧化酶活性、镉积累及化学形态的影响[J]. 环境科学, 35(6): 2349-2357.

金山. 2013. 白三叶对镉污染土壤的修复潜力研究[D]. 榆林: 西北农林科技大学.

刘吉振, 徐卫红, 王慧先, 等. 2011. 硅对不同辣椒品种生理特性、镉积累及化学形态的影响[J]. 中国蔬菜, 1(10): 69-75.

刘意章, 肖唐付, 宁增平, 等. 2013. 三峡库区巫山建坪地区土壤镉等重金属分布特征及来源研究[J]. 环境科学, 34: 2390-2398.

吕选忠, 宫象雷, 唐勇. 2006. 叶面喷施锌或硒对生菜吸收镉的拮抗作用研究[J]. 土壤学报, 43(5): 868-870.

熊世娟, 刘俊, 徐卫红, 等. 2015. 外源硒对黄瓜抗性、镉积累及镉化学形态的影响[J]. 环境科学, (1): 286-294.

徐良将, 张明礼, 杨浩. 2011. 土壤重金属镉污染的生物修复技术研究进展[J]. 南京师范大学学报(自然科学版), 34(1): 102-106.

张海波, 李仰锐, 徐卫红, 等. 2011. 有机酸、EDTA 对不同水稻品种 Cd 吸收及土壤 Cd 形态的影响[J]. 环境科学, 32(9): 2625-2631.

周健. 2013. 硫和硒对镉胁迫下水稻幼苗生理生化特征及镉的吸收分配影响研究[D]. 上海: 华东理工大学.

曾希柏, 徐建明, 黄巧云, 等. 2013. 中国农田重金属问题的若干思考[J]. 土壤学报, 50: 186-194.

Aravind P, Prasad M N V. 2003. Zinc alleviates cadmium-induced oxidative stress in *Ceratophyllum demersum* L.: a free floating freshwater macrophyte[J]. Plant Physiology and Biochemistry, 41: 391-397.

Arifa T, Humaira I. 2012. Development of a fungal consortium for the biosorption of cadmium from paddy rice field water in a bioreactor[J]. Annals of Microbiology, 62(3): 1243-1246.

Arthur E, Crews H, Morgan C. 2000. Optimizing plant genetic strategies for minimizing environmental contamination in the food chain[J]. International Journal of Phytoremediation, 2(1): 1-21.

Ayano H, Miyake M, Terasawa K, et al. 2014. Isolation of a selenite-reducing and cadmium-resistant bacterium *Pseudomonas* sp. strain RB for microbial synthesis of CdSe nanoparticles[J]. Journal of Bioscience and Bioengineering, 117(5): 576-581.

Chaney R L, Ryan J A, Li Y M, et al. 1999. Soil cadmium as a threat to human health[J]. Developments in Plant and Soil Sciences, 85: 219-256.

Chen H M, Zheng C R, Tu C, et al. 2000. Chemical methods and phytoremediation of soil contaminated with heavy metal[J]. Chemosphere, 41: 229-234.

Dheri G S, Brar M S, Malhi S S. 2007. Influence of phosphorus application on growth and cadmium uptake of spinach in two cadmium-contaminated soils[J]. Journal of Plant Nutrition and Soil Science, 170(4): 495-499.

Gabrielsen G W, Evenset A, Gwynn J, et al. 2011. Status report for environmental pollutants in 2011[M]. ProQuest, Umi

Dissertation Publishhing.

Grant C A, Clarke J M, Duguid S, et al. 2008. Selection and breeding of plant cultivars to minimize cadmium accumulation[J]. Science of the Total Environment, 390: 301-310.

Han Y, Sa G, Sun J, et al. 2014. Overexpression of *Populus euphratica* xyloglucan endotransglucosylase/hydrolase gene confers enhanced cadmium tolerance by the restriction of root cadmium uptake in transgenic tobacco[J]. Environmental and Experimental Botany, 100: 74-83.

Hart J J, Welch R M, Norvell W A, et al. 2005. Zinc effects on cadmium accumulation and partitioning in near isogenci lines of durum wheat that differ in grain cadmium concentration[J]. New Phytologist, 167: 391-401.

Hart J J, Welch R M, Novell W A, et al. 2002. Transport interactions between cadmium and zinc in roots of bread and durum wheat seedlings[J]. Physiologia Plantarum, 116: 73-78.

Hassan M J, Zhang G P, Wu F B, et al. 2005. Zinc alleviates growth inhibition and oxidative stress caused by cadmium in rice[J]. Journal of Plant Nutrition Soil Science, 168: 255-261.

Hawrylak-Nowak B, Dresler S, Wójcik M. 2014. Selenium affects physiological parameters and phytochelatins accumulation in cucumber(*Cucumis sativus* L.)plants grown under cadmium exposure[J]. Scientia Horticulturae, 172: 10-18.

He L Y, Chen Z J, Ren G D, et al. 2009. Increased cadmium and lead uptake of a cadmium hyperaccumulator tomato by cadmium-resistant bacteria[J]. Ecotoxicology and Environmental Safety, 72(5): 1343-1348.

Herrero R, Lodeiro P, Rojo R, et al. 2008. The efficiency of the red alga *Mastocarpus stellatus* for remediation of cadmium pollution[J]. Bioresource Technology, 99: 4138-4146.

Hong, Aliyu Haliru, Law, et al. 2014. Heavy metal concentration levels in soil at Lake Geriyo irrigation site, Yola, Adamawa state, North Eastern Nigeria[J]. International Journal of Environmental Monitoring and Analysis, 2(2): 106-111.

Huang Y, Hu Y, Liu Y. 2009. Combined toxicity of copper and cadmium to six rice genotypes(*Oryza sativa* L.)[J]. Journal of Environmental Sciences, 21(5): 647-653.

Isabelle L, Katarina V M, Luka J, et al. 2014. Differential cadmium and zinc distribution in relation to their physiological impact in the leaves of the accumulating *Zygophyllum fabago* L. [J]. Plant, Cell and Environment, 37: 1299-1320.

Juang K W, Ho P C, Yu C H. 2012. Short-term effects of compost Amendment on the fractionation of cadmium in soil and cadmium accumulation in rice plants[J]. Environmental Science and Pollution Research, 19(5): 1696-1708.

Kachenko A G, Singh B. 2006. Heavy metals contamination in vegetables grown in urban and metal smelter contaminated sites in Australia[J]. Water Air and Soil Pollution, 169: 101-123.

Kudo K, Kudo H, Kawai S. 2007. Cadmium uptake in barley affected by iron concentration of the medium: role of phytosiderophores[J]. Soil Science and Plant Nutrition, 53: 259-266.

Lee S H, Lee J S, Choi Y J, et al. 2009. In situ stabilization of cadmium-, lead-, and zinc-contaminated soil using various amendments[J]. Chemosphere, 77(8): 1069-1075.

Li T, Yang X, Lu L, et al. 2009. Effects of zinc and cadmium interactions on root morphology and metal translocation in a hyperaccumulating species under hydroponic conditions[J]. Journal of Hazardous Materials, 169(1): 734-741.

Liu H J, Zhang J L, Christie P, et al. 2008. Influence of iron plaque on uptake and accumulation of Cd by rice(*Oryza sativa* L.)seedlings grown in soil[J]. Science of the Total Environment, 394: 361-368.

Lu H, Zhuang P, Li Z, et al. 2014. Contrasting effects of silicates on cadmium uptake by three dicotyledonous crops grown in contaminated soil[J]. Environmental Science and Pollution Research, 21(16): 9921-9930.

Malandrino M, Abollino O, Buoso S, et al. 2011. Accumulation of heavy metals from contaminated soil to plants and evaluation of soil remediation by vermiculite[J]. Chemosphere, 82: 69-178.

Malčovská S M, Dučaiová Z, Maslaňáková I, et al. 2014. Effect of silicon on growth, photosynthesis, oxidative status and phenolic compounds of maize(*Zea mays* L.)grown in cadmium excess[J]. Water Air Soil Pollut. , 225: 2056.

Malea P, Kevrekidis T, Mogias A, et al. 2014. Kinetics of cadmium accumulation and occurrence of dead cells in leaves of the submerged angiosperm *Ruppia maritime*[J]. Botanica Marina, 57(2): 111-122.

María F I, María D G, María P B. 2015. Cadmium induces different biochemical responses in wild type and catalase-deficient tobacco plants[J]. Environmental and Experimental Botany, 109: 201-211.

Marijke J, Els K, Henk S, et al. 2014. Differential response of *Arabidopsis* leaves and roots to cadmium: glutathione-related chelating capacity vs antioxidant capacity[J]. Plant Physiology and Biochemistry, 83: 1-9.

Nakamura S, Suzui N, Nagasaka T, et al. 2013. Application of glutathione to roots selectively inhibits cadmium transport from roots to shoots in oilseed rape[J]. Journal of Experimental Botany, 64(4): 1073-1081.

Page A L, El-Amamy M M, Chang A C. 1986. Cadmium in the environment and its entry into terrestrial food chain crops[J]. Handbook of Experimental Pharmacology, 80: 33-74.

Pakshirajan K, Swaminathan T. 2009. Biosorption of lead, copper, and cadmium by *Phanerochaete chrysosporium* in ternary metal mixtures: statistical analysis of individual and interaction effects[J]. Applied Biochemistry and Biotechnology, 158(2): 457-469.

Qiu R L, Thangavel P, Hu P J, et al. 2011. Interaction of cadmium and zinc on accumulation and subcellular distribution in leaves of hyperaccumulator *Potentilla griffithii*[J]. Journal of Hazardous Materials, 186(2-3): 1425-1430.

Qiu Z Z, Guan Z Y, Long C Y. 2005. Effect of zinc on cadmium uptake by spring wheat(*Triticum aestivum* L.): long time hydroponic study and short time 109 Cd tracing study[J]. Journal of Zhejiang University Science, 6: 643-648.

Reiser R, Simmler M, Portmann D, et al. 2014. Cadmium concentrations in New Zealand Pastures: relationships to soil and climate variables[J]. Journal of Environmental Quality, 7: 917-925.

Satarug S, Baker J R, Urbenjapol S, et al. 2003. A global perspective on cadmium pollution and toxicity in nonoccupationally exposed population[J]. Toxicology Letters, 137(1-2): 65-83

Shao G S, Chen M X, Wang D Y, et al. 2008. Using iron fertilizer to control Cd accumulation in rice plants: a new promising technology[J]. Science in China Series C: Life Science, 51(3): 245-253.

Sharifi Rad J, Sharifi Rad M, Teixeira da Silva J A. 2014. Effects of exogenous silicon on cadmium accumulation and biological responses of *Nigella sativa* L. (black cumin)[J]. Communications in Soil Science and Plant Analysis, 45(14): 1918-1933.

Sheng X F, Xia J J, Jiang C Y, et al. 2008. Characterization of heavy metal resistant endophytic bacteria from rape (*Brassica napus*) roots and their potential in promoting the growth and lead accumulation of rape[J]. Environmental Pollution, 156(3): 1164-1170.

Shukla D, Huda K M K, Banu M S A, et al. 2014. OsACA6, a P-type 2B Ca^{2+} ATPase functions in cadmium stress tolerance in tobacco by reducing the oxidative stress load [J]. Planta, 240(4): 809-824.

Sriprachote A, Kanyawongha P, Ochiai K, et al. 2012. Current situation of cadmium-polluted paddy soil, rice and soybean in the Mae Sot District, Tak Province, Thailand [J]. Soil Science and Plant Nutrition, 58: 349-359.

Su Y, Liu J L, Lu Z W, et al. 2014. Effects of iron deficiency on subcellular distribution and chemical forms of cadmium in peanut roots in relation to its translocation[J]. Environmental and Experimental Botany, 97: 40-48.

Tlustos P, Szakova J, Korinek K, et al. 2006. The effect of liming on cadmium, lead and zinc uptake reduction by spring wheat grown in contaminated soil[J]. Plant, Soil and Environment-UZPI (Czech Republic), 52(1): 16-24.

Treder W, Cieslinski G. 2005. Effect of silicon application on cadmium uptake and distribution in straw berry plants grown on contaminated soils[J]. Journal of Plant Nutrition, 28(6): 917-929.

Tu C, Zheng C R, Chert H M. 2000. Effect of applying chemical fertilizers on forms of lead and cadmium in red soil[J]. Chemosphere, 41(1-2): 133-138.

Wong C W, Barford J P, Chen G, et al. 2014. Kinetics and equilibrium studies for the removal of cadmium ions by ion exchange resin[J]. Journal of Environmental Chemical Engineering, 2: 698-707.

Zeng X X, Tang J X, Yin H Q, et al. 2010. Isolation, identification and cadmium adsorption of a high cadmium-resistant *Paecilomyces lilacinus*[J]. African Journal of Biotechnology, 9(39): 6525-6533.

第一章 重金属镉在蔬菜中的吸收、运输和累积机制

第一节 重金属镉主要形态和在蔬菜体内的分布

一、菜田重金属镉主要形态

Cd 在生态系统中的迁移转化及活性的高低与其在土壤中的赋存形态密切相关。环境中 Cd 的生物有效性不仅取决于其总含量，更大程度上取决于 Cd 在环境中的赋存形态。Cd 进入土壤后，通过溶解、凝聚、沉淀、络合吸附等多种反应，形成不同的化学形态，呈现不同的活性。概括而言，土壤 Cd 可分为水溶性和非水溶性两大类。水溶性 Cd 常以简单离子或简单配离子的形式存在，如 Cd^{2+}、$CdCl^+$、$CdSO_4$ 和 $CdHCO_3^+$；非水溶性 Cd 主要为 CdS、$CdCO_3$ 及胶体吸附态 Cd 等。水溶性 Cd 能被植物直接吸收利用，对生物危害大，而非水溶性 Cd 迁移性弱，难以被吸收。在一定条件下，水溶性和非水溶性 Cd 可相互转化。如当土壤环境中酸性增加时，Cd 的溶解度也增加，促进 Cd 由非水溶性向水溶性转化，更易被植物吸收。Cd 的活性还与土壤的氧化还原条件有关。在淹水条件下，由于水的遮蔽而形成了还原环境，有机物在微生物嫌气条件下产生的 H_2S 与 Cd 反应形成难溶的 CdS，土壤中 Cd 的活性降低，非活性 Cd 含量增加。相反，在非淹水条件下，硫被氧化成 H_2SO_4，使土壤酸度增加，Cd 易转变为可溶性态。

Tessier 的五步连续提取法是目前常用的土壤重金属形态分类方法，该法将土壤中的 Cd 分为可交换态、碳酸盐结合态、铁锰氧化态、有机态以及残渣态 5 种形态，其生物有效性大小表现为：可交换态＞碳酸盐结合态＞铁锰氧化态＞有机态＞残渣态。可交换态 Cd 在土壤环境中最为活跃，生物活性高，毒性强，可为植物直接吸收利用，因此易通过生物链进入人体，危害人类健康。但可交换态 Cd 也容易通过吸附、淋失或发生反应转化为其他 4 种形态。碳酸盐结合态、铁锰氧化态和有机态为潜在的植物可利用态。碳酸盐结合态 Cd 在弱酸性条件下可被溶解释放，使其生物活性大幅度提高。铁锰氧化态 Cd 是由铁锰氧化物通过吸附或共沉淀作用与 Cd 形成的结合态，在还原条件下 Cd 可能会被释放出来，转

化为高生物活性形态 Cd。有机态 Cd 由土壤中的有机物质以络合、螯合及吸附等方式与 Cd 结合形成，其中与土壤腐殖酸中小分子有机酸结合的 Cd 离子性质较为活泼，与有机质中芳构化程度高的大分子量组分结合的 Cd 则相对较稳定。在一定条件下有机态 Cd 也可转化为高生物活性形态 Cd。残渣态 Cd 多存在于硅酸盐、原生和次生矿物等土壤晶格中，与土壤矿物结合牢固，活性最小，为植物不可吸收利用的形态，在土壤生态系统中对食物链的影响最小，毒性最低。

(一)不同 Cd 水平下菜园土壤 Cd 形态变化

我们在 2018 年 3 月～2018 年 6 月期间研究了中性紫色菜园土在不同 Cd^{2+} 水平(1、5、10 和 15 mg/kg，$CdCl_2·2.5H_2O$)下土壤镉形态的特征(图 1-1～图 1-4)。不同土壤镉水平(1、5、10 和 15 mg/kg Cd)下，土壤可交换态镉(EX-Cd)、碳酸盐结合态镉(CAB-Cd)、铁锰氧化态镉(FeMn-Cd)、有机态镉(OM-Cd)和残渣态镉(Res-Cd)的 FDC(土壤中某种形态镉含量占总镉含量的百分比)随培养时间的变化情况分别见本书第三章图 3-1、图 3-2、图 3-3 和图 3-4。在 28 天的培养过程中，不同镉水平下菜园土壤镉的主要存在形态以及随培养时间镉 FDC 的变化趋势均有所不同。在 1 mg/kg 镉水平下，培养的第 0～1 天主要以 EX-Cd 存在，其 FDC 为 43.5%～66.7%；第 4 天 EX-Cd FDC 减少，以 CAB-Cd 和 Res-Cd 为主要存在形态；从培养的第 4 天开始直至培养结束，所有处理均以 Res-Cd 为主要镉存在形态，第 7、14、21、28 天的 FDC 分别为 31.0%～37.6%、40.0%～51.8%、40.2%～46.8%、36.2%～42.1%。在 5、10 和 15 mg/kg 镉水平下，所有处理在培养的 28 天过程中均以 EX-Cd 为主要存在形态，其 FDC 分别为 23.6%～73.7%、26.6%～77.4%和 35.5%～81.1%。在培养过程中，不同镉水平下不同形态镉 FDC 表现出不同的变化趋势。在 1、5、10 和 15 mg/kg 镉水平下，土壤 EX-Cd FDC 随着培养时间的延长呈先降后升然后趋于平稳的趋势，1 和 5 mg/kg 镉水平下在第 0～14 天逐渐下降，在第 14 天时达到最小值，此时 EX-Cd FDC 较第 0 天分别降低了 73.7%～91.5%和 48.9%～67.9%，第 14～21 天呈增加趋势，在第 21～28 天趋于平稳；10 和 15 mg/kg 镉水平下在第 0～4 天逐渐下降，在第 4 天达到最小值，较第 0 天分别降低了 46.1%～65.7%和 38.4%～56.2%，第 4～14 天呈增加趋势，在第 14～28 天趋于平稳。培养过程中的 CAB-Cd、FeMn-Cd 和 OM-Cd FDC 在各水平镉条件下则表现出相同的变化趋势，CAB-Cd FDC 在 1、5、10 和 15 mg/kg 镉水平下均为第 0～4 天逐渐增大，在第 4 天达到最大，第 4～14 天又逐渐减小，在第 14 天达到最小，第 14～21 天呈增加趋势，在第 21～28 天趋于平稳；FeMn-Cd 和 OM-Cd FDC 在 1、5、10 和 15 mg/kg 镉水平下均为第 1～14 天呈增加趋势，在第 14 天达到最大，第 14～21 天呈下降趋势，在第 21～28 天趋于平稳。不同镉水平下 Res-Cd FDC 在培养过程中的变化趋势稍有不同，1 mg/kg 镉水平下 Res-Cd FDC 在第 0~14 天逐渐增加，第 14~28 天趋于平稳；5 mg/kg 镉水平下 Res-Cd FDC 在第 0~7 天逐渐增加，第 7~28 天趋于平稳；10 和 15 mg/kg 镉水平下 Res-Cd FDC 变化趋势一致，随培养时间的延长呈先增后减然后趋于平稳，其中在第 4 天达到最大，第 14~28 天达到平稳的趋势。

在 3 周的镉老化结束时，即培养的第 0 天，各镉水平下土壤均主要以 EX-Cd 形态存在，在 1、5、10 和 15 mg/kg 镉水平下土壤 EX-Cd FDC 分别为 66.7%、73.7%、77.4%和 81.8%，显著高于其他形态($P<0.05$，P 为差异水平)，其中 OM-Cd FDC 仅为 0.9%~1.9%，且都表现为 EX-Cd>CAB-Cd>Res-Cd>FeMn-Cd>OM-Cd。在培养的第 1 天，与第 0 天相比，1、5、10 和 15 mg/kg 镉水平下土壤 EX-Cd FDC 分别降低了 26.1%~34.8%、12.3%~24.7%、10.7%~29.0%和 16.4%~34.4%；土壤 OM-Cd 分别增加了 89.1%~855.9%、73.0%~246.4%、153.4%~314.5%和 279.4%~422.5%；土壤 Res-Cd 分别增加了 118.4%~184.7%、35.8%~69.5%、91.9%~268.2%和 95.0%~229.8%。在培养的第 1 天各镉水平下的各形态镉 FDC 大小顺序有所不同，但均表现为 EX-Cd FDC 最大，OM-Cd FDC 最小，Res-Cd FDC 以 1 mg/kg 镉水平下最高。在培养的第 4 天，土壤 EX-Cd FDC 急剧下降，与第 1 天相比，1、5、10 和 15 mg/kg 镉水平下土壤 EX-Cd FDC 分别降低了 54.6%~73.1%、12.1%~30.4%、35.0%~51.7%和 23.1%~36.4%；增加了土壤 CAB-Cd、FeMn-Cd 和 Res-Cd FDC，各镉水平下分别较第 0 天增加了 17.1%~222.4%、13.5%~118.2%和 1.3%~127.6%。培养的第 7 天，1 和 5 mg/kg 镉水平下土壤 EX-Cd FDC 继续降低，但 10 和 15 mg/kg 镉水平下却稍有回升，与 Res-Cd FDC 的变化正好相反；CAB-Cd 在各镉水平下均有降低趋势，而 OM-Cd FDC 呈增加趋势；FeMn-Cd FDC 在 1、5 和 10 mg/kg 镉水平下呈继续增加趋势，但 15 mg/kg 镉水平下土壤 FeMn-Cd FDC 变化不明显。培养到第 14 天时，1 和 5 mg/kg 镉水平下土壤 EX-Cd FDC 在整个培养过程中达到最低，其中 1 mg/kg 镉水平下的 EX-Cd FDC 仅为 5.7%~17.6%，10 和 15 mg/kg 镉水平下土壤 EX-Cd FDC 稍有增加，但已开始趋于平稳；各镉水平下的 CAB-Cd FDC 在第 14 天时达到最低，1、5、10 和 15 mg/kg 镉水平下土壤 CAB-Cd FDC 分别为 4.3%~9.0%、4.6%~9.2%、5.5%~8.9%和 3.1%~7.0%；与 CAB-Cd FDC 变化相反，各镉水平下的 FeMn-Cd 和 OM-Cd FDC 在第 14 天均达到最大，分别为 19.0%~22.2%和 13.3%~16.0%(1 mg/kg)、24.0%~30.5%和 9.5%~15.7%(5 mg/kg)、19.4%~23.4%和 6.0%~9.1%(10 mg/kg)、17.8%~22.9%和 9.3%~11.1%(15 mg/kg)。各镉水平下的各处理形态镉 FDC 在培养的第 21~28 天均趋于稳定，变化不明显。在培养结束时，随着镉水平的增加，土壤 EX-Cd FDC 在各处理间逐渐增大，Res-Cd FDC 呈相反趋势，在各处理间呈降低趋势。在培养的第 28 天时各镉水平下的各形态镉 FDC 大小顺序稍有不同。1 mg/kg 镉水平下的镉形态分配大致表现为 Res-

Cd(36.2%~41.2%)＞EX-Cd(19.2%~29.0%)＞FeMn-Cd(13.0%~18.4%)＞CAB-Cd(9.6%~12.0%)＞OM-Cd(9.8%~11.8%)；5 mg/kg 镉水平下表现为 EX-Cd(37.2%~44.6%)＞Res-Cd(24.2%~27.9%)＞FeMn-Cd(12.9%~18.9%)＞CAB-Cd(10.0%~13.3%)＞OM-Cd(5.0%~8.3%)；10 mg/kg 镉水平下表现为 EX-Cd(45.6%~59.3%)＞Res-Cd(17.2%~22.1%)＞FeMn-Cd(10.8%~14.6%)＞CAB-Cd(7.7%~11.3%)＞OM-Cd(5.0%~7.1%)；15 mg/kg 镉水平下表现为 EX-Cd(55.2%~64.5%)＞Res-Cd(12.7%~15.2%)＞FeMn-Cd(9.1%~13.8%)＞CAB-Cd(6.4%~8.3%)＞OM-Cd(6.4%~7.5%)。总体来说，在培养的第 28 天，各镉水平下土壤 Cd 形态变化仍未达到平衡，土壤 EX-Cd FDC 仍有上升趋势，土壤 CAB-Cd FDC 降低，其他形态变化不大。

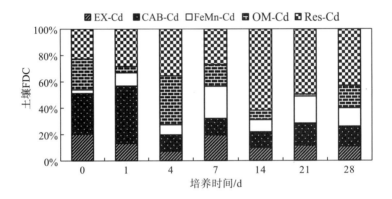

图 1-1　1 mg/kg 镉水平下菜园土壤镉形态分布

注：EX-Cd、CAB-Cd、FeMn-Cd、OM-Cd、Res-Cd 分别表示土壤可交换态镉、碳酸盐结合态镉、铁锰氧化态镉、有机态镉和残渣态镉，下同。

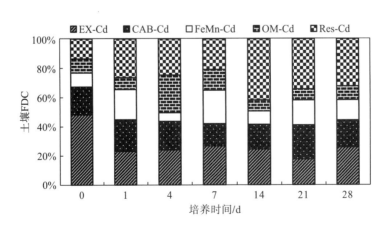

图 1-2　5 mg/kg 镉水平下菜园土壤镉形态分布

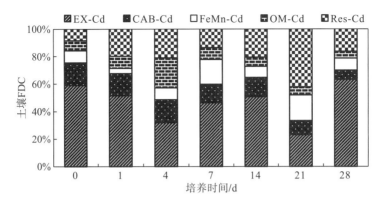

图 1-3　10 mg/kg 镉水平下菜园土壤镉形态分布

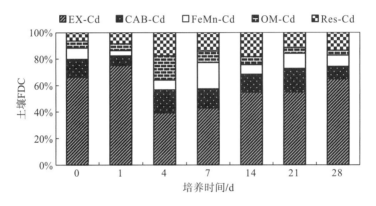

图 1-4　15 mg/kg 镉水平下菜园土壤镉形态分布

(二)土壤 pH 与土壤 Cd 形态含量的相关性

Cd 在土壤中的赋存形态及生物有效性受土壤 pH、有机质、氧化还原电位 (Eh 值)、共存重金属及微生物等很多因素的影响,其中,土壤 pH 是影响土壤 Cd 生物有效性的重要因素。pH 是土壤化学性质的综合反映,土壤 pH 的改变可导致土壤 Cd 化学形态的变化。大量研究表明,土壤 pH 与土壤有效 Cd 呈负相关关系。pH 升高,土壤有机质、黏土矿物和水合氧化物表面的负电荷增多,土壤对 Cd^{2+} 的吸附能力增强,而 pH 降低时,碳酸盐溶解从而使碳酸盐结合态 Cd 释放转化为可溶性 Cd 离子,导致 Cd 的生物有效性增加。

我们研究中性紫色菜园土在不同 Cd^{2+} 水平(1、5、10 和 15 mg/kg,$CdCl_2 \cdot 2.5H_2O$)下土壤镉形态的特征发现,在培养结束时(培养的第 28 天),不同镉水平下土壤 pH 与土壤可交换态镉(EX-Cd)、碳酸盐结合态镉(CAB-Cd)、铁锰氧化态镉(FeMn-Cd)、有机态镉(OM-Cd)、残渣态镉(Res-Cd)和总提取镉

(Total-Cd)含量的相关性如表 1-1 所示。各镉水平下土壤 pH 与 EX-Cd 含量均存在极显著负相关关系($P<0.01$)。1 和 5 mg/kg 镉水平下的土壤 pH 与土壤 CAB-Cd 含量间呈显著负相关($P<0.05$);10 和 15 mg/kg 镉水平下呈极显著正相关($P<0.01$)。10 和 15 mg/kg 镉水平下的土壤 pH 与土壤 FeMn-Cd、OM-Cd、Res-Cd、Total-Cd 含量间均存在极显著正相关关系($P<0.01$)。1 和 5 mg/kg 镉水平下的土壤 pH 与土壤 FeMn-Cd、OM-Cd、Res-Cd、Total-Cd 含量间的相关性水平不同,对于土壤 FeMn-Cd 含量,与 1 mg/kg 镉水平下的土壤 pH 达到极显著正相关($P<0.01$),与 5 mg/kg 镉水平下的土壤 pH 只达到显著正相关($P<0.05$);和土壤 FeMn-Cd 含量与土壤 pH 间的相关关系类似,土壤 OM-Cd 含量与土壤 pH 间的相关关系在 1 mg/kg 镉水平下呈显著正相关($P<0.05$),在 5 mg/kg 镉水平下达到极显著水平($P<0.01$);土壤 Res-Cd 含量与土壤 pH 间的相关关系在 1 和 5 mg/kg 镉水平下均达到极显著水平($P<0.01$);1 和 5 mg/kg 镉水平下土壤 Total-Cd 含量与土壤 pH 间不存在明显的相关关系,没有达到显著水平($P>0.05$)。

总体来讲,各镉水平下土壤 pH 与土壤 EX-Cd 含量均存在极显著负相关关系($P<0.01$),与土壤 FeMn-Cd、OM-Cd、Res-Cd 含量存在显著或极显著正相关。在 1 和 5 mg/kg 镉水平下土壤 pH 与土壤 CAB-Cd 含量间呈显著负相关($P<0.05$),10 和 15 mg/kg 镉水平下呈极显著正相关($P<0.01$)。说明可通过提高土壤 pH 来促进土壤 EX-Cd 和 CAB-Cd 向土壤 FeMn-Cd、OM-Cd 和 Res-Cd 的转化,从而降低土壤中活性态镉含量。

表 1-1 土壤 pH 与土壤 Cd 形态含量间的相关系数

Cd 形态	Cd 污染水平/(mg/kg)			
	1	5	10	15
EX-Cd	-0.892**	-0.956**	-0.969**	-0.775**
CAB-Cd	-0.631*	-0.579*	0.822**	0.756**
FeMn-Cd	0.879**	0.602*	0.943**	0.874**
OM-Cd	0.592*	0.806**	0.915**	0.910**
Res-Cd	0.734**	0.834**	0.830**	0.861**
Total-Cd	0.472	0.324	0.735**	0.809**

注:**表示在 0.01 水平(双侧)上显著相关;*表示在 0.05 水平(双侧)上显著相关;EX-Cd、CAB-Cd、FeMn-Cd、OM-Cd、Res-Cd 分别表示土壤可交换态镉、碳酸盐结合态镉、铁锰氧化态镉、有机态镉和残渣态镉。

二、重金属镉在蔬菜体内的分布与形态

大部分植物体内各器官镉的分布基本符合根>茎>叶>果实(籽粒等幼嫩组织)的规律(Rizwan et al.,2016)。2016 年,Kubo 等报道小麦根系镉含量为茎的

数倍至数十倍，是籽粒的数十倍乃至数百倍。籽粒中累积的大部分镉主要通过根系直接吸收转运获得，相对较少的一部分来源于小麦其他营养器官的镉通过再活化途径再分配至籽粒中。烟草和胡萝卜则是叶片中的镉含量更高。水稻、小麦等禾本科作物，除却根系、叶片、茎秆等部位累积的镉之外，一些特殊部位如结点、叶轴、颖片等部位也能截获并累积大量的镉。植物体内镉的蓄积及分配在品种间也存在显著性差异(Rizwan et al.，2016)。Wang 等(2017)通过对 35 个白菜品种筛选，获得低 Cd 富集品种 CB 和 HLQX。2017 年 Dai 等对不同品种萝卜筛选获得了 3 个 Cd 低积累型品种和 5 个 Cd 高积累型品种。2015 年 Huang 等从 30 个红薯品种中筛选出了 4 个低 Cd 甘薯品种(Nan88、Xiang20、Ji78-066 和 Ji73-427)。2018 年 Guo 等筛选出了芥蓝菜(*Brassica alboglabra* L.H.Bailey)典型低 Cd 品种 DX102 和典型高 Cd 品种 HJK，并发现典型低 Cd 品种 DX102 的根、地上部细胞壁中 Cd 含量均高于典型高 Cd 品种 HJK。

我们对两个黄瓜品种研究发现，Cd 主要积累于茎和叶中，根和果实中积累量较少，而黄瓜 Cd 含量以根和叶较高，茎和果实含量较低。此外，重金属在植物体内的化学形态分为活性态和非活性态，活性态有水溶性态、离子交换态等，非活性态有氯化钠态、盐酸盐态、醋酸盐态、残渣态等。我们的研究结果显示，黄瓜果实中 Cd 主要以 Res-Cd FDC 存在，其平均含量为 0.608 mg/kg，占 Cd 提取总量的 41.5%。W-Cd FDC 和 E-Cd FDC 活性较高，但黄瓜果实中两者之和只有 0.038 mg/kg，占 Cd 提取总量的 2.6%。黄瓜果实中 Cd 活性较高的形态含量低，减少了 Cd 对黄瓜的毒害。为了进一步研究重金属镉在蔬菜体内的分布与形态，我们在 2017.9～2018.6 期间采用大田试验研究了在 Cd 污染土壤条件(全 Cd 2.38 mg/kg)下萝卜和大白菜可食部位 Cd 含量及形态特征。从表 1-2 和图 1-5 可见，萝卜茎部 Cd 形态含量以 HAc-Cd 为主，其次是 NaCl-Cd，而大白菜地上部 Cd 形态含量以 NaCl-Cd 为主，其次为 HAc-Cd。但主要形态均是活性较低的 Cd 形态。

表 1-2　镉污染菜园土壤中白菜和萝卜可食部位镉含量

蔬菜种类	E-Cd /(mg/kg)	W-Cd /(mg/kg)	NaCl-Cd /(mg/kg)	HAc-Cd /(mg/kg)	HCl-Cd /(mg/kg)	Res-Cd /(mg/kg)	Cd总量 /(mg/kg)
白菜	0.055±0.001	0.042±0.025	1.615±0.273	0.487±0.050	0.021±0.013	0.009±0.004	2.229±0.364
萝卜	0.007±0.001	0.007±0.000	0.260±0.003	0.433±0.014	0.015±0.001	0.020±0.002	0.742±0.015

注：E-Cd、W-Cd、NaCl-Cd、HAc-Cd、HCl-Cd 和 Res-Cd 分别表示蔬菜体内乙醇提取态镉、水提取态镉、氯化钠提取态镉、醋酸提取态镉、盐酸提取态镉和残渣态镉。下同。

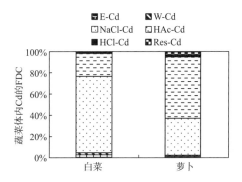

图 1-5　镉污染菜园土壤中白菜和萝卜镉形态分布

第二节　重金属镉在蔬菜中的吸收特点

　　土壤中的镉可通过扩散、质流或截获到达植物根系表面，再从根部表面进入根内部(Rizwan et al.，2016)。镉从根表面进入根内部一是通过细胞壁和细胞间隙等质外体空间进行传递，属于被动吸收，不需要消耗能量，其动力来源一般为介质与植物体内的离子浓度差异及植物的蒸腾作用；二是通过胞间连丝及原生质流动进行细胞间传递，主要依靠其他离子的载体蛋白并借助代谢能量进行转运，属于主动吸收，需要消耗代谢能量(图 1-6)。但是对于镉进入根部细胞的机制目前仍没有统一的定论，一些学者认为镉与植物中其他营养元素类似，可以共用细胞膜上的离子通道，如 Ca^{2+} 通道，*Arabidopsis thaliana* L. 细胞膜上的 K^+ 通道对 Cd^{2+} 比较敏感，Ca^{2+} 通道则能够透过 Cd^{2+} (He et al.，2017)。2015 年廖星程报道低钙胁迫促进了东南景天体内镉的韧皮部运输以及幼嫩组织对镉的吸收与积累，进一步从组织与细胞水平上证实了超积累生态型东南景天体内镉的吸收、运输和积累与钙运输体系密切相关。此外，影响植物根系吸收镉的其他重要因素还包括土壤中镉的浓度和形态、土壤理化性质(氧化还原电位、pH、有机质、温度、其他养分元素等)、根际微域生态环境(根系分泌物、微生物群落的种类和数量)等，它们影响土壤中有效镉的含量，进一步影响植物对重金属的吸收。根系分泌物一方面可以通过改变土壤 pH 和 Eh 等理化性质间接影响重金属的活性，另一方面可以通过有机酸、氨基酸、多肽等根系分泌物与重金属螯合，而直接影响重金属在土壤中的结合形态及活性。Cd 胁迫下高积镉水稻品种 Lu527-8 根系分泌物中各有机酸的含量是正常系 Lu527-4 的 1.76～2.43 倍，高积镉水稻品种苯丙氨酸仅由 Lu527-8 分泌(Fu et al.，2011)。2015 年 Bao 等发现 Cd 超积累植物龙葵根系分泌的乙酸、柠檬酸、苹果酸、酢浆草酸、酒石酸的含量显著高于非超积累植物番茄，使其对 Cd 的吸收显著多于番茄。土壤中的 Cd^{2+} 能与东南景天的根际分泌物螯合，从而使 Cd^{2+} 的生物有效性增加的同时，提高植物体对 Cd^{2+} 的吸收。

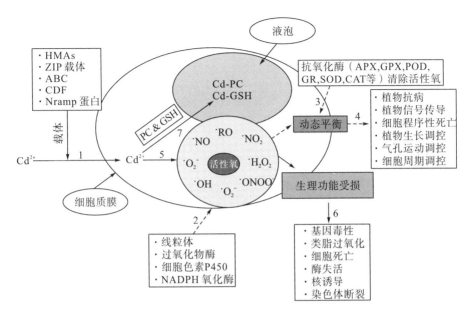

图 1-6　植物对 Cd 的吸收机制（Shahid et al.，2015）

一、蔬菜吸收重金属镉的主要形态

我们通过对小白菜各部位 Cd 含量与土壤中 Cd 各形态的相关性分析可以看出，小白菜根部和地上部 Cd 含量与 EX-Cd 呈极显著正相关，相关系数分别为 0.944、0.934（表 1-3）。小白菜根部和地上部 Cd 含量与 FeMn-Cd、CAB-Cd 和 OM-Cd 有极显著负相关关系，与 Res-Cd 显著负相关。说明小白菜吸收的镉主要形态为 EX-Cd。

表 1-3　小白菜各部位 Cd 含量与土壤全 Cd 以及 Cd 形态的相关系数

	根-Cd	地上部-Cd	EX-Cd	CAB-Cd	FeMn-Cd	OM-Cd	Res-Cd
根-Cd	1						
地上部-Cd	0.993**	1					
EX-Cd	0.944**	0.934**	1				
CAB-Cd	-0.902**	-0.901**	-0.96**	1			
FeMn-Cd	-0.922**	-0.913**	-0.967**	0.877**	1		
OM-Cd	-0.764**	-0.768**	-0.695*	0.602*	0.792**	1	
Res-Cd	-0.657*	-0.642*	-0.614*	0.665*	0.632*	0.690*	1

注：*和**分别表示差异显著（$P<0.05$）和差异极显著（$P<0.01$）。

二、不同种类蔬菜对重金属镉的吸收差异

不同种类蔬菜对 Cd 吸收及积累存在较大的差异。欧阳喜辉等报道,叶菜类蔬菜对 Cd 的吸收能力高于果菜类蔬菜;叶菜类蔬菜的吸收变异性大,而果菜类则较小。李明德等对长沙蔬菜基地的调查发现,不同类型蔬菜对重金属富集的系数大小为叶菜类>茄果类>豆类>瓜类。不同蔬菜类型对重金属的富集能力为叶菜类>茄果类>豆类>块茎类>瓜类。

我们于 2011 年 5 月~2011 年 8 月调查了重庆市北碚、沙坪坝、两路、学田湾四个地方的主要农贸市场,采集主售蔬菜样品,每种蔬菜 2~6 个样品,每一样品由 5~10 株混合组成,共计 73 个样品。重庆市主要农贸市场主售的不同蔬菜的可食部分中的重金属含量差异显著(表 1-4)。Cd 含量大小顺序为根茎类(Cd 含量平均值 $\bar{X}$ =0.118 mg/kg)>葱蒜类($\bar{X}$ =0.107 mg/kg)>叶菜类($\bar{X}$ =0.102 mg/kg)>茄果类($\bar{X}$ =0.093 mg/kg)。Cd 含量以根茎类最高,以茄果类最低。不同种类蔬菜可食部分中重金属含量的变异系数不同。Cd 含量的变异系数大小顺序为根茎类(变异系数 C.V.=110.43%)>茄果类(C.V.=96.28%)>叶菜类(C.V.=78.67%)>葱蒜类(C.V.=54.12%)。

表 1-4　重庆市主要农贸市场蔬菜鲜样中重金属含量[*]

蔬菜类别	蔬菜名称	样本数/个	范围/(mg/kg)	均值/(mg/kg)	标准差/(mg/kg)	变异系数/%
叶菜类	冬苋菜	4	0.039~0.117	0.092	0.036	38.70
	生菜	4	0.047~0.093	0.072	0.019	26.91
	空心菜	4	0.044~0.359	0.142	0.148	103.98
	瓢儿白	4	0.030~0.057	0.044	0.014	31.99
	小白菜	4	0.024~0.333	0.110	0.149	136.25
	莴苣叶	4	0.044~0.402	0.138	0.176	128.31
	大白菜	4	0.031~0.406	0.147	0.174	118.11
	菜薹	4	0.025~0.087	0.058	0.026	43.88
	菠菜	4	0.028~0.251	0.103	0.100	97.46
	甘蓝	4	0.033~0.313	0.134	0.131	97.44
	西兰花	4	0.026~0.047	0.035	0.009	25.87
	花菜	4	0.022~0.306	0.155	0.148	95.16
根茎类	莴苣茎	5	0.037~0.324	0.108	0.122	112.44
	芹菜	6	0.131~0.367	0.126	0.137	108.43
茄果类	番茄	4	0.038~0.339	0.120	0.147	122.70
	茄子	4	0.023~0.080	0.044	0.026	60.47

续表

蔬菜类别	蔬菜名称	样本数/个	范围/(mg/kg)	均值/(mg/kg)	标准差/(mg/kg)	变异系数/%
茄果类	黄瓜	4	0.035~0.133	0.066	0.046	70.06
	尖椒	4	0.024~0.213	0.078	0.090	114.48
	樱桃果	4	0.039~0.296	0.123	0.121	98.30
	甜椒	3	0.039~0.319	0.140	0.156	111.65
葱蒜类	大葱	4	0.029~0.358	0.135	0.155	114.36
	蒜苗	2	0.287~0.351	0.319	0045	14.16
	蒜薹	2	0.028~0.057	0.042	0.021	49.04
	韭菜	6	0.025~0.068	0.039	0.015	38.93

注：*表示低于检出限的测定值以"ND"表示。

我们于2016年10月~2016年11月在重庆市潼南区桂林、新胜、玉溪、中渡村、樊家坝，璧山区七塘、八塘，涪陵区大木，渝北区关兴（玉峰山），九龙坡区含谷，江津区支坪、仁沱，北碚区龙凤桥镇等13个主要蔬菜基地采集了成熟期蔬菜样品。研究发现，重庆市主要蔬菜基地蔬菜鲜样中Cd含量顺序为叶菜类（$\bar{X}$=0.090 mg/kg）＞茄果类（$\bar{X}$=0.061 mg/kg）＞根茎类（$\bar{X}$=0.049 mg/kg）（表1-5）。从整体上看，叶菜类蔬菜中Cd的含量显著高于其他两类蔬菜，其中莴苣叶、甘蓝的含量最高。Cd含量的变异系数大小为叶菜类（C.V.=85.34%）＞茄果类（C.V.=58.68%）＞根茎类（C.V.=43.59%），即蔬菜Cd含量的变异系数以叶菜类高于其他两类蔬菜。

表1-5　重庆市主要蔬菜基地蔬菜鲜样中重金属含量

蔬菜类别	蔬菜名称	样本数/个	范围/(mg/kg)	均值/(mg/kg)	标准差/(mg/kg)	变异系数/%
叶菜类	空心菜	4	ND~0.088	0.046	0.048	103.06
	水白菜	5	0.012~0.086	0.042	0.027	65.16
	甘蓝	11	0.023~0.355	0.096	0.096	100.77
	莴苣叶	11	0.048~0.522	0.134	0.132	98.40
	大白菜	3	0.021~0.075	0.048	0.027	56.23
根茎类	萝卜	7	0.020~0.083	0.049	0.021	43.59
茄果类	茄子	4	0.028~0.111	0.061	0.036	58.68

三、不同品种蔬菜对重金属镉的吸收差异

同种蔬菜不同基因型（品种）间Cd吸收和积累也有所差异。2014年黄志熊等的研究结果显示，不同基因型水稻的镉抗蛋白基因家族成员 *OsPCRI* 的表达水平

存在显著差异,说明该种基因可能参与调控水稻体内 Cd 的积累,这为培育低镉积累水稻(*Oryza.sativa* L.)品种提供了一定的理论依据。2014 年韩超等报道不同品种白菜(*Brassica rapa pekinensis*)和甘蓝(*Brassica oleracea* L.)间 Cd 积累差异显著,高积累品种显著高于低积累品种。我们在前期筛选试验基础上,根据辣椒营养器官 Cd 积累量筛选出高积 Cd 型品种 X55(线椒,由重庆市农业科学院蔬菜花卉研究所提供)、中积 Cd 型品种大果 99(牛角椒,购于湖南湘研种业有限公司)、低积 Cd 型品种洛椒 318(牛角椒,购于洛阳市诚研种业有限公司),于 2017 年 3 月~2017 年 7 月在中性菜园土壤上,采用土培试验研究了在 0、5 和 10 mg/kg Cd 胁迫下三个品种辣椒对重金属镉的吸收差异。如表 1-6 所示,辣椒各部位 Cd 含量随 Cd 处理水平的增加而增加(X55 的茎和洛椒 318 的果实除外)。同一 Cd 处理水平下,根、茎、叶的 Cd 含量在品种间存在显著差异,且在品种间表现为 X55>大果 99>洛椒 318(10 mg/kg Cd 处理的茎除外),果实 Cd 含量在品种间差异不显著。

表 1-6　不同 Cd 处理水平对辣椒 Cd 含量的影响

Cd 处理水平 /(mg/kg)	品种	植株镉含量/(mg/kg)			
		根	茎	叶	果
	洛椒 318	—	—	—	—
0	大果 99	—	—	—	—
	X55	—	—	—	—
	洛椒 318	14.474±0.747c	0.499±0.027c	0.831±0.018c	2.280±0.005a
5	大果 99	28.591±1.512b	5.628±0.208b	6.240±0.261b	1.967±0.253a
	X55	54.736±2.044a	6.384±0.061a	8.786±0.047a	1.946±0.065a
	洛椒 318	26.468±0.546c	0.538±0.026c	0.877±0.012c	1.962±0.003b
10	大果 99	45.515±1.043b	6.808±0.228a	6.436±0.136b	2.329±0.189ab
	X55	58.859±2.962a	5.789±0.123b	11.191±1.014a	2.610±0.078a

注:不同字母表示不同品种之间的差异达到显著性水平($P<0.05$),下同。

　　不同 Cd 处理水平下三个品种辣椒根、茎、叶、果的 Cd 积累量如表 1-7 所示,辣椒各部位 Cd 积累量随 Cd 处理水平的增加呈上升趋势(除 10 mg/kg Cd 处理的辣椒茎 Cd 含量和 5 mg/kg Cd 处理的辣椒果实 Cd 含量外)。辣椒各部位 Cd 积累量在品种间差异显著,根、茎、叶、地上部和植株 Cd 总量在品种间均表现为 X55>大果 99>洛椒 318,其中 X55 地上部 Cd 积累量在 5 mg/kg Cd 处理水平下分别是洛椒 318 和大果 99 的 8.551 倍和 1.692 倍,10 mg/kg Cd 处理水平下分别是洛椒 318 和大果 99 的 8.574 倍和 1.537 倍。而同一 Cd 处理水平下果实 Cd 积累量在品种间则表现为大果 99>洛椒 318>X55,在 5 mg/kg Cd 处理水平下,X55 果实 Cd 积累量分别比洛椒 318 和大果 99 少 19.39%和 65.07%,在 10 mg/kg Cd 处理水平下,X55 果实 Cd 积累量分别比洛椒 318 和大果 99 少 25.74%和 69.61%。

表 1-7　不同 Cd 处理水平对辣椒 Cd 积累量的影响

Cd 处理水平 /(mg/kg)	品种	植株镉积累量/(μg/pot)					
		根	茎	叶	果	地上部	Cd 总量
0	洛椒 318	—	—	—	—	—	—
	大果 99	—	—	—	—	—	—
	X55	—	—	—	—	—	—
5	洛椒 318	16.981± 1.211b	1.645± 0.075c	5.823± 0.195c	2.280± 0.089b	9.748± 0.359c	26.730± 0.852c
	大果 99	21.202± 3.142b	18.439± 1.594b	25.553± 0.753b	5.262± 0.142a	49.253± 0.699b	70.455± 3.841b
	X55	28.544± 0.783a	33.436± 1.792a	48.077± 1.755a	1.838± 0.007c	83.352± 0.030a	111.896± 0.813a
10	洛椒 318	12.306± 0.066c	1.149± 0.117c	4.059± 0.393c	1.950± 0.000b	7.158± 0.510c	19.464± 0.444c
	大果 99	22.088± 0.209b	10.717± 0.217b	24.458± 0.209b	4.765± 0.122a	39.940± 0.305b	62.029± 0.513b
	X55	29.041± 2.280a	22.909± 2.188a	37.019± 0.359a	1.448± 0.025c	61.376± 1.854a	90.417± 0.426a

注：pot 表示一钵或一盆。

第三节　重金属镉在蔬菜体内的运移、分配规律

一、重金属镉在蔬菜体内的运移规律

重金属 Cd 从植物根系运输到地上部主要有四个途径：①通过根系吸收土壤中的 Cd；②木质部装载运输到地上部；③通过维管束在节点重新定向转运；④通过韧皮部从叶片重新活化，最后运输到果实(图 1-7)。Cd 进入植物主要通过根部吸收，而根对 Cd 的固持一定程度上限制了 Cd 往地上部的运输。有研究表明，在植物运输重金属的过程中，大部分重金属被区隔在根系细胞壁中，这就解释了 Cd^{2+} 主要是被保留在根系中，只有少部分被转移到地上部(Monteiro et al.，2012)。

我们的土培试验显示，三个品种辣椒果实 Cd 迁移系数随 Cd 处理水平增加呈先增大后减小趋势(X55 Cd 迁移系数除外)，在 5 mg/kg Cd 处理水平下达到最大值，10 mg/kg Cd 处理水平下有所减小(表 1-8)。和 5 mg/kg Cd 处理水平相比较，10 mg/kg Cd 处理水平下洛椒 318 和大果 99 的 Cd 迁移系数分别减小 53.16% 和 26.09%。果实 Cd 迁移系数在品种间差异显著，同一 Cd 处理水平下均表现为洛椒 318＞大果 99＞X55，5 mg/kg Cd 处理水平下洛椒 318 果实的 Cd 迁移系数分别是大果 99 和 X55 的 2.290 倍和 4.389 倍；10 mg/kg Cd 处理水平下洛椒 318 果实的 Cd 迁移系数分别是大果 99 和 X55 的 1.451 倍和 1.682 倍。

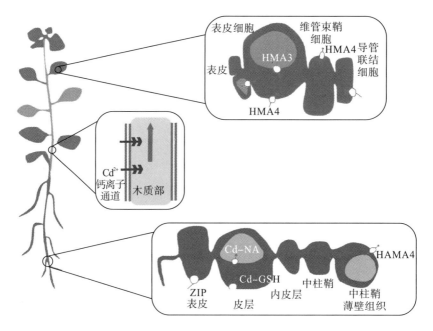

图 1-7　植物镉吸收与转运机制

表 1-8　不同 Cd 处理水平对辣椒果实 Cd 迁移富集系数的影响

Cd 处理水平/(mg/kg)	品种	迁移系数	富集系数
	洛椒 318	—	—
0	大果 99	—	—
	X55	—	—
	洛椒 318	0.158±0.009a	0.456±0.001a
5	大果 99	0.069±0.005b	0.393±0.051a
	X55	0.036±0.000c	0.389±0.013a
	洛椒 318	0.074±0.002a	0.196±0.000b
10	大果 99	0.051±0.003b	0.233±0.019ab
	X55	0.044±0.001c	0.261±0.008a

注：不同字母表示不同品种之间的差异达到显著性水平($P<0.05$)，下同。

二、重金属镉在蔬菜体内的分配规律

有研究显示，在大部分植物种类中，Cd 主要积累在植物根系，植物根系金属浓度较高可能是植物应对重金属胁迫的一种方式(Khaliq et al.，2015)。植物对重金属的耐受性可以通过两种基本策略来控制：排除和积累。排除意味着植物避免或限制金属的吸收，而积累则直接关系到植物组织内运输和隔离金属的能力，以及植物的生殖保护能力。

我们研究发现,辣椒根、茎、叶、果的 Cd 含量随 Cd 处理水平的增加而增加(表 1-9)。同一 Cd 处理水平下,根、茎、叶的 Cd 含量在品种间存在显著差异,Cd 含量在品种间表现为 X55＞大果 99＞洛椒 318(10 mg/kg Cd 处理的茎除外),说明 X55 比其他两个品种吸收了更多的 Cd。辣椒果实 Cd 含量在品种间差异也显著。

表 1-9　不同 Cd 处理水平对辣椒 Cd 含量的影响

Cd 处理水平 /(mg/kg)	品种	Cd 含量/(mg/kg)			
		根	茎	叶	果
0	洛椒 318	—	—	—	—
	大果 99	—	—	—	—
	X55	—	—	—	—
5	洛椒 318	14.474±0.747c	0.499±0.027c	0.831±0.018c	2.280±0.005a
	大果 99	28.591±1.512b	5.628±0.208b	6.240±0.261b	1.967±0.253a
	X55	54.736±2.044a	6.384±0.061a	8.786±0.047a	1.946±0.065a
10	洛椒 318	26.468±0.546c	0.538±0.026c	0.877±0.012c	1.962±0.003b
	大果 99	45.515±1.043b	6.808±0.228a	6.436±0.136b	2.329±0.189ab
	X55	58.859±2.962a	5.789±0.123b	11.191±1.014a	2.610±0.078a

注:不同字母表示不同品种之间的差异达到显著性水平($P < 0.05$),下同。

不同 Cd 处理水平下三个辣椒品种果实 Cd 形态[氯化钠提取态(NaCl-Cd)、盐酸提取态(HCl-Cd)、醋酸提取态(HAc-Cd)、水溶态(W-Cd)、乙醇提取态(E-Cd)和残渣态(Res-Cd)]分配比例(FDC)如图 1-8 所示,在不同 Cd 处理水平下,三个品种辣椒果实 Cd 形态均以氯化钠提取态(NaCl-Cd)为主。在 5 mg/kg Cd 处理水平下,洛椒 318 果实镉 FDC 大小为 NaCl-Cd(88.06%)＞HAc-Cd(6.98%)＞Res-Cd(2.77%)＞HCl-Cd(1.65%)＞W-Cd(0.29%)＞E-Cd(0.26%);大果 99 果实镉 FDC 大小为 NaCl-Cd(85.17%)＞HAc-Cd(6.42%)＞Res-Cd(6.22%)＞HCl-Cd(1.64%)＞W-Cd(0.28%)＝E-Cd(0.28%);X55 果实镉 FDC 大小为 NaCl-Cd(86.81%)＞HAc-Cd(8.00%)＞Res-Cd(2.80%)＞HCl-Cd(2.00%)＞W-Cd(0.22%)＞E-Cd(0.17%)。在 10 mg/kg Cd 处理水平下,洛椒 318 果实镉 FDC 大小为 NaCl-Cd(86.89%)＞HAc-Cd(7.12%)＞Res-Cd(3.04%)＞HCl-Cd(1.96%)＞W-Cd(0.72%)＞E-Cd(0.28%);大果 99 果实镉 FDC 大小为 NaCl-Cd(84.44%)＞HAc-Cd(6.41%)＞Res-Cd(6.00%)＞HCl-Cd(2.00%)＞W-Cd(0.81%)＞E-Cd(0.34%);X55 果实镉 FDC 大小为 NaCl-Cd(86.02%)＞HAc-Cd(7.76%)＞Res-Cd(2.96%)＞HCl-Cd(2.22%)＞W-Cd(0.83%)＞E-Cd(0.21%)。

　　不同 Cd 处理水平下三个辣椒品种果实 Cd 形态含量如表 1-10 和图 1-8 所示，三个品种辣椒各 Cd 形态(NaCl-Cd、HAc-Cd、Res-Cd、HCl-Cd、W-Cd、E-Cd)含量随 Cd 处理水平的增加而增加，且大小均表现为 NaCl-Cd＞HAc-Cd＞Res-Cd＞HCl-Cd＞W-Cd＞E-Cd。和 5 mg/kg Cd 处理水平相比较，10 mg/kg Cd 处理水平下，含量最多的 NaCl-Cd 在洛椒 318、大果 99 和 X55 果实中分别增加 3.79%、6.80%和 11.41%。在同一 Cd 处理水平下，各 Cd 形态含量在品种间差异显著，各 Cd 形态含量在品种间表现为大果 99＞洛椒 318＞X55。在 5 mg/kg Cd 处理水平下，大果 99 的 NaCl-Cd 含量分别是洛椒 318 和 X55 的 1.140 倍和 1.648 倍；10 mg/kg Cd 处理水平下，大果 99 的 NaCl-Cd 含量分别是洛椒 318 和 X55 的 1.173 倍和 1.580 倍。

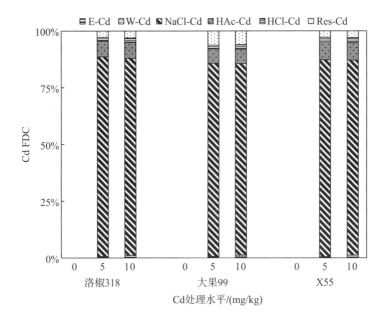

图 1-8　不同 Cd 处理水平下辣椒果实 Cd 形态分配比例

注：NaCl-Cd、HCl-Cd、HAc-Cd、W-Cd、E-Cd 和 Res-Cd 分别表示氯化钠提取态、盐酸提取态、醋酸提取态、水溶态、乙醇提取态和残渣态。

表 1-10　不同 Cd 处理水平对辣椒果实 Cd 形态的影响

Cd 处理水平/(mg/kg)	品种	E-Cd	W-Cd	NaCl-Cd	HAc-Cd	HCl-Cd	Res-Cd
	洛椒 318	＜0.005	＜0.005	＜0.005	＜0.005	＜0.005	＜0.005
0	大果 99	＜0.005	＜0.005	＜0.005	＜0.005	＜0.005	＜0.005
	X55	＜0.005	＜0.005	＜0.005	＜0.005	＜0.005	＜0.005

续表

Cd 处理水平/ (mg/kg)	品种	E-Cd	W-Cd	NaCl-Cd	HAc-Cd	HCl-Cd	Res-Cd
5	洛椒 318	0.022±0.003a	0.025±0.000b	7.575±0.247b	0.600±0.035a	0.142±0.011ab	0.238±0.053b
	大果 99	0.028±0.001a	0.028±0.001a	8.638±0.018a	0.651±0.022a	0.166±0.008a	0.631±0.004a
	X55	0.010±0.001b	0.013±0.000c	5.240±0.198c	0.483±0.012b	0.121±0.001b	0.169±0.009b
10	洛椒 318	0.025±0.001b	0.065±0.002ab	7.862±0.056b	0.644±0.016a	0.177±0.005ab	0.275±0.012b
	大果 99	0.037±0.004a	0.088±0.000a	9.225±0.283a	0.700±0.035a	0.219±0.027a	0.656±0.009a
	X55	0.014±0.002c	0.056±0.000c	5.838±0.058c	0.527±0.006b	0.151±0.006b	0.201±0.000c

第四节　重金属镉在蔬菜体内的蓄积机制

一、重金属镉在不同种类蔬菜体内的富集特点

镉在不同蔬菜和蔬菜不同器官部位的积累量都有差异。1993 年廖自基等研究表明，植物不同部位吸收和积累的镉量有所不同，主要积累在新陈代谢旺盛的器官内（根和叶），而营养贮存器官则相对较少，即镉在植物各部位的分布为根＞叶＞枝花＞果实＞籽粒。

我们在 2015 年 9 月～2018 年 6 月期间采用大田试验研究了 Cd 污染菜园土壤条件（全 Cd 2.38 mg/kg）下茄果类、叶菜类和根菜类蔬菜体内 Cd 含量及分布特征。从表 1-11 可以看出，与现有资料不同，茄果类蔬菜茄子体内 Cd 含量为果实＞根＞茎＞叶。但番茄、辣椒体内 Cd 含量为叶＞根＞茎＞果实，叶菜类大白菜和根菜类萝卜体内 Cd 含量为叶＞根。可见，重金属镉在蔬菜体内的富集和分布与蔬菜种类关系密切。

表 1-11　重金属镉在不同种类蔬菜体内分布

蔬菜种类		镉含量/(mg/kg)			
		叶	茎	根	果
茄果类	茄子	0.408±0.000	0.503±0.000	0.695±0.000	0.861±0.034
	辣椒	1.220±0.000	0.624±0.034	0.648±0.067	0.479±0.101
	番茄	2.46±0.16	2.13±0.18	2.45±0.07	1.16±0.37
叶菜类	大白菜	1.224±0.005	—	1.052±0.040	—
根菜类	萝卜	1.694±0.144	—	0.636±0.053	—

二、重金属镉在不同品种蔬菜体内的蓄积机制

(一)不同品种蔬菜镉积累量差异

有研究显示，在大部分植物种类中，Cd 主要积累在植物根系，植物根系金属浓度较高可能是植物应对重金属胁迫的一种方式(Khaliq et al., 2015)。植物对重金属的耐受性可以通过两种基本策略来控制：排除和积累。排除意味着植物避免或限制金属的吸收，而积累则直接关系到植物组织内运输和隔离金属的能力，以及植物的生殖保护能力。高等植物通过叶或根的吸收而积累镉，Cd 进入植物主要通过根部吸收，而根对 Cd 的固持限制了 Cd 往地上部的运输。有研究表明，在植物运输重金属的过程中，大部分重金属被区隔在根系细胞壁中，这就解释了 Cd^{2+} 主要是被保留在根系中，只有少部分被转移到地上部(Monteiro et al., 2012)。

我们对三个品种辣椒根、茎、叶、果的 Cd 积累规律研究发现(表 1-12)，辣椒各部位 Cd 积累量在品种间差异显著，根、茎、叶、地上部和植株 Cd 总量在品种间均表现为 X55＞大果 99＞洛椒 318，其中 X55 地上部 Cd 积累量在 5 mg/kg Cd 处理水平下分别是洛椒 318 和大果 99 的 8.551 倍和 1.692 倍，10 mg/kg Cd 处理水平下分别是洛椒 318 和大果 99 的 8.574 倍和 1.537 倍。而同一 Cd 处理水平下果实 Cd 积累量在品种间则表现为大果 99＞洛椒 318＞X55，在 5 mg/kg Cd 处理水平下，X55 果实 Cd 积累量分别比洛椒 318 和大果 99 少 19.39%和 65.07%，在 10 mg/kg Cd 处理水平下分别少 25.74%和 69.61%。

在我们的研究中，根系 Cd 积累量在三个辣椒品种间存在显著差异，且在品种间表现为 X55＞大果 99＞洛椒 318，说明 X55 品种根系对 Cd 的吸收能力最强。Xin 等(2015)研究表明，较耐 Cd 辣椒品种 YCT 根系比品种 JFZ 保留了更多的 Cd，与我们的研究结果相类似。前人研究表明，两种番茄低 Cd 品种根中 Cd 含量明显低于高 Cd 品种(Xu et al., 2018)，与我们的研究结果相类似。辣椒各部位 Cd 积累量随 Cd 处理水平的增加呈先增加后降低的趋势，较耐 Cd 品种 X55 比洛椒 318 和大果 99 吸收积累了更多的 Cd，X55 地上部 Cd 积累量最高，X55 地上部 Cd 积累量在 5 mg/kg Cd 处理水平下分别是洛椒 318 和大果 99 的 8.551 倍和 1.692 倍，10 mg/kg Cd 处理水平下分别是洛椒 318 和大果 99 的 8.574 倍和 1.537 倍。但 X55 地上部生物量最大，说明 Cd 的高积累能力可能部分归因于其较多的生物量。说明植物营养器官高积累 Cd 的品种，生殖器官不一定高积累 Cd。辣椒品种在果实中积累 Cd 的能力不同，X55 的果实 Cd 积累量在品种间最低，且 X55 的 Cd 迁移系数最小，能更好地防止 Cd 从根部向果实部分迁移。

表 1-12　不同 Cd 处理水平对辣椒 Cd 积累量的影响

Cd 处理水平/(mg/kg)	品种	植株 Cd 积累量/(μg/pot)					
		根	茎	叶	果	地上部	Cd 总量
0	洛椒 318	—	—	—	—	—	—
	大果 99	—	—	—	—	—	—
	X55	—	—	—	—	—	—
5	洛椒 318	16.981±1.211b	1.645±0.075c	5.823±0.195c	2.280±0.089b	9.748±0.359c	26.730±0.852c
	大果 99	21.202±3.142b	18.439±1.594b	25.553±0.753b	5.262±0.142a	49.253±0.699b	70.455±3.841b
	X55	28.544±0.783a	33.436±1.792a	48.077±1.755a	1.838±0.007c	83.352±0.030a	111.896±0.813a
10	洛椒 318	12.306±0.066c	1.149±0.117c	4.059±0.393c	1.950±0.000b	7.158±0.510c	19.464±0.444c
	大果 99	22.088±0.209b	10.717±0.217b	24.458±0.209b	4.765±0.122a	39.940±0.305b	62.029±0.513b
	X55	29.041±2.280a	22.909±2.188a	37.019±0.359a	1.448±0.025c	61.376±1.854a	90.417±0.426a

(二)重金属镉在不同蔬菜品种亚细胞中的分布特征

植物为了减轻重金属的毒害作用，进化出了细胞内和细胞外的各种快速、灵活、特异的金属解毒机制，如通过与金属结合并固持在植物细胞壁内、和细胞内有机分子螯合或区隔在液泡内等来克服重金属胁迫，在劣势条件下生存。重金属被植物吸收以后，会在植物的各个细胞、组织、器官中呈现出选择性分布，如桉树根系对 Cd 的滞留和吸收限制作用、细胞壁内 Cd 的固持作用、可溶性组分中 Cd 的区隔化作用等都是其耐 Cd 的主要机制。从亚细胞水平来看，植物吸收的重金属在各亚细胞组分中的分布不同，植物中重金属的亚细胞分布可能与植物的金属耐受性和解毒机制相关。苎麻含 Cd 组织中亚细胞结构 Cd 分布中，48.2%～61.9%的 Cd 定位在细胞壁中，30.2%～38.1%的 Cd 定位在可溶性组分中，细胞器中含量最低。Fu 等(2011)研究也表明，在美洲商陆的根和叶中，大部分 Cd 位于细胞壁和可溶性组分中。亚细胞 Cd 同样主要分布在细胞壁中，并且各细胞组分中 Cd 含量均随营养液中 Cd 处理水平增加而显著升高。Wang 等(2015)对大豆幼苗亚细胞 Cd 分布的研究表明，在大豆幼苗根系中，亚细胞 Cd 主要分布在根系细胞壁内，从而减少了重金属对植物细胞的伤害。重金属的植物毒性在一定程度上取决于其在植物中的生物活性，细胞内 Cd 的区隔作用极大地影响了细胞内游离镉的水平，从而影响镉在植物体内的运动(Kalaivanan et al.，2016；Parrotta et al.，2015)。因此，Cd 在植物亚细胞中的分布规律也被认为是影响植物体内 Cd 迁移、积累特性和植物毒性的重要因素，重金属毒性与其在植物细胞中的亚细胞分布有关。

我们研究发现，不同 Cd 处理水平下三个品种辣椒根、茎、叶、果各亚细胞组分中 Cd 含量均表现为细胞壁(F1)＞细胞器(F2)＞细胞可溶性组分(F3)(表 1-13)。

根、茎、叶、果各亚细胞组分中 Cd 含量随 Cd 处理水平的增加而增加。同一镉
水平下，辣椒根、茎、叶、果各亚细胞组分中 Cd 含量在品种间存在显著差异，
其中果实各亚细胞组分中 Cd 含量在品种间表现为大果 99>洛椒 318>X55。在
5 mg/kg Cd 处理水平下，大果 99 的 F1 含量分别是洛椒 318 和 X55 的 2.859 倍和
5.693 倍，F2 含量分别是洛椒 318 和 X55 的 3.631 倍和 5.533 倍，F3 含量分别是
洛椒 318 和 X55 的 1.634 倍和 2.111 倍。在 10 mg/kg Cd 处理水平下，大果 99 的
F1 含量分别是洛椒 318 和 X55 的 1.802 倍和 2.115 倍，F2 含量分别是洛椒 318
和 X55 的 1.950 倍和 2.520 倍，F3 含量分别是洛椒 318 和 X55 的 1.512 倍和
1.794 倍。我们的研究显示，大部分的 Cd 都被限制在辣椒细胞壁中，胞壁可以
束缚 Cd 离子并限制其跨膜转运(Gallego et al., 2012)，这样的解毒机制可以保护
原生质体免受 Cd 的毒害，同时也说明辣椒细胞壁在 Cd 的区隔和抗性中起重要
作用。其中，X55 品种具有良好的 Cd 积累能力和耐受能力。与辣椒不同，小麦
将细胞内大部分 Cd 以可溶性部分(F3)储存，只有少量 Cd(不足 25%)被分隔到
根细胞壁(F1)中。

表 1-13　不同 Cd 处理水平对辣椒根、茎、叶、果亚细胞组分 Cd 含量的影响

部位	Cd 处理水平 /(mg/kg)	品种	亚细胞组分 Cd 含量/(mg/kg)		
			F1	F2	F3
根	5	洛椒 318	15.035±0.317c	3.724±0.162c	1.884±0.103c
		大果 99	21.744±2.374b	5.334±0.069b	2.711±0.107b
		X55	29.661±2.121a	10.466±0.108a	3.722±0.049a
	10	洛椒 318	31.972±0.062c	6.815±0.238c	2.721±0.119c
		大果 99	47.266±1.910b	8.369±0.101b	3.612±0.188b
		X55	54.607±3.255a	14.254±0.739a	7.145±0.013a
茎	5	洛椒 318	5.733±0.177c	4.738±0.124c	0.362±0.006c
		大果 99	7.960±0.244b	6.703±0.175b	0.494±0.044b
		X55	12.724±0.362a	7.851±0.119a	0.655±0.032a
	10	洛椒 318	14.529±0.305b	6.277±0.083b	0.524±0.012b
		大果 99	19.320±0.685a	7.241±0.068b	0.645±0.018b
		X55	20.176±0.399a	8.448±0.392a	1.004±0.144a
叶	5	洛椒 318	3.067±0.054c	1.346±0.051b	0.208±0.004c
		大果 99	4.210±0.111b	1.457±0.006b	0.512±0.005b
		X55	5.412±0.160a	2.495±0.044a	0.618±0.024a
	10	洛椒 318	6.864±0.165b	2.012±0.077c	0.222±0.010c
		大果 99	7.118±0.076b	2.257±0.029b	0.634±0.034b
		X55	8.923±0.085a	2.757±0.012a	0.724±0.012a

续表

部位	Cd 处理水平 /(mg/kg)	品种	亚细胞组分 Cd 含量/(mg/kg)		
			F1	F2	F3
果	5	洛椒 318	0.227±0.032b	0.160±0.004b	0.093±0.002b
		大果 99	0.649±0.041a	0.581±0.020a	0.152±0.013a
		X55	0.114±0.002c	0.105±0.000c	0.072±0.002b
	10	洛椒 318	0.419±0.006b	0.318±0.010b	0.121±0.001b
		大果 99	0.755±0.018a	0.620±0.002a	0.183±0.001a
		X55	0.357±0.006c	0.246±0.007c	0.102±0.001c

主要参考文献

陈贵青, 张晓璟, 徐卫红, 等. 2010. 不同 Zn 水平下辣椒体内 Cd 的积累、化学形态及生理特性[J]. 环境科学, 31(07): 1657-1662.

陈惠, 曹秋华, 徐卫红, 等. 2013. 镉对不同品种辣椒幼苗生理特性及镉积累的影响[J]. 西南师范大学学报(自然科学版), 38(9): 110-115.

董萌, 赵运林, 蒋道松, 等. 2017. 基于东亚金发藓监测土壤镉污染的生物学机理[J]. 土壤学报, 54(1): 128-137.

付玉辉. 2016. Cd、Pb 低积累蔬菜品种筛选与修复技术研究[D]. 杭州: 浙江大学.

郭智. 2009. 超富集植物龙葵(*Solanumnigrum* L.)对镉胁迫的生理响应机制研究[D]. 上海: 上海交通大学.

贺晓燕. 2011. 萝卜镉胁迫响应相关基因克隆及其表达分析[D]. 南京: 南京农业大学.

李欣忱, 李桃, 徐卫红, 等. 2017. 不同品种辣椒镉吸收与转运的差异[J]. 中国蔬菜, (9): 32-36

刘峰, 弭宝彬, 魏瑞敏, 等. 2017. 基于聚类分析法筛选低镉累积辣椒品种[J]. 园艺学报, 44(5): 979-986.

彭秋, 李桃, 徐卫红, 等. 2019. 不同品种辣椒镉富集能力差异及镉亚细胞分布和形态特征研究[J]. 环境科学, http://kns.cnki.net/kcms/detail/11.1895.X.20190225.1703.047.html.

于开源. 2016. 镉胁迫对小白菜幼苗生长与抗氧化系统的影响[D]. 沈阳: 辽宁大学.

Aibibu N, Liu Y G, Zeng G M, et al. 2010. Cadmium accumulation in *Vetiveria zizanioides* and its effects on growth, physiological and biochemical characters[J]. Bioresour. Technol., 101(16): 6297-6303.

Baxter A, Mittler R, Suzuki N. 2014. ROS as key players in plant stress signaling[J]. Journal of Experimental Botany, 65(5): 1229-1240.

Clemens S, Thomine S, Verbruggen N, et al. 2013. Plant science: the key to preventing slow cadmium poisoning[J]. Trends in Plant Science, 18(2): 92-99.

Deng X P, Xia Y, Hu W, et al. 2010. Cadmium-induced oxidative damage and protective effects of N-acetyl-l-cysteine against cadmium toxicity in *Solanum nigrum* L. [J]. Journal of Hazardous Materials, 180(1-3): 722-729.

Dubey S, Shri M, Misra P, et al. 2014. Heavy metals induce oxidative stress and genome-wide modulation in transcriptome of rice root[J]. Functional and Integrative Genomics, 14(2): 401-417.

Fan W, Guo Q, Liu C Y, et al. 2017. Two mulberry phytochelatin synthase genes confer zinc/cadmium tolerance and accumulation in transgenic *Arabidopsis* and tobacco [J]. Gene, 645: 95-104.

Feng J P, Shi Q H, Wang X F, et al. 2010. Silicon supplementation ameliorated the inhibition of photosynthesis and nitrate metabolism by cadmium (Cd) toxicity in *Cucumis sativus* L. [J]. Scientia Horticulturae, 123 (4): 521-530.

Fischer S, Kühnlenz T, Thieme M, et al. 2014. Analysis of plant Pb tolerance at realistic submicromolar concentrations demonstrates the role of phytochelatin synthesis for Pb detoxification[J]. Environmental Science and Technology, 48 (13): 7552-7559.

Fu X P, Dou C M, Chen Y X, et al. 2011. Subcellular distribution and chemical forms of cadmium in *Phytolacca americana* L. [J]. Journal of Hazardous Materials, 186 (1): 103-107.

Gallego S M, Pena L B, Barcia R A, et al. 2012. Unravelling cadmium toxicity and tolerance in plants: insight into regulatory mechanisms[J]. Environmental and Experimental Botany, 83: 33-46.

Geffard A, Sartelet H, Garric J, et al. 2010. Subcellular compartmentalization of cadmium, nickel, and lead in *Gammarus fossarum*: comparison of methods[J]. Chemosphere, 78 (7): 822-829.

Giehl R F H, Lima J E, Wirén N V. 2012. Localized iron supply triggers lateral root elongation in *Arabidopsis* by altering the AUX1-mediated auxin distribution[J]. The Plant Cell, 24 (1): 33-49.

Hartke S, Silva A A D, Moraes M G D. 2013. Cadmium accumulation in tomato cultivars and its effect on expression of metal transport-related genes[J]. Bulletin of Environmental Contamination and Toxicology, 90 (2): 227-232.

He J L, Li H, Ma C F, et al. 2015. Overexpression of bacterial γ-glutamylcysteine synthetase mediates changes in cadmium influx, allocation and detoxification in poplar[J]. New Phytologist, 205 (1): 240-254.

He X L, Fan S K, Zhu J, et al. 2017. Iron supply prevents Cd uptake in *Arabidopsis*, by inhibiting *IRT1*, expression and favoring competition between Fe and Cd uptake[J]. Plant and Soil, 416 (1-2): 453-462.

Ishimaru Y, Takahashi R, Bashir K, et al. 2012. Characterizing the role of rice *NRAMP5* in manganese, iron and cadmium transport[J]. Scientific Reports, 2: 286.

Islam E, Khan M T, Irem S. 2015. Biochemical mechanisms of signaling: perspectives in plants under arsenic stress[J]. Ecotoxicology and Environmental Safety, 114: 126-133.

Ismail M M, Gheda S F, Pereira L. 2016. Variation in bioactive compounds in some seaweeds from Abo Qir bay, Alexandria, Egypt[J]. Rendiconti Lincei, 27 (2): 269-279.

Jiang Y X, Chao S H, Liu J W, et al. 2017. Source apportionment and health risk assessment of heavy metals in soil for a township in Jiangsu Province, China[J]. Chemosphere, 168: 1658-1668.

Kahle H. 1993. Response of roots of trees to heavy metals[J]. Environmental and Experimental Botany, 33 (1): 99-119.

Kalaivanan D, Ganeshamurthy A N. 2016. Mechanisms of heavy metal toxicity in plants[M]. Abiotic Stress Physiology of Horticultural Crops. India: Springer.

Khaliq A, Ali S, Hameed A, et al. 2015. Silicon alleviates nickel toxicity in cotton seedlings through enhancing growth, photosynthesis, and suppressing Ni uptake and oxidative stress[J]. Archives of Agronomy and Soil Science, 62 (5): 1-15.

Khan N, Gill S S, Nazar R. 2010. Activities of antioxidative enzymes, sulphur assimilation, photosynthetic activity and growth of wheat(*Triticum aestivum*)cultivars differing in yield potential under cadmium stress[J]. Journal of Agronomy and Crop science, 193(6): 435-444.

Kim Y H, Khan A L, Waqas M, et al. 2017. Silicon regulates antioxidant activities of crop plants under abiotic-induced oxidative stress: a review[J]. Frontiers in Plant Science, 8: 510.

Leitenmaier B, Küpper H. 2013. Compartmentation and complexation of metals in hyperaccumulator plants[J]. Frontiers in Plant Science, 4: 374.

Leng B Y, Jia W J, Yan X, et al. 2018. Cadmium stress in halophyte *Thellungiella halophila*: consequences on growth, cadmium accumulation, reactive oxygen species and antioxidative systems[J]. IOP Conference Series: Earth and Environmental Science, 153: 062002.

Leonhardt T, Sácky J, Kotrba P. 2018. Functional analysis *RaZIP1* transporter of the ZIP family from the ectomycorrhizal Zn-accumulating *Russula atropurpurea*[J]. Biometals, 31(2): 255-266.

Li H, Luo N, Li Y W, et al. 2017. Cadmium in rice: Transport mechanisms, influencing factors, and minimizing measures[J]. Environmental Pollution, 224: 622-630.

Li N N, Xiao H, Sun J J, et al. 2018. Genome-wide analysis and expression profiling of the *HMA* gene family in *Brassica napus* under Cd stress[J]. Plant and Soil, 426(1-2): 365-381.

Li P, Wang X X, Zhang T L, et al. 2008. Effects of several amendments on rice growth and uptake of copper and cadmium from a contaminated soil[J]. Journal of Environmental Sciences, 20(4): 449-455.

Liu K, Lv J L, He W X, et al. 2015. Major factors influencing cadmium uptake from the soil into wheat plants[J]. Ecotoxicology and Environmental Safety, 113: 207-213.

Liu Z L, Gu C S, Chen F D, et al. 2012. Heterologous expression of a *Nelumbo nucifera* phytochelatin synthase gene enhances cadmium tolerance in *Arabidopsis thaliana*[J]. Applied Biochemistry and Biotechnology, 166(3): 722-734.

Mani A, Sankaranarayanan K. 2018. In silico analysis of natural resistance-associated macrophage protein(*NRAMP*) family of transporters in rice[J]. The Protein Journal, 37(3): 237-247.

Manquián-Cerda K, Cruces E, Escudey M, et al. 2018. Interactive effects of aluminum and cadmium on phenolic compounds, antioxidant enzyme activity and oxidative stress in blueberry(*Vaccinium corymbosum* L.)plantlets cultivated in vitro[J]. Ecotoxicology and Environmental Safety, 150: 320-326.

Meena M, Aamir M, Kumar V, et al. 2018. Evaluation of morpho-physiological growth parameters of tomato in response to Cd induced toxicity and characterization of metal sensitive *NRAMP3* transporter protein[J]. Environmental and Experimental Botany, 148: 144-167.

Mills R F, Peaston K A, Runions J, et al. 2012. *HvHMA2*, a P1B-ATPase from barley, is highly conserved among cereals and functions in Zn and Cd transport[J]. Plos One, 7(8): e42640.

Milner M J, Craft E, Yamaji N, et al. 2012. Characterization of the high affinity Zn transporter from *Noccaea caerulescens*, *NcZNT1*, and dissection of its promoter for its role in Zn uptake and hyperaccumulation[J]. New Phytologist, 195(1): 113-123.

Molins H, Michelet L, Lanquar V, et al. 2013. Mutants impaired in vacuolar metal mobilization identify chloroplasts as a target for cadmium hypersensitivity in *Arabidopsis thaliana*[J]. Plant Cell and Environment, 36(4): 804-817.

Monteiro M S, Soares A M V M. 2012. Cd accumulation and subcellular distribution in plants and their relevance to the trophic transfer of Cd[M]. Abiotic Stress Responses in Plants. New York, Springer.

Moradi L, Ehsanzadeh P. 2015. Effects of Cd on photosynthesis and growth of safflower(*Carthamus tinctorius* L.)genotypes[J]. Photosynthetica, 53(4): 506-518.

Moussa H R, El-Gamal S M. 2010. Effect of salicylic acid pretreatment on cadmium toxicity in wheat[J]. Biologia Plantarum, 54(2): 315-320.

Naoki Y, Xia J, Mitani-Ueno N, et al. 2013. Preferential delivery of zinc to developing tissues in rice is mediated by P-type heavy metal ATPase *OsHMA2*[J]. Plant Physiology, 162(2): 927-939.

Nishida S, Tsuzuki C, Kato A, et al. 2011. *AtIRT1*, the primary iron uptake transporter in the root, mediates excess nickel accumulation in *Arabidopsis thaliana*[J]. Plant and Cell Physiology, 52(8): 1433-1442.

Olsen L I, Palmgren M G. 2014. Many rivers to cross: the journey of zinc from soil to seed[J]. Frontiers Plant Science, 5: 30.

Papierniak A, Kozak K, Kendziorek M, et al. 2018. Contribution of NtZIP1-Like to the regulation of Zn homeostasis[J]. Frontiers in Plant Science, 9: 185.

Parmar P, Kumari N, Sharma V. 2013. Structural and functional alterations in photosynthetic apparatus of plants under cadmium stress[J]. Botanical Studies, 54: 45.

Parrotta L, Guerriero G, Sergeant K, et al. 2015. Target or barrier?The cell wall of early-and later-diverging plants *vs* cadmium toxicity: differences in the response mechanisms[J]. Frontiers in Plant Science, 6: 133.

Paul S, Shakya K. 2013. Arsenic, chromium and NaCl induced artemisinin biosynthesis in *Artemisia annua* L.: a valuable antimalarial plant[J]. Ecotoxicology and Environmental Safety, 98: 59-65.

Pierart A, Shahid M, Séjalon-Delmas N, et al. 2015. Antimony bioavailability: knowledge and research perspectives for sustainable agricultures[J]. Journal of Hazardous Materials, 289: 219-234.

Pottier M, Oomen R, Picco C, et al. 2015. Identification of mutations allowing natural resistance associated macrophage proteins(*NRAMP*)to discriminate against cadmium[J]. The Plant Journal, 83(4): 625-637.

Pourrut B, Jean S, Silvestre J, et al. 2011. Lead-induced DNA damage in *Vicia faba* root cells: potential involvement of oxidative stress[J]. Mutation Research/Genetic Toxicology and Environmental Mutagenesis, 726(2): 123-128.

Qin X M, Nie Z J, Liu H E, et al. 2018. Influence of selenium on root morphology and photosynthetic characteristics of winter wheat under cadmium stress[J]. Environmental and Experimental Botany, 150: 232-239.

Racchi M L. 2013. Antioxidant defenses in plants with attention to *Prunus* and *Citrus* spp[J]. Antioxidants, 2(4): 340-369.

Rao K P, Vani G, Kumar K, et al. 2011. Arsenic stress activates MAP kinase in rice roots and leaves[J]. Archives of Biochemistry and Biophysics, 506(1): 73-82.

Rea P A. 2012. Phytochelatin synthase: of a protease a peptide polymerase made[J]. Physiologia Plantarum, 145(1): 154-164.

Rensing C, Ghosh M, Rosen B P. 1999. Families of soft-metal-ion-transporting ATPases[J]. Journal of Bacteriology, 181(19): 5891-5897.

Rizwan M, Ali S, Abbas T, et al. 2016. Cadmium minimization in wheat: a critical review[J]. Ecotoxicology and Environmental Safety, 130: 43-53.

Romè C, Huang X Y, Danku J, et al. 2016. Expression of specific genes involved in Cd uptake, translocation, vacuolar compartmentalisation and recycling in *Populus alba* Villafranca clone[J]. Journal of Plant Physiology, 202: 83-91.

Romero-Puertas M C, Mccarthy I, Sandalio L M, et al. 1999. Cadmium toxicity and oxidative metabolism of pea leaf peroxisomes[J]. Free Radical Research, 31: 25-31.

Saed-Moucheshi A, Shekoofa A, Pessarakli M. 2014. Reactive oxygen species(ROS)generation and detoxifying in plants[J]. Journal of Plant Nutrition, 37(10): 1573-1585.

Sasaki A, Yamaji N, Ma J F. 2014. Overexpression of *OsHMA3* enhances Cd tolerance and expression of Zn transporter genes in rice[J]. Journal of Experimental Botany, 65(20): 6013-6021.

Sasaki A, Yamaji N, Mitani-Ueno N, et al. 2015. A node-localized transporter *OsZIP3* is responsible for the preferential distribution of Zn to developing tissues in rice[J]. The Plant Journal, 84(2): 374-384.

Sasaki A, Yamaji N, Yokosho K, et al. 2012. *NRAMP5* is a major transporter responsible for manganese and cadmium uptake in rice[J]. Plant Cell, 24(5): 2155-2167.

Satarug S, Vesey D A, Gobe G C. 2017. Health risk assessment of dietary cadmium intake: Do current guidelines indicate how much is safe[J]. Environmental Health Perspectives, 125(3): 284-288.

Satoh-Nagasawa N, Mori M, Nakazawa N, et al. 2012. Mutations in rice(*Oryza sativa*)heavy metal ATPase 2(*OsHMA2*)restrict the translocation of zinc and cadmium[J]. Plant and Cell Physiology, 53(1): 213-224.

Shahid M, Khalid S, Abbas G, et al. 2015. Heavy metal stress and crop productivity[M]. Crop Production and Global Environmental Issues, Switzerland, Springer.

Shukla D, Kesari R, Mishra S, et al. 2012. Expression of phytochelatin synthase from aquatic macrophyte *Ceratophyllum demersum* L. enhances cadmium and arsenic accumulation in tobacco[J]. Plant Cell Reports, 31(9): 1687-1699.

Siemianowski O, Barabasz A, Kendziorek M, et al. 2014. *HMA4* expression in tobacco reduces Cd accumulation due to the induction of the apoplastic barrier[J]. Journal of Experimental Botany, 65(4): 1125-1139.

Song W Y, Mendoza-Cózatl D G, Lee Y, et al. 2014. Phytochelatin-metal(loid)transport into vacuoles shows different substrate preferences in barley and *Arabidopsis*[J]. Plant Cell and Environment, 37(5): 1192-1201.

Szuster-Ciesielska A, Stachura A, Słotwińska M, et al. 2000. The inhibitory effect of zinc on cadmium-induced cell apoptosis and reactive oxygen species(ROS)production in cell cultures[J]. Toxicology, 145(2-3): 159-171.

Takahashi R, Ishimaru Y, Nakanishi H, et al. 2011. Role of the iron transporter *OsNRAMP1* in cadmium uptake and accumulation in rice[J]. Plant Signaling and Behavior, 6(11): 1813-1816.

Takahashi R, Ishimaru Y, Shimo H, et al. 2012. The *OsHMA2* transporter is involved in root-to-shoot translocation of Zn and Cd in rice[J]. Plant Cell and Environment, 35(11): 1948-1957.

Tian S, Xie R, Wang H, et al. 2017. Uptake, sequestration and tolerance of cadmium at cellular levels in the hyperaccumulator plant species *Sedum alfredii*[J]. Journal of Experimental Botany, 68 (9): 2387-2398.

Ueno D, Yamaji N, Kono I, et al. 2010. Gene limiting cadmium accumulation in rice[J]. Proceedings of National Academy of Science USA, 107 (38): 16500-16505.

Uraguchi S, Fujiwara T. 2012. Cadmium transport and tolerance in rice: perspectives for reducing grain cadmium accumulation[J]. Rice, 5 (1): 5.

Uraguchi S, Tanaka N, Hofmann C, et al. 2017. Phytochelatin synthase has contrasting effects on cadmium and arsenic accumulation in rice grains[J]. Plant and Cell Physiology, 58 (10): 1730–1742.

Vázquez M, Vélez D, Devesa V, et al. 2015. Participation of divalent cation transporter *DMT1* in the uptake of inorganic mercury[J]. Toxicology, 331: 119-124.

Wang B S, Lüttge U, Ratajczak R. 2004. Specific regulation of SOD isoforms by NaCl and osmotic stress in leaves of the C3 halophyte *Suaeda salsa* L. [J]. Journal of Plant Physiology, 161 (3): 285-293.

Wang J J, Yu N, Mu G M, et al. 2017. Screening for Cd-safe cultivars of Chinese cabbage and a preliminary study on the mechanisms of Cd accumulation[J]. International Journal of Environmental Research and Public Health, 14 (4): 395.

Wang J, Fang X M, Mujumdar A S, et al. 2017. Effect of high-humidity hot air impingement blanching (HHAIB) on drying and quality of red pepper (*Capsicum annuum* L.)[J]. Food Chemistry, 220: 145-152.

Wang P, Deng X J, Huang Y. 2015. Comparison of subcellular distribution and chemical forms of cadmium among four soybean cultivars at young seedlings[J]. Environmental Science and Pollution Research, 22 (24): 19584-19595.

Wang X M, Zhang C, Qiu B L, et al. 2017. Biotransfer of Cd along a soil-plant-mealybug-ladybird food chain: a comparison with host plants[J]. Chemosphere, 168: 699-706.

Wei S H, Zeng X F, Wang S S, et al. 2014. Hyperaccumulative property of *Solanum nigrum* L. to Cd explored from cell membrane permeability, subcellular distribution, and chemical form[J]. Journal of Soils and Sediments, 14 (3): 558-566.

Weigel H J, Jäger H J. 1980. Subcellular distribution and chemical form of cadmium in bean plants[J]. Plant Physiology, 65 (3): 480-482.

Wen H J, Zhang Y X, Zhu C W, et al. 2015. Tracing sources of pollution in soils from the Jinding Pb–Zn mining district in China using cadmium and lead isotopes[J]. Applied Geochemistry, 52 (3): 147-154.

Weng B, Xie X, Weiss D J, et al. 2012. *Kandelia obovata* (S. L.) Yong tolerance mechanisms to cadmium: subcellular distribution, chemical forms and thiol pools[J]. Marine Pollution Bulletin, 64 (11): 2453-2460.

Wu D, Yamaji N, Yamane M. 2016. The *HvNRAMP5* transporter mediates uptake of cadmium and manganese, but not iron[J]. Plant Physiology, 172 (3): 1899-1910.

Wu G, Kang H B, Zhang X Y, et al. 2010. A critical review on the bio-removal of hazardous heavy metals from contaminated soils: Issues, progress, eco-environmental concerns and opportunities[J]. Journal of Hazardous Materials, 174 (1-3): 1-8.

Wu Z C, Liu S, Zhao J, et al. 2017. Comparative responses to silicon and selenium in relation to antioxidant enzyme system and the glutathione-ascorbate cycle in flowering Chinese cabbage (*Brassica campestris* L. ssp. *chinensis* var.

utilis) under cadmium stress [J]. Environmental and Experimental Botany, 133: 1-11.

Xin J L, Huang B F, Dai H W, et al. 2015. Roles of rhizosphere and root-derived organic acids in Cd accumulation by two hot pepper cultivars [J]. Environmental Science and Pollution Research, 22 (8): 6254-6261.

Xiong T, Leveque T, Shahid M, et al. 2014. Lead and cadmium phytoavailability and human bioaccessibility for vegetables exposed to soil or atmospheric pollution by process ultrafine particles [J]. Journal of Environment Quality, 43 (5): 1593-1600.

Xu P X, Wang Z L. 2013. Physiological mechanism of hypertolerance of cadmium in kentucky bluegrass and tall fescue: Chemical forms and tissue distribution [J]. Environmental and Experimental Botany, 96: 35-42.

Xu Z M, Tan X Q, Mei X Q, et al. 2018. Low-Cd tomato cultivars (*Solanum lycopersicum* L.) screened in non-saline soils also accumulated low Cd, Zn, and Cu in heavy metal-polluted saline soils [J]. Environmental Science and Pollution Research, 25 (27): 27439-27450.

Xue M, Zhou Y H, Yang Z Y, et al. 2014. Comparisons in subcellular and biochemical behaviors of cadmium between low-Cd and high-Cd accumulation cultivars of pakchoi (*Brassica chinensis* L.) [J]. Frontiers of Environmental Science and Engineering, 8 (2): 226-238.

Xue Z C, Li J H, Li D S, et al. 2018. Bioaccumulation and photosynthetic activity response of sweet sorghum seedling (*Sorghum bicolor* L. Moench) to cadmium stress [J]. Photosynthetica, 56 (4): 1422-1428.

Yao W Y, Sun L, Zhou H, et al. 2015. Additive, dominant parental effects control the inheritance of grain cadmium accumulation in hybrid rice [J]. Molecular Breeding, 35 (1): 1-10.

Ye X X, Ma Y B, Sun B. 2012. Influence of soil type and genotype on Cd bioavailability and uptake by rice and implications for food safety [J]. Journal of Environmental Sciences, 24 (9): 1647-1654.

Zhang X F, Gao B, Xia H P E. 2014. Effect of cadmium on growth, photosynthesis, mineral nutrition and metal accumulation of bana grass and vetiver grass [J]. Ecotoxicology and Environmental Safety, 106: 102-108.

Zhang X M, Zhang Z H, Gu X Z, et al. 2016. Genetic diversity of pepper (*Capsicum* spp.) germplasm resources in China reflects selection for cultivar types and spatial distribution [J]. Journal of Integrative Agriculture, 15 (9): 1991-2001.

Zhang X X, Rui H Y, Zhang F Q, et al. 2018. Overexpression of a functional *Vicia sativa PCS1* homolog increases cadmium tolerance and phytochelatins synthesis in *Arabidopsis* [J]. Frontiers in Plant Science, 9: 107.

Zhuang P, Li Z A, Zou B, et al. 2013. Heavy metal contamination in soil and soybean near the dabaoshan mine, south China [J]. Pedosphere, 23 (3): 298-304.

第二章 生物炭在蔬菜重金属镉污染控制中的作用

第一节 生物炭的基本特性

一、生物炭的基本性质

生物炭具有独特的表面物理化学性质，表面富有孔隙结构，富含羧基、羟基、酸酐等一系列官能团，并且具有较多的负电荷，因此有很大的阳离子交换量（CEC），这使得生物炭具有良好的吸附特性。生物炭的高度芳香化结构，使其具有较高的稳定性，可在土壤中长期保存而不易被分解、矿化。将其应用于土壤，能改善土壤理化性质，吸附土壤中的重金属，降低土壤中重金属生物有效性和毒性。

我们研究的生物炭主要原料为木炭(枣核、核桃壳、木屑、玉米秸秆、大豆秸秆、水稻秸秆或稻壳等)与骨粉(猪骨、牛骨、羊骨)按 1:1 混合制成，由北京化工大学提供。土壤调理剂按有机物料含量≥15.0%、硅酸盐类与碳酸钙类矿物含量 65.0%混合制成，由北京康福家生态农业开发有限公司提供。生物炭和土壤调理剂的比表面积以及孔径分布结果如表 2-1 所示，可以看出生物炭的比表面积和孔隙平均孔径均高于土壤调理剂，而外表面积相对较小，微孔面积相差不大。

表 2-1 生物炭和土壤调理剂表面结构特征

样品	BET 比表面积/(m²/g)	微孔面积/(m²/g)	外表面积/(m²/g)	总孔容/(m³/g)	平均孔径/nm
生物炭	6.496	3.479	3.017	0.037	22.627
土壤调理剂	3.469	3.257	4.271	0.018	12.049

注：BET 比表面积是指采用 BET 测试法测定的比表面积。

二、生物炭场发射扫描电镜和能谱分析

生物炭和土壤调理剂吸附 Cd 前后扫描电镜和能谱分析如图 2-1 所示。图 2-1(a) 和图 2-1(b) 分别为生物炭吸附前和吸附 100 mg/L Cd 后的扫描电镜图及其能谱分析，可以看出生物炭表面光滑，炭层结构致密，有很多孔隙，且孔洞

分布不均。从其能谱分析图来看，吸附前后 Cd 的含量有明显增加，其质量百分含量从 0.502%升高到 6.570%。图 2-1(c) 和图 2-1(d) 分别为土壤调理剂吸附前和吸附 100 mg/L Cd 后的扫描电镜图及其能谱分析，可以看到，土壤调理剂吸附前后电镜图看不出明显差别，土壤调理剂表面粗糙，形状极不规则，疏松多孔结构较多，孔洞分布不均。从其能谱分析图来看，吸附前后两种材料 Cd 的含量也有明显增加，其质量百分含量从 0.303%升高到 4.485%。

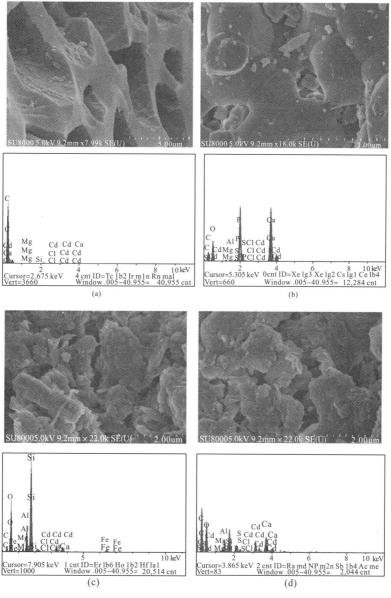

图 2-1　生物炭与土壤调理剂吸附 Cd 前后扫描电镜和能谱分析

三、生物炭对镉的吸附特性

(一)生物炭对 Cd 的等温吸附

为探讨生物炭对 Cd^{2+} 的吸附机理，分别用 Langmuir 单层吸附模型和 Freundlich 多层吸附模型拟合其对 Cd^{2+} 的吸附等温线(图 2-2)。从图中可以看到，生物炭和土壤调理剂对 Cd^{2+} 的吸附随平衡浓度的升高而增大，当平衡浓度达到一定程度后，吸附量趋于平衡。

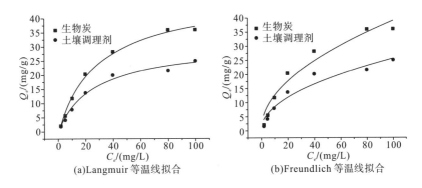

(a)Langmuir 等温线拟合   (b)Freundlich 等温线拟合

图 2-2　生物炭对 Cd^{2+} 的等温吸附

注：Q_e 为平衡时吸附量(mg·g^{-1})，C_e 为吸附质的浓度(mg·L^{-1})

(1)Langmuir 等温线：$Q_e = Q_m K_L P_e / (1 + K_L P_e)$

(2)Freundlich 等温线：$Q_e = K_F P_e^n$

式中，Q_e 为平衡时吸附量(mg·g^{-1})；P_e 为吸附质在气相中的平衡分压；Q_m 为饱和吸附量(mg·g^{-1})；K_L 为 Langmuir 吸附特征常数(L·g^{-1})；K_F 和 n 为 Freundlich 特征常数。

Langmuir 单层吸附模型和 Freundlich 多层吸附模型拟合生物炭和土壤调理剂对 Cd^{2+} 的吸附等温线的结果见表 2-2，从表中可以看出，两种材料均能很好地拟合 Langmuir 等温吸附方程和 Freundlich 等温吸附方程，其中 Langmuir 等温线拟合效果更好。

表 2-2　材料对 Cd^{2+} 吸附等温线拟合参数

样品	Langmuir 等温线拟合			Freundlich 等温线拟合		
	R^2	K_L/(L·g^{-1})	Q_m/(mg·g^{-1})	R^2	K_F	n
生物炭	0.9945	0.0338	48.0929	0.9343	2.7908	0.4820
土壤调理剂	0.9846	0.0377	30.8363	0.9450	3.8697	0.5020

（二）pH 对生物炭吸附 Cd^{2+} 的影响

pH 会影响平衡溶液中的离子化程度和金属离子的存在形式，且会对吸附剂表面电荷带来一定影响。由图 2-3 可知，溶液 pH 对生物炭和土壤调理剂吸附 Cd^{2+} 有一定的影响。当 pH 在 2～9 范围内，生物炭和土壤调理剂对 Cd^{2+} 的吸附量随 pH 升高呈先上升后降低逐渐趋于平衡的趋势。当溶液 pH 较低 (pH<3) 时，随着 pH 的升高，生物炭和土壤调理剂对 Cd^{2+} 的吸附量急剧上升；当 pH=6.0 时，生物炭对 Cd^{2+} 的吸附量为 12.872 mg/g，吸附率达到 94.7%；当 pH>6.0 时，随 pH 的上升，生物炭对 Cd^{2+} 的吸附量稍有下降并趋于平衡。而土壤调理剂在 pH≤7 时对 Cd^{2+} 的吸附量为 8.6 mg/g；在 pH>7.0 时，土壤调理剂对 Cd^{2+} 的吸附量有所下降并趋于平衡。

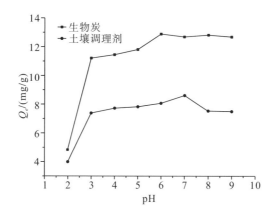

图 2-3　pH 对材料吸附 Cd^{2+} 的影响

第二节　生物炭对蔬菜重金属镉的影响

一、生物炭对菜田重金属镉生物有效性的影响及其原理

（一）生物炭对菜田土壤镉形态的影响

由表 2-3 可见，盆栽土壤中 Cd 形态大小顺序为可交换态(EX-Cd)＞碳酸盐态(CAB-Cd)＞残渣态(Res-Cd)＞铁锰氧化态(FeMn-Cd)＞有机态(OM-Cd)。施加生物炭和土壤调理剂及其复配均降低了土壤中可交换态镉(EX-Cd)占总提取量的比例，也相应增加了其他形态的比例。施加生物炭和土壤调理剂及其复配均显

著降低了土壤中可交换态镉(EX-Cd)含量，较对照分别降低了 20.3%～41.4%、15.7%～34.1%和 27.5%～31.9%，同时土壤中碳酸盐态(CAB-Cd)和铁锰氧化态(FeMn-Cd)较对照显著增加了 14.0%～38.3%和 26.1%～89.0%。土壤中可交换态镉(EX-Cd)含量随施加量的增加而降低，CAB-Cd、FeMn-Cd 和 OM-Cd 则显著增加。生物炭和土壤调理剂及其复配显著降低了土壤中 Cd 形态的总提取量，降幅均在 5%左右。其中生物炭的增加效果显著高于土壤调理剂。两种钝化剂复合配施则比单施低浓度量(0.5%～2%)的生物炭和土壤调理剂的改良效果好。

表 2-3　　生物炭和土壤调理剂对土壤 Cd 形态的影响　　　（单位：mg/kg）

处理	可交换态 (EX-Cd)	碳酸盐态 (CAB-Cd)	铁锰氧化态 (FeMn-Cd)	有机态 (OM-Cd)	残渣态 (Res-Cd)	Cd 总 提取量
CK	2.732±0.086a	0.998±0.012a	0.415±0.032a	0.246±0.010a	0.746±0.047ab	5.137±0.094a
T0.5	2.303±0.076b	1.158±0.017a	0.524±0.036b	0.274±0.021b	0.773±0.042c	5.032±0.049a
T1	2.17±0.0834c	1.181±0.014a	0.582±0.036c	0.268±0.010b	0.738±0.037a	4.943±0.093a
T2	1.980±0.088d	1.209±0.014a	0.658±0.034d	0.303±0.012c	0.762±0.035bc	4.913±0.112a
T5	1.801±0.088d	1.277±0.021a	0.735±0.026e	0.323±0.011d	0.778±0.036c	4.914±0.021a
CK	2.732±0.086a	0.998±0.012a	0.415±0.032a	0.246±0.010a	0.746±0.047a	5.137±0.094a
C0.5	2.177±0.076a	1.138±0.024a	0.651±0.041b	0.296±0.020a	0.764±0.052bc	5.027±0.094b
C1	1.915±0.077c	1.250±0.018a	0.688±0.034c	0.274±0.019ab	0.800±0.047c	4.926±0.123c
C2	1.770±0.064d	1.288±0.015a	0.751±0.037d	0.339±0.020b	0.825±0.044d	4.972±0.091c
C5	1.601±0.066d	1.380±0.014a	0.785±0.033e	0.327±0.019b	0.899±0.047e	4.991±0.092d
CK	2.732±0.086a	0.998±0.012a	0.415±0.032a	0.246±0.010a	0.746±0.047a	5.137±0.094a
T/C 1∶1	1.980±0.06b	1.221±0.013a	0.639±0.041b	0.262±0.016b	0.732±0.040a	4.834±0.079b
T/C 1∶2	1.860±0.066b	1.337±0.021a	0.655±0.034b	0.271±0.009b	0.782±0.043b	4.903±0.052c
T/C 2∶1	1.91±0.069b	1.231±0.014a	0.677±0.042c	0.274±0.004b	0.751±0.041a	4.842±0.123b

注：CK 表示对照；T、C 分别表示土壤调理剂、生物炭；0.5、1、2、5 分别表示用量百分比；表中所列数据为平均值±标准误差，不同字母表示不同施用量之间的差异达到显著性水平($P<0.05$)，下同。

从表 2-3 可以看出，在矿区农田土壤中 Cd 形态大小顺序为可交换态(EX-Cd)＞残渣态(Res-Cd)＞碳酸盐态(CAB-Cd)＞铁锰氧化态(FeMn-Cd)＞有机态(OM-Cd)，与盆栽试验结果有所不同，其中可交换态(EX-Cd)和残渣态(Res-Cd)的镉含量分别为 1.565～2.953 mg/kg 和 1.118～1.425 mg/kg，分别占 Cd 总提取量的29.0%～49.4%和 18.7%～26.4%。与对照相比，施加生物炭和土壤调理剂及其复配显著降低了土壤中镉总提取量和可交换态镉(EX-Cd)含量，可交换态镉(EX-Cd)含量降低幅度分别为 10.2%～37.9%、17.0%～47.0%和 27.2%～37.2%，但也显著增加了铁锰氧化态(FeMn-Cd)、碳酸盐态(CAB-Cd)和残渣态(Res-Cd)中的镉含量。本大田小区试验中，生物炭的改良效果明显高于土壤调理剂，这也与盆栽试验结果相一致。两种钝化剂复合配施，则在 T/C 1∶2 时效果最好，较单施低浓度(0.5%和1%)的生物炭和土壤调理剂效果更好。

有研究表明，生物炭中存在的 Ca^{2+}、K^+、Mg^{2+} 和 Si^{4+} 等阳离子，在高温裂解过程中会生成碱性氧化物或碳酸盐。土壤调理剂则本身含有大量碱化物和碳酸盐，施入土壤后，这些氧化物可与 H^+ 及 Al 单核羟基化合物反应，缓解土壤酸性，提高土壤 pH。土壤中的 H^+ 会与土壤调理剂和生物炭表面的阳离子如 Ca^{2+}、Mg^{2+} 等发生反应，减少土壤中 H^+ 浓度，从而提高土壤 pH。有研究表示，土壤 pH 会影响重金属在土壤中的存在形态，施用石灰改良酸性土壤可以降低酸性土壤中交换性铝的含量，土壤吸附态羟基铝的含量上升。在矿区农田土壤中 Cd 形态大小顺序为可交换态(EX-Cd)＞残渣态(Res-Cd)＞碳酸盐态(CAB-Cd)＞铁锰氧化态(FeMn-Cd)＞有机态(OM-Cd)。与盆栽结果稍有不同的是，残渣态含量相对较高一些，这可能因为大田试验土壤 pH 略比盆栽土壤高，全镉含量也比盆栽土壤高，也可能与大田试验没有施肥有关。与对照相比，施加生物炭和土壤调理剂及其复配显著降低了土壤中可交换态镉(EX-Cd)含量，同时也显著增加了铁锰氧化态(FeMn-Cd)、碳酸盐态(CAB-Cd)和残渣态(Res-Cd)中的镉含量。说明施用生物炭和土壤调理剂能有效降低活性较高的可交换态 Cd 含量，使其向活性较低的形态转化，抑制毒害作用。大田小区试验中，生物炭的改良效果明显高于土壤调理剂，这与盆栽试验结果一致。

从大田试验小白菜各部位与土壤中镉形态的相关性来看，小白菜地上部和根部均与 EX-Cd 呈极显著正相关，与 FeMn-Cd、OM-Cd 和 Res-Cd 存在极显著负相关关系，且与 CAB-Cd 呈显著负相关，这与盆栽试验结果一致。说明植物主要从根部吸收了 EX-Cd，积累在茎叶中，EX-Cd 的含量高低对植物生长发育影响极大。土壤中 EX-Cd 与 CAB-Cd 呈显著负相关，与 FeMn-Cd、OM-Cd 和 Res-Cd 的相关性达到极显著负相关水平。说明生物炭和土壤调理剂能使土壤中活性较高的 EX-Cd 主要向活性较低的 FeMn-Cd、OM-Cd 和 Res-Cd 转化，降低 EX-Cd 毒害效应。

(二)生物炭对菜田土壤 pH 的影响

我们的大田试验显示，在镉污染土壤上，施加生物炭和土壤调理剂能显著提高土壤 pH。随施加量的增加，pH 也有一定的升高。与对照相比，施加土壤调理剂，在 T2 处理时，土壤 pH 最高，较对照增加 0.35 个单位；施加生物炭，土壤 pH 在 C1 处理时最高，较对照增加 0.375 个单位(图 2-4)。土壤 pH 在两种钝化剂及其复合配施间无显著性差异。

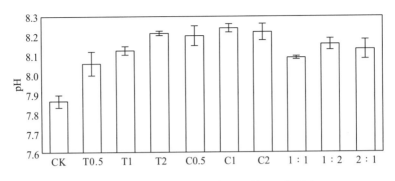

图 2-4　生物炭和土壤调理剂对土壤 pH 的影响

二、生物炭对蔬菜吸收蓄积重金属镉的影响与机制

(一)生物炭对蔬菜镉含量与镉积累量的影响

由表 2-4 可知,大田小区种植的小白菜各部位 Cd 含量在生物炭和土壤调理剂及其复合配施间、各浓度处理间的差异达到极显著水平($P<0.01$)。镉污染土壤上,施加不同浓度的生物炭和土壤调理剂及其复合配施均显著降低了小白菜地上部和根系的 Cd 含量,其降低幅度分别为 24.3%～52.2%和 15.5%～34.3%、18.5%～40.9%和 18.1%～28.5%、31.2%～41.5%和 26.9%～33.2%。随生物炭和土壤调理剂施加量的增加,小白菜各部位 Cd 含量呈下降趋势,在 2%浓度时达到最低,降低幅度有所减缓。单施生物炭和土壤调理剂时,小白菜各部位 Cd 含量降低效果为生物炭>土壤调理剂,与盆栽结果一致。生物炭和土壤调理剂混合配施时,小白菜各部位 Cd 含量较低浓度(0.5%和 1%)的生物炭与土壤调理剂处理降低效果更为明显,且在土壤调理剂/生物炭为 1∶2 处理时,含量最低,这与盆栽试验结果也一致。

从表中可以看出,多数情况下,在镉污染土壤上,施加土壤调理剂和生物炭及其复配能降低小白菜各部位 Cd 积累量,但与对照相比均无显著性差异($P>0.05$)。除 1%土壤调理剂处理和土壤调理剂/生物炭为 2∶1 处理有所增加外,施加土壤调理剂和生物炭均能不同程度降低小白菜地上部 Cd 积累量,且均随施加量的增加而降低,在施加浓度为 2%时最低,较对照分别降低了 30.2%和 44.4%。单施两种钝化剂,小白菜根系 Cd 积累量的变化趋势有所不同。除 0.5%生物炭处理时较对照有所增加外,小白菜根系 Cd 积累量随施加生物炭量的增加而降低,在 2%生物炭处理时达到最低,较对照降低了 44.9%。而单施土壤调理剂,小白菜根系 Cd 积累量则随施加量的增加而呈上升趋势。小白菜植株 Cd 总积累量随生物炭施加量的增加呈下降趋势,在 2%生物炭处理时最低,较对照降低了 31.8%;而随土壤调理剂的施加,除在 2%土壤调理剂处理时有所降低外,小白菜植株 Cd 总积累量均有增加。除在土壤调理剂/生物炭为 2：1 处理时小白菜根系和植株 Cd 总积累量均较对照有所增加外，生物炭和土壤调理剂为 1：1 和 1：2 处理均能降低小白菜各部位和植株 Cd 总积累量。综合考虑 Cd 含量和 Cd 积累量，生物炭和土壤调理剂降低小白菜各部位和植株 Cd 总积累量的作用为生物炭＞土壤调理剂，这与盆栽试验结果一致。

表 2-4　生物炭和土壤调理剂对小白菜体内镉含量和镉积累量的影响

处理	Cd 含量/(mg/kg)		Cd 积累量/(mg/plant)		
	地上部	根部	地上部	根部	总植株
CK	3.211±0.023a	5.717±0.0.203a	0.0063±0.0004a	0.0016±0.0003a	0.0201±0.0014a
T0.5	2.618±0.087b	4.684 ±0.119b	0.0063±0.0005a	0.0016±0.0003a	0.0202±0.0015a
T1	2.125±0.098c	4.088 ±0.013c	0.0065±0.0004a	0.0016±0.0002a	0.0216±0.0019b
T2	1.899±0.034d	4.228 ±0.055d	0.0044±0.0002b	0.0017±0.0001a	0.0165±0.0007c
CK	3.211±0.023a	5.717±0.203a	0.0063±0.0004a	0.0016±0.0003b	0.0201±0.0014a
C0.5	2.430±0.047b	4.829 ±0.107b	0.0055±0.0002b	0.0019±0.0003a	0.0192±0.0016a
C1	1.957±0.014c	3.976 ±0.123c	0.0045±0.0002c	0.0015±0.0001bc	0.0160±0.0008b
C2	1.536±0.036d	3.754 ±0.111d	0.0035±0.0006d	0.0012±0.0001c	0.0137±0.0023c
CK	3.211±0.023a	5.717±0.0.203a	0.0063±0.0004b	0.0016±0.0003a	0.0201±0.0014b
T/C 1：1	1.900±0.054b	4.177 ±0.051b	0.0050±0.0004c	0.0014±0.0001a	0.0180±0.0009c
T/C 1：2	1.878±0.083c	3.818 ±0.020c	0.0052±0.0002c	0.0012±0.0001a	0.0175±0.0002c
T/C 2：1	2.210±0.055d	3.965 ±0.139d	0.0069±0.0006a	0.0015±0.0001a	0.0217±0.0011a

注：表中所列数据为平均值±标准误差，同一钝化剂同一列数据后的不同字母表示不同施用量之间的差异达到显著性水平($P < 0.05$)。

(二)生物炭对蔬菜镉形态的影响

我们的盆栽试验显示，小白菜叶片中 Cd 的各种形态及总提取量随生物炭和土壤调理剂及其复配施加量的不同，不同处理间有显著差异(表 2-5)。Cd 在小白菜叶片中主要以氯化钠提取态(NaCl-Cd)和醋酸提取态(HAc-Cd)存在，其占 Cd 总提取量比例分别为 34.1%～38.7%和 17.0%～26.5%，其次为残渣态(Res-Cd)、盐酸提取态(HCl-Cd)、乙醇提取态(E-Cd)和去离子水提取态(W-Cd)，分别占 Cd 总提取量比例为 11.7%～14.4%、10.0%～14.2%、7.3%～10.7%、6.9%～8.8%。与对照相比，向镉污染土壤中施加不同浓度的生物炭和土壤调理剂均能显著降低叶片中 E-Cd、W-Cd、NaCl-Cd、HAc-Cd、HCl-Cd 和 Res-Cd 各形态的 Cd 含量和 Cd 总提取量，降幅分别为 12.9%～58.9%、13.0%～58.2%、6.6%～50.7%、16.3%～41.4%、13.3%～47.5%、7.7%～39.1%、11.9%～48.0%，降低幅度均随两种钝化剂施加量的增加而增加。两种钝化剂复合配施，除在处理 T/C 1∶1 时叶片中 HAc-Cd 和 HCl-Cd 的 Cd 含量最低，叶片中 E-Cd、W-Cd、HCl-Cd 和 Res-Cd 各形态的 Cd 含量和 Cd 总提取量均在施加比例为 1∶2 时达到最低，且比施加较低浓度(0.5% 和 1%)的生物炭与土壤调理剂处理降低效果更为明显。比较两种钝化剂，叶片中 E-Cd、W-Cd、NaCl-Cd、HAc-Cd、HCl-Cd 和 Res-Cd 各形态的 Cd 含量和 Cd 总提取量的降低效果总是以生物炭＞土壤调理剂。

表 2-5　生物炭和土壤调理剂对小白菜叶片镉形态含量的影响

处理	叶片 Cd 形态含量/(mg/kg)						
	E-Cd	W-Cd	NaCl-Cd	HAc-Cd	HCl-Cd	Res-Cd	总提取量
CK	0.236±0.009a	0.191±0.009a	0.802±0.012a	0.501±0.013a	0.241±0.012a	0.256±0.012a	2.195±0.024a
T0.5	0.205±0.018b	0.166±0.007b	0.749±0.016b	0.395±0.009b	0.209±0.009b	0.236±0.006b	1.941±0.021b
T1	0.176±0.009c	0.151±0.007b	0.641±0.015c	0.363±0.012b	0.176±0.015c	0.211±0.005c	1.718±0.019c
T2	0.126±0.006d	0.124±0.003c	0.484±0.014d	0.341±.0.009b	0.158±0.018d	0.182±0.007d	1.415±0.023d
T5	0.117±0.007d	0.098±0.002d	0.439±0.007e	0.293±0.011c	0.149±0.011d	0.171±0.009d	1.268±0.019e
CK	0.236±0.009a	0.191±0.009a	0.802±0.012a	0.501±0.013a	0.241±0.012a	0.256±0.012a	2.195±0.024a
C0.5	0.189±0.006b	0.145±0.004b	0.654±0.009b	0.419±0.009b	0.180±0.013b	0.219±0.001b	1.807±0.024b
C1	0.149±0.007c	0.123±0.007b	0.451±0.013c	0.379±0.012c	0.155±0.015c	0.201±0.007c	1.458±0.023c
C2	0.113±0.005cd	0.094±0.002d	0.433±0.011d	0.345±0.013c	0.140±0.006d	0.176±0.005d	1.300±0.025d
C5	0.097±0.005d	0.080±0.009d	0.395±0.007e	0.304±0.014d	0.127±0.015e	0.156±0.001e	1.158±0.023e
CK	0.236±0.009a	0.191±0.009a	0.802±0.012a	0.501±0.013a	0.241±0.012a	0.256±0.012a	2.195±0.024a
1∶1	0.139±0.002b	0.109±0.004b	0.532±0.012b	0.234±0.009d	0.162±0.002d	0.198±0.002b	1.374±0.021c
1∶2	0.099±0.002c	0.104±0.002b	0.475±0.008c	0.310±0.011b	0.186±0.007c	0.175±0.002c	1.349±0.019d
2∶1	0.143±0.007b	0.115±0.004b	0.475±0.017c	0.273±0.005c	0.198±0.009b	0.188±0.009c	1.393±0.026b

注：表中数据为平均值±标准误差，同一钝化剂同一列数据后的不同字母表示不同施用量之间的差异达到显著性水平($P < 0.05$)。

三、生物炭在蔬菜重金属镉污染控制方面的潜力

我们发现随生物炭和土壤调理剂施加量的增加，小白菜各部位 Cd 含量呈下降趋势，在生物炭和土壤调理剂施用量为 2%浓度时达到最低，降低幅度有所减缓。单施生物炭和土壤调理剂，小白菜各部位 Cd 含量降低效果为生物炭＞土壤调理剂。生物炭和土壤调理剂混合配施时，小白菜各部位 Cd 含量较低浓度(0.5%和 1%)的生物炭与土壤调理剂处理降低效果更为明显，且在 T/C 1∶2 处理时含量最低。

在镉污染土壤中使用不同浓度的生物炭和土壤调理剂均能显著降低叶片中

E-Cd、W-Cd、NaCl-Cd、HAc-Cd、HCl-Cd 和 Res-Cd 各形态的 Cd 含量和 Cd 总提取量，说明生物炭和土壤调理剂均对土壤中 Cd 污染有良好的修复能力。从矿区大田试验小白菜各部位 Cd 含量与土壤中 Cd 形态的相关性结果可以看出(表 2-6)，小白菜地上部与根系的相关性达到极显著正相关水平，相关系数为 0.942。小白菜地上部和根部均与 EX-Cd 呈极显著正相关，相关系数分别为 0.969、0.931，与 FeMn-Cd、OM-Cd 和 Res-Cd 存在极显著负相关关系，且与 CAB-Cd 呈显著负相关。土壤中 EX-Cd 与 CAB-Cd 呈显著负相关，与 FeMn-Cd、OM-Cd 和 Res-Cd 的相关性达到极显著负相关水平。说明生物炭和土壤调理剂能使土壤中活性较高的 EX-Cd 主要向活性较低的 FeMn-Cd、OM-Cd 和 Res-Cd 转化，降低 EX-Cd 的毒害效应。这可能与土壤调理剂和生物炭提高了土壤 pH 有关。

表 2-6　小白菜各部位 Cd 含量与土壤全 Cd 以及 Cd 形态的相关系数

	地上部-Cd	根-Cd	EX-Cd	CAB-Cd	FeMn-Cd	OM-Cd	Res-Cd
地上部-Cd	1						
根-Cd	0.942**	1					
EX-Cd	0.969**	0.931**	1				
CAB-Cd	−0.741*	−0.677*	−0.761*	1			
FeMn-Cd	−0.976**	−0.935**	−0.983**	0.795**	1		
OM-Cd	−0.93**	−0.917**	−0.971**	0.776**	0.957**	1	
Res-Cd	−0.916**	−0.904**	−0.925**	0.711*	0.956**	0.946**	1

注：*和**分别表示差异显著($P<0.05$)和差异极显著($P<0.01$)。

我们采用的生物炭是由木生植物和牛羊骨等合成的，含磷量高，在土壤中可能和重金属形成难溶解的化合物，固定土壤中的重金属。生物炭自身是一种碱性物质，能提高土壤 pH，增加土壤重金属碳酸盐结合态含量，此外，较高的有机物含量，也可能增加土壤重金属有机结合态的含量。因此，此类生物炭和土壤调理剂均可作为镉污染菜田的修复剂进行推广使用。

四、生物炭应用存在的问题及研究展望

生物炭在土壤重金属污染修复方面的应用还有待进一步研究。①原料的制备多元化。现有的原位修复研究多侧重于单一钝化材料的筛选，对适合农业生产的多种钝化材料进行取长补短组合复配的研究相对较少。将有机物料如城市生活固体废弃物、农业废弃物等和天然黏土矿物制备的有机-无机复合钝化材料，应用于土壤污染修复，能有效改善环境，也能增强对重金属的吸附效应。利用农林废弃生物质资源如作物稻秆、树皮、稻壳、花生壳，动物残骨等，制成生物炭，应

用于土壤与作物竞争吸附重金属镉离子，减少土壤中重金属镉的有效性，降低植物中的重金属镉残留，保障农村生态环境。②实验室内试验向农田试验的推广。目前大部分试验还处于室内盆栽研究阶段，从实验室向农田的系统推广试验研究较少，考虑到施用量、土壤性质、重金属与植物类型以及环境条件等因素，利用田间试验获得的参数来验证室内分析的结果，在时间和空间尺度上更具有说服力，也能为今后修复技术的推广提供理论依据。③长期定位跟踪试验和数据验证。目前许多研究均为1～3年的试验，长期对土壤环境和产品质量变化监测的研究较少。土壤调理剂和生物炭的应用周期较短，某些调理剂易被微生物分解，但对于天然矿物类调理剂的施用，由于其矿物成分含量复杂，可能存在潜在风险；生物炭吸附固定重金属长时间后，是否会再次活化而造成二次污染，因此今后研究应更加强长期应用定位跟踪与验证研究和二次污染的探索。④多种修复技术结合的研究。土壤Cd污染修复结合Cd富集植物，施加生物炭和土壤调理剂等钝化材料，有效利用农业生态措施，增强重金属的生物有效性，促进植物的生长和吸收，能提高植物修复的综合效率，也可以减少原位钝化可能存在的潜在风险。

主要参考文献

陈蓉. 2016. 生物质炭和土壤调理剂对镉污染土壤修复效应及机理研究[D]. 重庆: 西南大学.

丁华毅. 2014. 生物炭的环境吸附行为及在土壤重金属镉污染治理中的应用[D]. 厦门: 厦门大学.

杜志敏. 2011. 改良剂对铜镉复合污染土壤的原位修复研究[D]. 南京: 南京农业大学.

郭观林, 周启星, 李秀颖. 2005. 重金属污染土壤原位化学固定修复研究进展[J]. 应用生态学报, 16(10): 1990-1996.

郭文娟. 2013. 生物炭对镉污染土壤的修复效应及其环境影响行为[D]. 北京: 中国农业科学院.

黄界颖. 2013. 秸秆还田对铜陵矿区土壤Cd形态及生物有效性的影响机理[D]. 合肥: 合肥工业大学.

黄志亮. 2012. 镉低积累蔬菜品种筛选及其镉积累与生理生化特性研究[D]. 武汉: 华中农业大学.

荆林晓. 2009. 重金属污染土壤的有机—无机复合体原位钝化修复技术研究[D]. 济南: 山东师范大学.

林爱军, 张旭红, 苏玉红, 等. 2007. 骨炭修复重金属污染土壤和降低基因毒性的研究[J]. 环境科学, 28(2): 232-237.

刘丽娟. 2012. 不同改良剂对镉污染土壤的修复作用及其机理研究[D]. 南京: 南京农业大学.

刘玉学. 2011. 生物质炭输入对土壤氮素流失及温室气体排放特性的影响[D]. 杭州: 浙江大学.

熊治廷. 2010. 环境生物学[M]. 北京: 化学工业出版社.

徐超. 2012. 组配固化剂的研制及其对土壤重金属的固化效果[D]. 长沙: 中南林业科技大学.

徐楠楠. 2014. 生物炭对Cd污染土壤钝化修复效应研究[D]. 长春: 吉林大学.

张茜. 2007. 磷酸盐和石灰对污染土壤中铜锌的固定作用及其影响因素[D]. 北京: 中国农业科学院.

张青. 2005. 改良剂对镉锌复合污染土壤修复作用及机理研究[D]. 北京: 中国农业科学院.

张曦. 2012. 四种土壤调理剂对镉铅形态及生物效应的影响[D] 北京: 中国农业科学院.

张小敏, 张秀英, 钟太洋, 等. 2014. 中国农田土壤重金属富集状况及其空间分布研究[J]. 环境科学, 35(2): 692-
703.

张振宇. 2013. 生物炭对稻田土壤镉生物有效性的影响研究[D]. 沈阳: 沈阳农业大学.

周坤. 2014. 外源锌、铁对番茄镉积累的影响研究[D]. 重庆: 西南大学.

周启星. 2001. 环境生物地球化学及全球环境变化[M]. 北京: 科学出版社.

周启星, 玉芳. 2004. 污染土壤修复原理与方法[M]. 北京: 科学出版社.

周世伟, 徐明岗. 2007. 磷酸盐修复重金属污染土壤的研究进展[J]. 生态学报, 27(7): 3043-3050.

周卫, 汪洪. 2001. 添加碳酸钙对土壤中镉形态转化与玉米叶片镉组分的影响[J]. 土壤学报, 38(2): 219-225.

Cuypers A, Plusquin M, Remans T, et al. 2010. Cadmium stress: an oxidative hallenge[J]. Biometals, 23(5): 927-940.

Cuypers A, Smeets K, Ruytinx J, et al. 2011. The cellular redox state as a modulator in cadmium and copper responses in
Arabidopsis thaliana seedlings[J]. Journal of Plant Physiology, 168(4): 309-316.

Dai H P, Wei Y, Yang T X, et al. 2012. Influence of cadmium stress on chlorophyll fluorescence characteristics in
Populus× canescens[J]. Journal of Food, Agriculture & Environment, 10(2): 1281-1283.

Huang F, Dang Z, Guo C L, et al. 2013. Biosorption of Cd(II) by live and dead cells of *Bacillus cereus* RC-1 isolated
from cadmium-contaminated soil[J]. Colloids & Surfaces B: Biointerfaces, 107C(4B): 11-18.

Laird D A, Fleming P, Davis D D, et al. 2010. Impact of biochar amendments on the quality of a typical Midwestern
agricultural soil[J]. Geoderma, 158(s 3-4): 443-449.

Prendergast-Miller M, Duvall M, Sohi S. 2014. Biochar-root interactions are mediated by biochar nutrient content and
impacts on soil nutrient availability[J]. European Journal of Soil Science, 65(1): 173-185.

Saengdao K, Chaney R L, Gautier L, et al. 2011. Speciation and release kinetics of cadmium in an alkaline paddy soil
under various flooding periods and draining conditions[J]. Environmental Science & Technology, 45(10): 4249-
4255.

Tellez-Plaza M, Navas-Acien A, Menke A, et al. 2012. Cadmium exposure and all-cause and cardiovascular mortality in
the US general population[J]. Environmental Health Perspectives, 120(7): 1017-1022.

White P, Brown P. 2010. Plant nutrition for sustainable development and global health[J]. Annals of Botany, 105(7):
1073-1080.

Yuan J H, Xu R K. 2011. The amelioration effects of low temperature biochar generated from nine crop residues on an
acidic ultisol[J]. Soil Use and Management, 27(1): 110-115.

Zhang G, Fukami M, Sekimoto H, et al. 2002. Influence of cadmium on mineral concentrations and yield components in
wheat genotypes differing in Cd tolerance at seedling stage[J]. Field Crops Research, 77(2): 93-98.

Zheng H. Wang Z, Deng X, et al. 2013. Characteristics and nutrient values of biochars produced from giant reed at
different temperatures[J]. Bioresource Technology, 130: 463-471.

第三章　沸石在蔬菜重金属镉污染控制中的作用

第一节　沸石的基本特性

一、沸石的概念

天然沸石是一种含水铝硅酸盐矿物，其分子式通式可表示为：$M_xO_y[Al_{x+2y}Si_{n^-(x+2y)}O_{2n}]\cdot mH_2O$，式中 M 为碱金属或碱土金属阳离子，$m$、$n$、$x$ 和 y 代表结合系数。天然沸石结构一般由三维硅(铝)氧格架组成，硅(铝)氧四面体是沸石骨架的最基本单元结构，硅(铝)氧四面体构成了无限扩展的三维空间架状构造。在沸石的四面体结构中，以铝离子取代硅离子所造成的负电荷由 Na^+、Ca^{2+}、K^+ 和 Mg^{2+} 等平衡，而这些阳离子和铝硅酸盐的结合性极弱，具有很大的流动性，极易与周围阳离子发生离子交换(Abdul et al., 2011)，这使得沸石具有较强的离子交换能力。天然沸石还具有很强的吸附能力。沸石的空间结构呈网架状，构架中有相互连接的孔穴和孔道，孔穴通过开口的孔道彼此相连，这些孔穴和孔道通常都被称为"沸石水"的水分子填充，当"沸石水"受热逸出后，变成如海绵或泡沫状的结构构造，通道和孔穴更加空旷，相应内表面积更加巨大，具有强烈的吸附性。由于沸石的这种离子交换性能和吸附性能，沸石常被广泛应用于水体和土壤 Pb^{2+}、Cd^{2+} 和 Hg^{2+} 等重金属修复。

二、沸石对土壤肥力的影响

沸石具有很大的比表面积和较强的静电场，经过多次翻地，沸石砂粒就把细土、黏粒吸附到它的周围，逐渐聚集形成微团聚体。沸石中的 K^+、Na^+、Ca^{2+} 等离子与晶格架中其他质点结合不很紧密，在水溶液中与其他离子进行可逆性交换，能使土粒凝聚，促进土壤团粒结构的形成。沸石能改善土壤的微结构，使土壤向进一步熟化方向发展。沸石进入土壤能改变土壤的理化性质，增加土壤保肥保水的能力，加强土壤通透性。沸石作为土壤改良剂对低肥力土壤的改良效果比中高肥力土壤更明显(姜淳 等，1993)。沸石对土壤养分有效性的提高，主要是因为沸石提高了土壤中碱解 N、有效 P 和有效 K 等养分含量，减少了 P 的固定。研究结果表明，沸石提高土壤中有效 N 和 K 的含量主要是由于沸石对 N、K 的吸附显著地降低了这两个元素的淋失。

三、沸石对土壤微生物的影响

在沸石改良土壤性质的同时，它也改善了土壤微生物群落的生存空间，提高了土壤微生物生物量和土壤微生物多样性。土壤黏粒含量超过 35% 时，土壤含水量、有机质、可溶解性营养物质含量高，渗透性差，这样易于感病。不同的黏土矿物对土壤微生物区系和土壤肥力的影响不一样，也使土壤对植物病害的感染和抑制能力不一样。蔡燕飞等(2003)发现向土壤中施用沸石明显提高了土壤微生物生物量，提高了土壤中真菌、细菌和放线菌的数量及土壤微生物活性，从而提高了土壤抗病能力。然而徐根洪(2003)认为沸石能明显抑制土壤中真菌的繁殖，减少真菌数量达 90% 以上，并且对土壤中细菌和放线菌也有一定的抑制作用。沸石的应用对于微生物数量的变化仍需研究探讨，但是通过施用沸石等矿物来改善土壤微生物结构和生态功能，从而实现土壤微生态平衡，抑制作物病害，是一条值得探讨的生态调控防病途径。

第二节　沸石对蔬菜重金属镉的影响

一、沸石对菜田重金属镉生物有效性的影响及其作用原理

原位钝化修复术的关键在于选择合适的修复剂。天然沸石由于本身独特的硅(铝)氧四面体三维空间架状结构，使其具备良好的过滤功能和离子交换性能，对重金属 Pb、Hg、Cd、Cr 和 Ni 等有很强的吸附能力。国内外大量研究已证实，添加沸石可降低土壤重金属 Cd 的活性，从而降低 Cd 的生物有效性。王秀丽等(2015)的研究表明，施用沸石有效降低了 Cd 在土壤中的有效性，与不施沸石的对照相比，施用沸石使土壤可交换态 Cd 含量减少了 6.4%～23.2%，并促使可交换态 Cd 向碳酸盐结合态、铁锰氧化物结合态、有机态和残渣态 Cd 含量转化。李明遥等(2014)的研究也发现，施用 5% 的沸石可明显提高土壤 pH，使土壤有效态 Cd 含量降低 21.77%。Mahabadi 等研究表明，天然沸石对土壤中 Cd 有稳定的吸附作用，沸石施用显著减少了黏土、壤土、沙壤土、沙土不同质地土壤中 Cd 的浸出量，当沸石添加量为 15% 时，渗滤液中 Cd 的浓度低于 0.1 mg/L，对 Cd 的吸附效果最明显。Paola 等(2009)发现施用沸石可以降低土壤中 Cd 和 Pb 的活性，

显著增加豌豆和小麦地上、地下部分的生物量，降低植株根和地上部的 Cd 含量。Hamidpour 等(2010)研究了沸石和膨润土对 Cd、Pb 复合污染土壤的修复作用，结果表明，沸石和膨润土对 Cd 和 Pb 离子均表现出较强的吸附能力，但与膨润土相比，沸石对 Cd 和 Pb 的吸附能力更强，从而更有效地降低了土壤 Pb、Cd 生物有效性和玉米地上部、根部 Cd 含量。Oste 等(2002)和 Fard 等(2015)对沸石进行研究也发现，沸石可有效降低土壤有效态 Cd 含量和植物对 Cd 的吸收。

我们在 2015 年 3 月～2016 年 12 月，以纳米沸石和普通沸石为研究对象，通过室内培养试验研究了纳米沸石施用量对土壤 Cd 形态的影响。结果显示，不同土壤 Cd 浓度(1、5、10 和 15 mg/kg)下，土壤 Cd FDC(土壤中 Cd 的某种形态含量与总 Cd 含量的比值)随时间的变化情况见图 3-1～图 3-4。在 28 天的培养过程中，各处理水平下土壤镉主要以可交换态(EX-Cd)存在。在 1、5、10 和 15 mg/kg 土壤 Cd 浓度下，随着培养时间的延长，所有沸石处理土壤可交换态镉 FDC 在培养 0～4 天呈下降变化，后明显增加，于 7～21 天趋于平缓，培养 28 天时明显增加；碳酸盐结合态镉(CAB-Cd)则在培养 0～4 天增加，后明显降低，7～28 天变化平缓；对于铁锰氧化态镉(FeMn-Cd)，不同土壤镉浓度下其变化情况略有不同，在培养 0～4 天，1 mg/kg Cd 土壤中先减后增，5 mg/kg Cd 土壤中增加，在 10 和 15 mg/kg Cd 土壤中先增后减，在培养 7～21 天，各镉浓度下铁锰氧化态镉整体均呈轻微增加的变化，于培养 28 天时略有降低；有机态镉(OM-Cd)在整个培养过程中呈轻微增加的变化；残渣态镉(Res-Cd)在培养 0～7 天下降，14 天时变化不大，随后至培养结束逐渐增加。随着土壤镉污染水平的增加，土壤各形态镉含量明显增加，镉 FDC 仅可交换态呈增加趋势，其他形态 FDC 没有表现出增加或降低的变化规律。

在培养 0～7 天，土壤 Cd 形态以可交换态和碳酸盐结合态变化最明显。3 周的预培养结束时，即培养第 0 天，1、5、10 和 15 mg/kg Cd 污染浓度土壤中的可交换态 Cd FDC 分别为 72.0%、84.7%、86.2%和 88.0%，明显高于其他形态，碳酸盐结合态 Cd FDC 仅为 5.0%～6.5%。在培养第 4 天，1、5、10 和 15 mg/kg Cd 污染浓度土壤中可交换态 Cd FDC 分别降低至 4.8%～20.9%、26.8%～35.4%、34.9%～44.1%和 38.5%～45.5%(对照为 52.9%)，碳酸盐结合态 Cd FDC 则分别增至 16.2%～36.6%、36.0%～41.8%、38.4%～44.8%和 39.6%～46.4%，此时，在 1 mg/kg Cd 污染浓度土壤中(图 3-1)，土壤 Cd 主要以碳酸盐结合态存在，而其余 Cd 污染土壤中，土壤 Cd 主要以可交换态和碳酸盐结合态存在。在培养第 7 天，可交换态 Cd 含量显著增加，同时碳酸盐结合态含量显著降低($P < 0.05$)。随后培养第 7 天到第 21 天，各 Cd 污染水平土壤均以可交换态 Cd 为主要存在形态。值得注意的是，在培养第 7～21 天，1 mg/kg Cd 污染水平土壤中 Cd 形态分布与 5、10 和 15 mg/kg Cd 污染水平不同，1 mg/kg Cd 污染水平土壤中 Cd 主要

以残渣态存在，FDC 为 27.9%～45.6%，其次为碳酸盐态和铁锰氧化态，可交换态 Cd FDC 较小，仅为 3.6%～27.2%；而在 5、10 和 15 mg/kg Cd 污染土壤中，可交换态 Cd 总是主要存在形态，其 FDC 分别为 34.8%～54.6%、43.8%～66.2% 和 38.5%～72.7%，且 Cd FDC 随着 Cd 污染浓度的增加而增加，铁锰氧化态次之，有机态 Cd FDC 最低。培养结束时，各 Cd 污染浓度土壤中可交换态 Cd 含量均有所增加，且 Cd 污染浓度越低，增加的幅度越大。培养结束时，不同 Cd 污染浓度土壤中 Cd 均主要以可交换态存在，但 Cd 形态分布略有不同。1 mg/kg Cd 污染土壤中 Cd 形态分配表现为 EX-Cd（26.0%～44.0%）＞Res-Cd（28.9%～32.3%）＞FeMn-Cd（14.4%～24.7%）＞CAB-Cd（5.6%～16.2%）＞OM-Cd（0.5%～3.7%）（图 3-1）；5 mg/kg Cd 污染土壤表现为 EX-Cd（42.3%～60.2%）＞FeMn-Cd（14.1%～23.3%）＞CAB-Cd（7.8%～16.9%）、Res-Cd（11.1%～14.8%）＞OM-Cd（4.8%～6.2%）（图 3-2）；10 mg/kg Cd 污染土壤表现为 EX-Cd（45.3%～65.5%）＞FeMn-Cd（11.1%～22.8%）、CAB-Cd（12.3%～16.7%）＞Res-Cd（7.2%～9.5%）＞OM-Cd（3.6%～6.7%）（图 3-3）；15 mg/kg Cd 污染土壤表现为 EX-Cd（48.9%～69.5%）＞FeMn-Cd（9.1%～18.0%）、CAB-Cd（9.6%～20.3%）＞Res-Cd（5.7%～8.4%）＞OM-Cd（3.1%～7.8%）（图 3-4）。4 种 Cd 污染浓度土壤中，土壤 Cd 均以有机态 Cd 分配比例最低，可交换态 Cd 分配比例随土壤 Cd 污染浓度的增加而增加。

　　施用纳米沸石和普通沸石没有改变土壤 Cd 形态的分布随时间的变化规律，但在总体上有效降低了土壤可交换态 Cd 含量和分配比例，增加了其余 4 种形态 Cd 的含量和分配比例。由图 3-1～图 3-4 可见，在整个培养过程中，土壤可交换态 Cd FDC 随纳米沸石和普通沸石施用量的增加而降低，铁锰氧化态 Cd FDC 则反之，沸石对可交换态 Cd 的降低和铁锰氧化态 Cd 的增加幅度以纳米沸石大于普通沸石。随着纳米沸石和普通沸石施用量的增加，碳酸盐结合态、有机态和残渣态 Cd 变化规律不明显。培养结束时，1、5、10 和 15 mg/kg Cd 污染土壤中，施用纳米沸石和普通沸石使土壤可交换态 Cd FDC 分别降低了 12.8%～24.1%和 12.1%～40.9%、20.0%～29.7%和 8.0%～14.1%、18.4%～30.9%和 4.2%～8.0%、13.3%～29.7%和 4.4%～10.3%，施用纳米沸石和普通沸石使土壤铁锰氧化态 Cd FDC 分别增加了 30.9%～71.9%和 44.4%～63.0%、37.8%～45.0%和 1.1%～30.2%、58.4%～105.1%和 6.0%～19.7%、59.4%～97.4%和 11.6%～64.2%。培养结束时，纳米沸石大幅度提高了铁锰氧化态 Cd FDC，降低了可交换态 Cd FDC，但值得注意的是，在 1 mg/kg Cd 污染土壤中，纳米沸石处理土壤可交换态 Cd FDC 高于普通沸石处理，两者可交换态 Cd 含量均以中量（10 g/kg）处理最高。

　　施用纳米沸石和普通沸石有效降低了土壤中可交换态 Cd 含量和分配比例，在 1、5、10 和 15 mg/kg Cd 污染土壤中，施用沸石使土壤可交换态 Cd 分配比例分别降低了 12.1%～40.9%、8.0%～29.7%、4.2%～30.9%和 4.4%～29.7%，但随着土壤 Cd 污染水平的增加，沸石对可交换态 Cd 含量的降低效果变弱。施用沸石使可交换态 Cd 含量降低的同时，也增加了碳酸盐结合态、铁锰氧化态、有机态和残渣态 Cd 含量和分配比例，其中以对铁锰氧化态 Cd 的增加效果最突出。可见，纳米沸石作为一种新兴的纳米材料，与普通沸石相比，比表面积更大，专性吸附更强，因而对重金属具有更大的吸附能力和吸附容量，在土壤重金属 Cd 污染修复方面将更具优势。

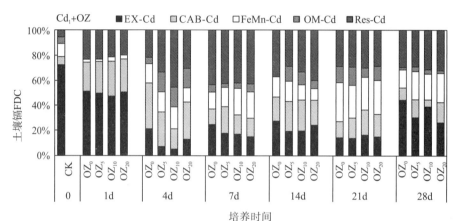

(a)1 mg/kg Cd污染土壤中施用普通沸石后土壤Cd形态分配比例(FDC)随培养时间的变化

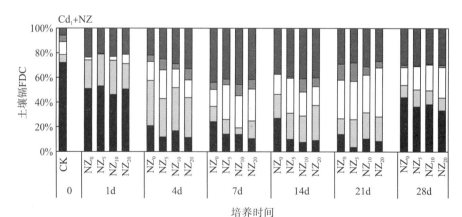

(b)1 mg/kg Cd污染土壤中施用纳米沸石后土壤Cd形态分配比例(FDC)随培养时间的变化

图 3-1　1 mg/kg Cd 污染土壤中 Cd 形态分配比例(FDC)随培养时间的变化

注：EX-Cd、CAB-Cd、FeMn-Cd、OM-Cd、Res-Cd 分别表示土壤可交换态镉、碳酸盐结合态镉、铁锰氧化态镉、有机态镉和残渣态镉。OZ、NZ 分别表示普通沸石和纳米沸石。0，5，10，15 分别表示土壤 Cd 污染水平。下同。

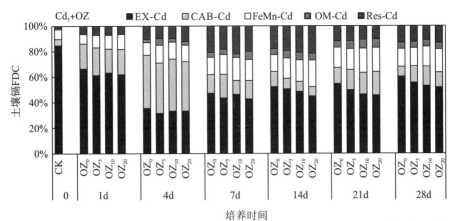

(a)5 mg/kg Cd污染土壤中施用普通沸石后土壤Cd形态分配比例(FDC)随培养时间的变化

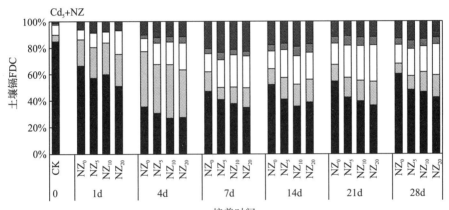

(b)5 mg/kg Cd污染土壤中施用纳米沸石后土壤Cd形态分配比例(FDC)随培养时间的变化

图3-2　5 mg/kg Cd 污染土壤中 Cd 形态分配比例(FDC)随培养时间的变化

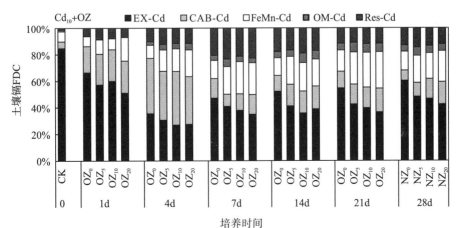

(a)10 mg/kg Cd污染土壤中施用普通沸石后土壤Cd形态分配比例(FDC)随培养时间的变化

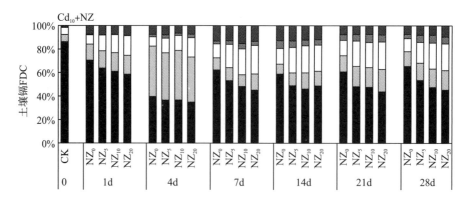

(b)10 mg/kg Cd污染土壤中施用纳米沸石后土壤Cd形态分配比例(FDC)随培养时间的变化

图3-3　10 mg/kg Cd 污染土壤中 Cd 形态分配比例(FDC)随培养时间的变化

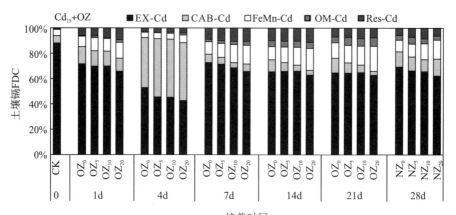

(a)15 mg/kg Cd污染土壤中施用普通沸石后土壤Cd形态分配比例(FDC)随培养时间的变化

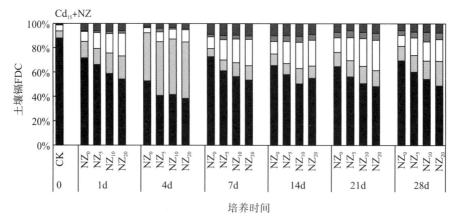

(b)15 mg/kg Cd污染土壤中施用纳米沸石后土壤Cd形态分配比例(FDC)随培养时间的变化

图3-4　15 mg/kg Cd 污染土壤中 Cd 形态分配比例(FDC)随培养时间的变化

二、沸石对蔬菜吸收蓄积重金属镉的影响

(一)沸石对大白菜吸收蓄积重金属镉的影响

我们于 2014 年 9 月 15 日～12 月 1 日采用土培试验,以"山东四号"和"新晋菜三号"两个品种大白菜为供试作物,研究了不同镉污染水平(1 和 5 mg/kg Cd)下施用不同量(0、5、10 和 20 g/kg)的纳米沸石和普通沸石对大白菜镉吸收积累的影响。研究发现,总体而言,施用纳米沸石和普通沸石显著降低了大白菜镉含量和镉积累量,且降低幅度随沸石施用量的增加而增加(表 3-1)。在 1 mg/kg 镉污染水平土壤中,施用 5、10 和 20 g/kg 纳米沸石分别使大白菜各部位镉含量比对照降低了 26.6%～35.9%、60.5%～70.4%和 73.3%～75.0%,同时比对应普通沸石处理大白菜各部位镉含量降低了 27.4%～35.3%、52.4%～60.0%和 46.1%～64.6%;在 5 mg/kg 镉污染水平土壤中,施用 5、10 和 20 g/kg 纳米沸石分别使大白菜各部位镉含量比对照降低了 17.0%～39.3%、39.4%～50.2%和 52.4%～53.2%,同时比对应普通沸石处理大白菜各部位镉含量降低了 10.5%～25.3%、31.0%～41.6%和 19.8%～33.3%。由此也可以看出,高镉(5 mg/kg)土壤中沸石对大白菜镉含量的降低幅度明显高于低镉(1 mg/kg)土壤。但值得注意的是,Cd_5+OZ_{10} 处理地上部镉含量(80.047 mg/kg)显著高于对照,且在所有处理中最高。植株镉积累量大小与植株生物量和植株镉含量有直接的关系。与大白菜镉含量变化相同,沸石处理中大白菜镉积累量也随沸石用量的增加而显著降低,且纳米沸石处理镉积累量显著低于普通沸石处理($P<0.05$)。但由于中低量(≤10 g/kg)沸石处理另一方面也显著提高了大白菜生物量,故部分 5 或 10 g/kg 沸石处理镉积累量高于加镉对照。例如,Cd_1+OZ_5 处理大白菜各部位镉积累量比对照高出了 5.6%～14.8%,Cd_5+OZ_5、Cd_5+OZ_{10} 和 Cd_5+NZ_5 大白菜地上部镉积累量分别比对照增加了 29.7%、13.3%和 49.2%,总镉积累量也分别增加了 25.6%、9.8%和 44.0%。

表 3-1　大白菜镉含量和镉积累量

试验处理	Cd 含量/(mg/kg)		Cd 积累量/(mg/pot)		
	地上部	根	地上部	根	总植株
CK_0	7.06±0.945g	5.694±0.134f	0.0064±0.0009g	0.0064±0.0009g	0.0070±0.0008g
CK_1	36.070±0.028a	31.079±0.028a	0.0396±0.0000b	0.0027±0.0000b	0.0423±0.0000b
Cd_1+OZ_5	35.695±0.143a	31.401±0.141a	0.0418±0.0002a	0.0031±0.0000a	0.0449±0.0002a
Cd_1+OZ_{10}	26.723±0.017b	25.760±1.093b	0.0306±0.0000d	0.0021±0.0001d	0.0326±0.0001d
Cd_1+OZ_{20}	16.738±0.367d	23.438±0.475c	0.0108±0.0002f	0.0012±0.0000f	0.0120±0.0003f

试验处理	Cd 含量/(mg/kg)		Cd 积累量/(mg/pot)		
	地上部	根	地上部	根	总植株
Cd$_1$+NZ$_5$	23.112±0.124c	22.803±0.059c	0.0350±0.0002c	0.0024±0.0000c	0.0374±0.0002c
Cd$_1$+NZ$_{10}$	10.691±0.849e	12.269±0.434d	0.0138±0.0011e	0.0017±0.0001e	0.0155±0.0012e
Cd$_1$+NZ$_{20}$	9.015±0.091f	8.290±0.974e	0.0117±0.0001f	0.0006±0.0001g	0.0123±0.0002f
CK$_0$	7.06±0.945h	5.694±0.134g	0.0064±0.0009h	0.0064±0.0009h	0.0070±0.0008h
CK$_2$	77.102±0.001b	120.240±1.525a	0.0715±0.0000d	0.0076±0.0001a	0.0790±0.0001d
Cd$_5$+OZ$_5$	71.513±0.250c	97.732±0.386b	0.0928±0.0001b	0.0065±0.0000c	0.0992±0.0003b
Cd$_5$+OZ$_{10}$	80.047±0.004a	86.763±0.757c	0.0810±0.0000c	0.0057±0.0000d	0.0867±0.0001c
Cd$_5$+OZ$_{20}$	54.098±0.265e	71.425±0.297d	0.0466±0.0002f	0.0049±0.0000f	0.0515±0.0002f
Cd$_5$+NZ$_5$	64.003±0.768d	73.03±0.581d	0.1067±0.0013a	0.0071±0.0001b	0.1138±0.0012a
Cd$_5$+NZ$_{10}$	46.732±0.643f	59.872±1.342e	0.0489±0.0007e	0.0056±0.0001e	0.0546±0.0005e
Cd$_5$+NZ$_{20}$	36.085±0.479g	57.288±0.552f	0.0373±0.0005g	0.0020±0.0000g	0.0393±0.0005g

注：不同字母表示不同处理之间的差异达到显著性水平（$P<0.05$）。CK$_0$、CK$_1$、CK$_2$ 分别表示无 Cd 无沸石处理、1 mg/kg Cd 污染无沸石处理、5 mg/kg Cd 污染无沸石处理。

大白菜镉含量随沸石用量的增加而降低的变化趋势与土壤可交换态镉相同，由表 3-2 可见，大白菜地上部和根部镉含量与土壤可交换态镉 FDC 之间均存在极显著的正相关关系（$R=0.932$、0.879、0.890、0.989；$P<0.01$）。大白菜地上部和根部镉含量与土壤碳酸盐结合态和铁锰氧化态镉 FDC 也存在负相关关系，且在 1 mg/kg Cd 污染土壤中，铁锰氧化态与大白菜镉含量的负相关关系均达到 0.01 的极显著水平。

表 3-2　土壤各形态镉 FDC 与大白菜地上部或根部镉含量间的相关关系

镉形态	R(Cd$_1$)		R(Cd$_5$)	
	地上部	根	地上部	根
EX-Cd	0.932**	0.879**	0.890**	0.989**
CAB-Cd	−0.565	−0.789*	−0.778*	−0.669
FeMn-Cd	−0.910**	−0.885**	−0.215	−0.534
OM-Cd	−0.332	−0.143	0.094	−0.199
Res-Cd	0.056	0.246	−0.613	−0.318

我们的研究显示，纳米沸石和普通沸石均显著降低了大白菜各部位镉积累量，中低施用量的纳米沸石和普通沸石处理由于更明显地提高了大白菜各部位生物量，因而在大多数情况下较对照提高了大白菜 Cd 积累量。但值得一提的是，

纳米沸石低施用量处理对两个品种大白菜根部镉含量的降低效果达到了普通沸石高施用量处理，甚至更优，与此同时，纳米沸石中施用量对两个品种大白菜各部位镉积累量的降低效果在多数情况下也超过了普通沸石高施用量处理。可见，与普通沸石相比，纳米沸石在更明显地提高大白菜生物量的同时，也更显著地降低了大白菜对镉的吸收积累。

(二)沸石对油麦菜吸收蓄积重金属镉的影响

我们于 2017 年 9 月～12 月在重庆市潼南区桂林街道办事处大坝村双坝蔬菜基地采用大田试验方法，研究纳米沸石 500 kg/667 m² 和普通沸石 1000 kg/667 m² 不同施用方式(撒施、沟施和穴施)对油麦菜 Cd 吸收的影响。试验设置 7 个处理：对照(不施沸石)；普通沸石撒施、沟施、穴施，施用量均为 1000 kg/667 m²；纳米沸石撒施、沟施、穴施，施用量均为 500 kg/667 m²。小区面积 8 m²(2 m×4 m)，间距 40 cm；每处理 3 次重复，随机排列。

从表 3-3 可以看出，施用纳米沸石、普通沸石对油麦菜植株地上部和根部 Cd 含量均有降低作用，降幅分别为 11.3%～28.8%和 0.7%～26.8%、2.5%～16.7%和 9.9%～21.3%；整体上，纳米沸石处理的降低幅度高于普通沸石处理。不同施用方式间进行比较，在降低地上部 Cd 含量方面，两种沸石均以沟施处理效果最优，撒施次之；在降低根部 Cd 含量方面，普通沸石以撒施处理效果最佳，而纳米沸石以穴施处理效果最佳。

表 3-3 不同沸石不同施用方式对油麦菜 Cd 含量的影响

处理方式	普通沸石		纳米沸石	
	地上部 Cd 含量/(mg/kg)	根部 Cd 含量/(mg/kg)	地上部 Cd 含量/(mg/kg)	根部 Cd 含量/(mg/kg)
对照	2.40±0.07a	2.72±0.26a	2.40±0.07a	2.72±0.26a
撒施	2.08±0.05c	2.14±0.08e	1.84±0.10de	2.70±0.10ab
沟施	2.00±0.04d	2.45±0.08b	1.71±0.03e	2.39±0.06c
穴施	2.34±0.04a	2.38±0.10c	2.13±0.05b	1.99±0.06d

注：不同字母表示不同处理之间的差异达到显著性水平($P<0.05$)，下同。

从表 3-4 可以看出，经过纳米沸石和普通沸石处理，土壤全 Cd 含量分别比对照降低了 4.1%～10.7%和 4.1%～7.6%，两种沸石均以沟施效果最佳；土壤有效 Cd 含量分别比对照降低了 4.8%～19.0%和 9.5%～19.0%，普通沸石以沟施效果最佳，纳米沸石以穴施效果最佳。

表 3-4　不同沸石不同施用方式对土壤全 Cd 和有效 Cd 含量的影响

处理方式	普通沸石		纳米沸石	
	全 Cd/(mg/kg)	有效 Cd/(mg/kg)	全 Cd/(mg/kg)	有效 Cd/(mg/kg)
对照	1.97±0.02	0.21±0.01a	1.97±0.02a	0.21±0.01a
撒施	1.83±0.04ab	0.19±0.00b	1.89±0.03ab	0.20±0.01ab
沟施	1.76±0.03b	0.17±0.01d	1.82±0.05ab	0.18±0.00c
穴施	1.89±0.02b	0.19±0.01b	1.83±0.02ab	0.17±0.01cd

三、沸石在蔬菜重金属镉污染控制方面的潜力

虽然天然沸石具有较强的吸附性能和离子交换能力，但是天然沸石孔道内易被水分子和其他离子半径大小不同的 Na^+、K^+、Ca^{2+} 和 Mg^{2+} 等离子占据，容易造成沸石孔道堵塞，使孔道不畅通，影响沸石的离子交换能力和表面吸附能力。为提高天然沸石的孔隙率及表面活性，进而提高其吸附和离子交换等性能，纳米沸石应运而生。

经改进后的纳米沸石，比表面积为 656 m^2/g（熊仕娟，2016），其孔道和孔隙结构有明显改善，具有空旷的骨架构造、均匀的孔穴结构、巨大的内外比表面积和独特的吸附功能，可通过离子交换吸附和专性吸附降低土壤中 Cd 的有效性。改性沸石粉对 Cd 的去除效果明显优于天然沸石，其阳离子的交换容量分别达到 264 cmol(+)/kg 和 183 cmol(+)/kg，是天然沸石粉的 1.5 倍，可作为一种优良的土壤 Cd 吸附剂。2009 年马玮艺等研究纳米沸石、沸石、电气石、粉煤灰 4 种不同修复剂对 Cd 污染土壤的修复效果，结果表明，施用这 4 种修复剂均在不同程度上降低了 Cd 在土壤中的有效性，以纳米沸石对 Cd 的固定效果最好。纳米沸石处理显著降低了水溶态、交换态及碳酸盐结合态的 Cd 含量和分配比例，且随着纳米沸石用量的增加，降低幅度越大。纳米沸石具有丰富可调的表面性质，对生物分子具有极高的固定能力，是一种良好的蛋白、酶固定化和转移载体。目前对纳米沸石材料的研究多集中于纳米沸石的合成、物化性质、催化性能及其在分子生物领域的应用（李翔，2013；唐颐 等，2009），关于纳米沸石在土壤重金属污染修复方面的研究很是少见。因此，国内外在纳米沸石对土壤 Cd 等重金属修复方面还有待研究。

四、沸石应用存在的问题及研究展望

原位化学固定作为一种经济高效且易于实施的 Cd 污染土壤修复技术，在土壤重金属污染修复方面具有明显的优势。纳米沸石材料由于其本身独特的结构，

使其具有极强的吸附性能和离子交换性能，对重金属污染表现出更高的修复效率。利用纳米沸石材料对污染环境进行修复已成为当今土壤和环境领域的研究热点。但纳米沸石材料作为一种新兴材料，对其本身的研究仍处于起步阶段，纳米技术在污染土壤修复方面的研究还较为薄弱。根据国内外纳米材料对污染土壤修复的研究现状，今后需要在以下几个方面进行重点研究：

(1) 纳米修复技术大多还停留在实验室阶段，没有形成产业化，实际应用较少。因此，应大力开展污染场地和原位污染土壤实地研究，验证纳米材料在实际应用中的效果和可行性。

(2) 纳米材料对重金属污染土壤的修复机理，对植物生长、品质的影响以及修复效果与使用量之间的关系还有待深入研究。此外，为保证粮食生产安全，还应加强对纳米材料修复效果长期稳定性的研究。

(3) 纳米材料的使用给土壤环境带来的风险还缺乏深入研究，纳米材料对土壤物理、化学性质变化的影响，以及纳米材料自身是否会给环境和生态系统带来新的影响或不良效应还不得而知。

(4) 应开展纳米修复技术和植物修复、微生物修复等技术的联用和综合研究，利用纳米材料吸附土壤中的重金属，微生物处理这些污染物，同时利用超富集植物将未处理的重金属萃取出来，以保证重金属污染土壤能够得到高效、可靠、稳定的修复效果。

主要参考文献

蔡燕飞, 何成新, 廖宗文, 等. 2003. 蛭石和沸石对番茄青枯病及土壤微生物的影响[J]. 生态环境, 12(2): 179-181.

陈益, 王正银, 唐静, 等. 2015. 磷肥用量对石灰性紫色土壤油麦菜产量、品质和养分形态的影响[J]. 草业学报, 24(10): 183-193.

迟苏琳, 徐卫红, 熊仕娟, 等. 2017. 不同镉水平下纳米沸石对土壤 pH、CEC 及 Cd 形态的影响[J]. 环境科学, 38(4): 1654-1666.

贺章咪, 李欣忱, 徐卫红, 等. 2018. 纳米沸石不同施用方式条件对油麦菜及土壤 Cd 含量的影响[J]. 中国蔬菜, (6): 48-53.

贺章咪, 张春来, 徐卫红, 等. 2018. 纳米材料-植物-微生物联合修复对萝卜 Cd 含量的影响[J]. 园艺学报, 45(S1): 2574

姜淳, 周恩湘, 霍习良. 1993. 沸石改土保肥及增产的研究[J]. 河北农业大学学报, 16(4): 48-52.

解占军, 王秀娟, 牛世伟, 等. 2006. 沸石与改性沸石在土壤质量改良中的应用研究进展[J]. 园艺与种苗, (2): 142-144.

李明遥, 张妍, 杜立宇, 等. 2014. 生物炭与沸石混施对土壤 Cd 形态转化的影响[J]. 水土保持学报, 28(3): 248-252.

李翔. 2013. 纳米沸石在动态动力学拆分中的应用研究[D]. 上海: 复旦大学.

刘秀珍, 赵兴杰, 马志宏. 2007. 膨润土和沸石在 Cd 污染土壤治理中的应用[J]. 水土保持学报, 21(6): 83-91.

祁娜, 孙向阳, 张婷婷, 等. 2011. 沸石在土壤改良及污染治理中的应用研究进展[J]. 贵州农业科学, 39(11): 133-135.

秦余丽, 熊仕娟, 徐卫红, 等. 2016. 不同镉浓度及 pH 条件下纳米沸石施用量对土壤 Cd 形态的影响[J]. 环境科学, 37(10): 4030-4043

秦余丽, 熊仕娟, 徐卫红, 等. 2017. 纳米沸石对大白菜生长、抗氧化酶活性及镉形态、含量的影响[J]. 环境科学, 38(3): 1189-1200.

唐颐, 张亚红. 2009. 纳米沸石在生物领域的应用[C]. 第十五届全国分子筛学术大会论文集.

王秀丽, 梁成华, 马子惠, 等. 2015. 施用磷酸盐和沸石对土壤 Cd 形态转化的影响[J]. 环境科学, 36(4): 1437-1444.

谢飞, 梁成华, 孟庆欢, 等. 2014. 添加天然沸石和石灰对土壤镉形态转化的影响[J]. 环境工程学报, (8): 3505-3510.

熊仕娟, 徐卫红, 谢文文, 等. 2015. 纳米沸石对土壤 Cd 形态及大白菜 Cd 吸收的影响[J]. 环境科学, 36(12): 4630-4641.

熊仕娟. 2016. 纳米沸石对 Cd 污染土壤的修复效应及机理研究[D]. 重庆: 西南大学.

徐根洪. 2003. 天然沸石改良土壤的作用机理[J]. 矿产保护与利用, (5): 18-20.

张春来, 王卫中, 徐卫红. 2018. 不同用量纳米氢氧化镁对大白菜产量及 Cd 含量的影响[J]. 园艺学报, 45(S1): 2587

郑荧辉, 熊仕娟, 徐卫红, 等. 2016. 纳米沸石对大白菜镉吸收及土壤有效镉含量的影响[J]. 农业环境科学学报, 35(12): 2353-2360.

Abdul M Z, Parvez M, Ashantha G, et al. 2011. Influence of physical and chemical parameters on the treatment of heavy metals in polluted stormwater using zeolite—a review[J]. Journal of Water Resource & Protection, 3(10): 758-767.

Castaldi P, Melis P, Silvetti M, et al. 2009. Influence of pea and wheat growth on Pb, Cd, and Zn mobility and soil biological status in a polluted amended soil[J]. Geoderma, 151(3): 241-248.

Fard N E, Givi J, Houshmand S. 2015. The effect of zeolite, bentonite and sepiolite minerals on heavy metal uptake by sunflower[J]. Journal of Science and Technology of Greenhouse Culture, 6(21): 55-64.

Hamidpour M, Afyuni M, Kalbasi M, et al. 2010. Mobility and plant-availability of Cd(II) and Pb(II) adsorbed on zeolite and bentonite[J]. Applied Clay Science, 48(3): 342-348.

Mahabadi A A, Hajabbasi M A, Khademi H, et al. 2007. Soil cadmium stabilization using an Iranian natural zeolite[J]. Geoderma, 137(3): 388-393.

Oste L A, Lexmond T M, van Riemsdijk W H. 2002. Metal immobilization in soils using synthetic zeolites[J]. Journal of Environmental Quality, 31(3): 813-821.

Rebedea I, Lepp N W. 1995. The use of synthetic zeolites to reduce plant metal uptake and phytotoxicity in two polluted soils[J]. Environmental Geochemistry and Health(United Kingdom), 16: 81-88.

Shi W Y, Shao H B, Li H, et al. 2009. Progress in the remediation of hazardous heavy metal-polluted soils by natural zeolite[J]. Journal of Hazardous Materials, 170(1): 1-6.

第四章 畜禽粪便在蔬菜重金属污染控制中的作用

第一节 我国畜禽粪便中重金属污染现状及形态特征

一、我国畜禽粪便中重金属污染现状

在规模化畜禽养殖过程中，重金属微量元素添加剂被大量使用以防止动物疾病，促进畜禽生长。据统计，我国畜禽饲料添加剂每年的重金属添加量为 10 万～15 万 t，能被畜禽吸收的重金属不足 5 万 t，未能完全吸收的重金属只有通过粪便的形式直接排出体外。畜禽养殖的饲料中普遍含有高铜、高锌等重金属添加剂，导致畜禽粪便中重金属含量较高，大量重金属随粪便的农业施用造成了严重的重金属污染。同时，土壤中重金属可以通过污染农作物的可食用部分进入人体，对农产品质量和人体健康都造成负面影响。2018 年薄录吉等调查发现，在 21 个省市规模化养殖场中，猪粪中 Cu、Zn、As、Cd、Cr 平均含量超标省市分别占到 95.2%、85.7%、33.3%、20.0%和 5.26%，长期施用受重金属污染的猪粪导致土壤重金属污染问题日益突出。土壤中 Hg、Cr、Pb 与猪粪中相对应重金属有显著正相关关系，说明土壤中这些重金属在很大程度上是由猪粪带来的。2018 年黄会前等以贵阳地区养猪场周边长期施用猪粪的土壤为研究对象，发现重金属 Cd、As、Hg、Cu 和 Zn 均超过土壤环境质量二级标准，土壤属于轻度污染。2016 年贾武霞等研究发现，在北京市、山东省寿光市和湖南省岳阳市采集的畜禽粪便中存在 Cu、Zn、As 和 Cd 累积现象，猪粪中平均含量最高，其次是鸡粪、鸭粪和牛粪，而鸭粪中的 Cr 含量要高于猪粪、鸡粪和牛粪。不同猪群粪便中重金属含量以乳猪粪的 Cu、Zn 含量最高，其次是育肥猪粪和种猪粪，而育肥猪粪中的 As 含量相对较高。不同区域猪粪中重金属累积趋势一致，但在含量上存在区域差异。根据我们在重庆璧山、湖南衡阳及浙江温州进行鸡粪、猪粪大田检测的结果(表 4-1)，参照我国畜禽粪便旱田作物和蔬菜安全使用准则相关控制标准，鸡粪、猪粪中 Cu、Zn 存在严重的超标现象，Cd 也有潜在超标趋势。

表 4-1 猪粪和鸡粪有机肥中重金属含量

粪便类型	地点	Cd /(mg/kg)	Cr /(mg/kg)	Ni /(mg/kg)	Pb /(mg/kg)	Cu /(mg/kg)	Zn /(mg/kg)	Hg /(mg/kg)	As /(mg/kg)
鸡粪	浙江温州	0.769	7.716	10.31	6.769	75.069	1188.605	0.35	0.967
	重庆璧山	0.257	5.946	5.36	6.321	70.325	294.069	0.251	7.056
猪粪	湖南衡阳	0.339	26.368	41.276	3.914	644.971	1482.69	0.15	1.367

二、畜禽粪便中重金属形态特征

畜禽粪便中重金属的生物毒性不仅与其总量有关，更大程度上由其被植物吸收利用的形态分布所决定。重金属元素按其生物化学性质分为两种：一种是在一定浓度范围内维持生物有机体正常生理活动的必需元素，如 Cu、Zn 等；另一种是生物体正常生理活动的非必需元素，如 Cd、Pb、Hg 等。这些重金属元素被生物吸收利用和对生物产生毒性效应的性状称为生物有效性。由于重金属的迁移和传输都是以一定的形态进行，研究重金属的生物有效性必须探究重金属在粪便以及堆肥中的形态分布和相互转化。按照 Tessier 萃取法，发现重金属形态主要有：交换态、碳酸盐结合态、铁锰氧化物结合态、有机结合态和残渣态，其中交换态、碳酸盐结合态和铁锰氧化物结合态的生物有效性较高，尤其是交换态最易于被植物直接吸收利用；有机结合态和残渣态生物有效性较低，有机结合态主要与环境中的有机络合物类型有关，残渣态主要是硅酸盐矿物结合态，迁移性很小，很难被生物利用。在水稻土上未培养的鸡粪和猪粪中 Cd 的生物有效性低于等量 Cd 无机盐，而培养 6 个月的鸡粪和猪粪中 Cd 的生物有效性高于等量 Cd 无机盐，施用后 4~6 个月时鸡粪中 Cd 的生物有效性最高，施用后 6 个月时猪粪中 Cd 的生物有效性最高。

第二节 畜禽粪便对蔬菜重金属的影响

为了研究畜禽粪便有机肥对蔬菜重金属含量和蓄积的影响，我们设置了不同地点、不同蔬菜种类施用畜禽粪便有机肥的定位试验。

一、湖南衡阳长期施用猪粪有机肥试验点

湖南衡阳猪粪有机肥长期定位试验时间为 2016 年 10 月~2017 年 5 月，试验设置 5 个处理，即无机 NPK（对照，用量为当地习惯施肥）、无机 NPK+低量腐熟猪粪（1350 kg/667 m²）、无机 NPK+中量腐熟猪粪（2700 kg/667 m²）、无机

NPK+高量腐熟猪粪(4050 kg/667 m²)和无机NPK+商品有机肥(表4-2)。

表4-2　不同施用量的猪粪有机肥对大白菜重金属含量的影响

处理	Cd /(mg/kg)	Cr /(mg/kg)	Ni /(mg/kg)	Pb /(mg/kg)	Cu /(mg/kg)	Zn /(mg/kg)	Hg /(mg/kg)	As /(mg/kg)
无机NPK	1.296± 0.08cd	4.704± 0.539b	0.394± 0.051b	0.655± 0.000b	17.913± 3.624a	134.638± 11.331a	0.014± 0.001b	0.423± 0.159ab
无机NPK+ 低量猪粪	1.381± 0.041c	0.89± 0.18c	0.574± 0.203ab	1.146± 0.232a	16.2± 1.202a	138.188± 18.049a	0.17± 0.024a	0.436± 0.016ab
无机NPK+ 中量猪粪	2.174± 0.007a	8.614± 0.239a	0.852± 0.198ab	0.486± 0.231b	21.935± 0.072a	148.427± 5.999a	0.004± 0.001b	0.6± 0.063ab
无机NPK+ 高量猪粪	1.239± 0d	8.51± 0.899a	0.465± 0.152a	0.818± 0.231ab	17.895± 3.62a	117.008± 25.43a	0.001± 0b	0.429± 0.005a
无机NPK+ 商品有机肥	1.683± 0.009b	6.592± 2.901ab	0.713± 0.096ab	0.652± 0.004b	19.548± 1.305a	132.128± 2.539a	0.02± 0.012b	0.349± 0.002b

注：不同字母表示不同处理之间的差异达到显著性水平($P<0.05$)，下同。

由表 4-2 可知，与施用"无机 NPK"和"无机 NPK+商品有机肥"处理相比，施用不同量的猪粪有机肥会增加植物中重金属含量(除对植物中 Cu 和 Zn 的含量无显著影响)。施用无机 NPK+中量猪粪处理的白菜中 Cd 和 Cr 的含量均最高，分别比对照高 67.75%和 83.12%；施用无机 NPK+高量猪粪处理的白菜中 Ni 和 As 的含量均最高，分别比对照高 18.02%和 1.42%；施用无机 NPK+低量猪粪处理的白菜中 Pb 和 Hg 的含量最高，分别比对照高 74.96%和 1114.26%。

二、浙江温州长期施用鸡粪有机肥试验点

浙江温州鸡粪有机肥长期定位试验时间为 2017 年 3 月～2017 年 8 月，试验设置 5 个处理即无机 NPK(对照，用量为当地习惯施肥)、无机 NPK+低量腐熟鸡粪(450 kg/667 m²)、无机 NPK+中量腐熟鸡粪(900 kg/667 m²)、无机 NPK+高量腐熟鸡粪(1350 kg/667 m²)、无机 NPK+商品有机肥。

由表 4-3 可知，施用无机 NPK+低量鸡粪处理的豇豆中 Cu 和 Zn 的含量最高，比施用无机 NPK 高 31.11%和 22.04%；施用无机 NPK+商品有机肥处理的豇豆中 Cr、Cd 和 Ni 含量显著最高，分别比其他处理高 28.50%～71.40%、15.22%～87.89%和 58.31%～87.45%；施用鸡粪处理显著降低了豇豆中 As 的含量，比无机 NPK 对照低 56.13%～83.87%；与施用无机 NPK 肥相比，施用无机 NPK+中量鸡粪和高量鸡粪显著增加了豇豆中 Hg 的含量，增加了 80%～83.8%；不同处理下的豇豆中均未检测到 Pb。

表 4-3　施用不同鸡粪处理对豇豆重金属含量的影响

处理	Cu /(mg/kg)	Zn /(mg/kg)	Cr /(mg/kg)	Cd /(mg/kg)	Ni /(mg/kg)	Pb /(mg/kg)	Hg /(mg/kg)	As /(mg/kg)
无机 NPK	24.385± 0.368b	52.008± 1.928c	0.527± 0.033c	0.035± 0.004e	1.096± 0.108b	ND	0.004± 0.001b	0.155± 0.006a
无机 NPK+ 低量鸡粪	31.97± 1.736a	63.468± 1.639a	0.755± 0.074b	0.075± 0.011d	1.021± 0.027b	ND	0.002± 0b	0.025± 0.003d
无机 NPK+ 中量鸡粪	18.043± 0.149c	53.31± 0.079bc	0.378± 0.034d	0.177± 0.007c	0.713± 0.036c	ND	0.02± 0.004a	0.068± 0.002c
无机 NPK+ 高量鸡粪	18.479± 0.482c	50.034± 1.723c	0.302± 0.035d	0.245± 0.003b	0.33± 0.011d	ND	0.024± 0.002a	0.058± 0.001c
无机 NPK+ 商品有机肥	13.799± 0.69d	55.822± 0.623b	1.056± 0.07a	0.289± 0.003a	2.629± 0.119a	ND	0.021± 0.002a	0.098± 0.005b

三、重庆北碚长期施用鸡粪有机肥试验点

重庆北碚鸡粪有机肥长期定位试验时间为 2016 年 10 月～2017 年 7 月,试验处理设置为低量新鲜鸡粪 333 kg/667 m^2(L-FCM)、高量新鲜鸡粪 666 kg/667 m^2(H-FCM)、低量腐熟鸡粪 833 kg/667 m^2(L-CCM)、高量腐熟鸡粪 1667 kg/667 m^2(H-CCM)4 个处理,对照(CK)为不施用有机肥。试验田面积约 80 m^2,试验用鸡粪采自重庆市北碚区三圣镇德圣村养鸡场,试验田位于养鸡场附近约 200 m,该试验田施用鸡粪约 25 年,种植作物为黄瓜和莴苣。

(一)抱子芥菜

由表 4-4 可知,在不同鸡粪用量处理下,抱子芥菜中的 Zn、Cr、Ni 和 Pb 含量与对照相比均有不同程度的降低,分别比对照低 12.29%～35.56%、35.80%～62.65%、2.56%～56.65% 和 44.85%～98.53%。在施用低量腐熟鸡粪处理下,抱子芥菜中的 Cu 含量显著最高,比对照高 3.50%。抱子芥菜中的 Cd 在施用不同鸡粪处理下显著增高,比对照高 12.56%～21.00%。抱子芥菜中未检测到 Hg 和 As。

表 4-4　施用不同鸡粪有机肥对抱子芥菜重金属含量的影响

处理	Cu /(mg/kg)	Zn /(mg/kg)	Cr /(mg/kg)	Cd /(mg/kg)	Ni /(mg/kg)	Pb /(mg/kg)	As /(mg/kg)	Hg /(mg/kg)
CK	15.638± 0.084ab	59.248± 1.143a	0.905± 0.045a	0.581± 0.034b	1.211± 0.069a	0.272± 0a	ND	ND
低量新鲜 鸡粪	14.529± 0.636c	51.964± 1.547b	0.5± 0.018c	0.702± 0.035a	1.18± 0.11a	0.004± 0.002c	ND	ND
高量新鲜 鸡粪	15.057± 0.333bc	47.193± 1.638c	0.581± 0.044g	0.654± 0.034ab	1.18± 0.068a	0.138± 0.014b	ND	ND

续表

处理	Cu /(mg/kg)	Zn /(mg/kg)	Cr /(mg/kg)	Cd /(mg/kg)	Ni /(mg/kg)	Pb /(mg/kg)	As /(mg/kg)	Hg /(mg/kg)
低量腐熟鸡粪	16.185± 0.019a	40.423± 1.764d	0.338± 0.017e	0.703± 0.035a	0.525± 0.001b	0.15± 0.032b	ND	ND
高量腐熟鸡粪	14.14± 0.333c	38.18± 2.38d	0.418± 0.008d	0.677± 0.001a	1.08± 0.054a	0.137± 0.05b	ND	ND

注：ND 表示未检测到。

（二）黄瓜

由表 4-5 可知，施用高量腐熟鸡粪处理的黄瓜中 Cu 含量显著最低，比对照低 27.23%，As 含量最高，比对照高 121.15%；施用不同鸡粪处理的黄瓜中 Zn 和 Cd 含量比对照降低，分别降低了 2.81%～11.01%和 11.72%～23.44%；施用低量腐熟鸡粪处理的黄瓜中 Cr、Ni 和 Hg 含量显著最高，分别是对照的 3.4、2.5 和 2.4 倍；黄瓜中未检测到 Pb。

表 4-5　不同鸡粪处理对黄瓜中重金属含量的影响

处理	Cu /(mg/kg)	Zn /(mg/kg)	Cr /(mg/kg)	Cd /(mg/kg)	Ni /(mg/kg)	Pb /(mg/kg)	As /(mg/kg)	Hg /(mg/kg)
CK	23.857± 0.372a	61.907± 0.322a	0.376± 0.035c	0.384± 0.032a	1.707± 0.109d	ND	0.017± 0.002c	0.208± 0.01c
低量新鲜鸡粪	24.441± 1.46a	56.901± 0.113ab	0.601± 0.037b	0.339± 0.032ab	2.012± 0.028c	ND	0.021± 0bc	0.267± 0.022c
高量新鲜鸡粪	23.781± 0.02a	60.17± 3.006ab	0.602± 0.073b	0.294± 0.004b	1.133± 0.056e	ND	0.023± 0bc	0.339± 0.02b
低量腐熟鸡粪	24.834± 0.005a	55.089± 0.781b	1.281± 0.033a	0.294± 0.032b	4.238± 0.061a	ND	0.04± 0.003a	0.39± 0.031b
高量腐熟鸡粪	17.359± 0.372b	57.578± 3.918ab	0.605± 0.074b	0.31± 0.018b	3.862± 0.219b	ND	0.019± 0.001c	0.46± 0.031a

第三节　畜禽粪便对菜田中重金属含量的影响

一、禽畜粪便钝化菜田重金属作用的原理

有机肥在土壤重金属钝化中的应用主要是因为其重金属络合作用，此外，有机物的施加还可以通过增加土壤 CEC 来降低重金属的生物有效性。有机肥富含芳香结构，在腐熟程度较高的有机肥中含量可达到 3%，其上有大量的含氧基团和氨基，这为重金属的络合提供了丰富的配位基，含氧基团对重金属的静电吸附

作用也降低了重金属的迁移能力，即使在 pH 低至 3.9 的土壤环境中，有机肥的添加依旧可以有效降低土壤中 Cu 和 Pb 的淋溶性和迁移能力，其效率分别达到 74.5%和 61.0%。长期施用有机肥可以促进土壤中水稳定性团粒结构的形成，增强土壤固碳能力，增强土壤抵抗力与恢复力。有学者通过对有机肥施用对菜地系统铅镉积累的调控作用研究认为，有机肥对土壤重金属的钝化有一定的选择作用，因为其对 Cu 和 Pb 的钝化作用较好，而对 Cd 的钝化效果并不理想。对于有机肥农用过程中出现的以上问题，不少学者认为将有机肥与石灰、粉煤灰等其他钝化剂或植物修复技术联用可以增强彼此的修复效果。有学者通过污染土壤大田试验研究表明，施用有机肥使稻米中的 Cd 含量比施用常规肥降低了 14.3%，有机肥与钝化剂(造纸厂滤泥)联用使稻米中的 Cd 含量比施用常规肥和施用有机肥分别降低了 28.6%和 16.7%。长期施用有机肥可以促进土壤中水稳定性团粒结构的形成，增强土壤固碳能力，增强土壤抵抗力与恢复力。

二、畜禽粪便对菜田中重金属含量的影响

(一)湖南衡阳长期施用猪粪有机肥试验点

由表 4-6 可知，与仅施用无机 NPK(对照)相比，施用猪粪会增加土壤中重金属 Cd 和 Cu 的含量。施用无机 NPK+中量猪粪处理的土壤中 Cd、Pb、Zn 和 As 的含量均最高，分别比对照高 36.31%、14.27%、9.17%和 18.73%；施用无机 NPK+低量猪粪处理的土壤中 Cr、Ni 和 Cu 的含量均最高，比对照高 24.89%、1.07%和 26.14%。

表 4-6 不同施用量的猪粪有机肥对土壤重金属含量的影响

处理	Cd /(mg/kg)	Cr /(mg/kg)	Ni /(mg/kg)	Pb /(mg/kg)	Cu /(mg/kg)	Zn /(mg/kg)	Hg /(mg/kg)	As /(mg/kg)
基础土	1.627± 0.078bc	69.343± 0.69b	29.632± 1.119a	50.125± 2.78a	64.569± 4.844b	203.187± 12.317b	0.045± 0.003b	14.41± 0.336b
无机 NPK	1.399± 0.08d	74.189± 3.009b	29.046± 0.746a	44.135± 0.093b	59.291± 2.261b	216.113± 1.823b	0.051± 0.01b	14.63± 0.796b
无机 NPK+ 低量猪粪	1.516± 0.09cd	92.651± 3.766a	29.356± 0.339a	41.035± 2.075b	74.787± 4.396a	199.126± 5.888b	0.047± 0.001b	14.046± 0.466b
无机 NPK+ 中量猪粪	1.907± 0.15a	49.324± 0.851c	27.761± 0.983ab	50.431± 1.606a	67.958± 5.089ab	235.949± 0.253a	0.048± 0b	17.37± 0.02a
无机 NPK+ 高量猪粪	1.801± 0.003ab	45.664± 3.674c	27.841± 0.555ab	39.478± 3.303b	63.026± 2.549b	216.89± 11.825b	0.037± 0.009b	14.475± 0.964b
无机 NPK+ 商品有机肥	1.573± 0.004cd	44.295± 0.958c	26.923± 0.373b	44.598± 1.267b	59.476± 2.238b	216.417± 1.408b	0.589± 0.095a	14.585± 0.401b

(二)浙江温州长期施用鸡粪有机肥试验点

由表 4-7 可知,施用不同鸡粪处理增加了土壤中的 Cu 含量,分别比无机 NPK 对照增加了 4.02%～83.75%,其中无机 NPK+中量鸡粪处理的土壤中 Cu 含量显著最高;施用不同鸡粪处理的土壤中 Zn 和 Cd 含量比基础土中的显著降低,分别降低了 2.14%～19.18%和 28.48%～40.51%;施用无机 NPK+低量鸡粪处理的土壤中 Cr 和 Ni 含量显著最高,比基础土的含量高 128.42%～68.47%;施用无机 NPK 显著增加了土壤 Hg 含量,比基础土高 19.76%,而施用鸡粪处理与基础土无显著差异;不同处理对土壤 Pb 含量无显著影响。

表 4-7　施用不同鸡粪处理对土壤中重金属含量的影响

处理	Cu /(mg/kg)	Zn /(mg/kg)	Cr /(mg/kg)	Cd /(mg/kg)	Ni /(mg/kg)	Pb /(mg/kg)	Hg /(mg/kg)	As /(mg/kg)
CK	17.766± 0.368c	88.706± 5.485bc	15.748± 1.523c	0.09± 0c	8.234± 0.386bc	32.508± 1.231a	0.2± 0.018a	0.36± 0b
无机 NPK+ 低量鸡粪	24.78± 0.383b	86.252± 2.625c	24.091± 2.282a	0.111± 0.004b	11.855± 0.264a	33.075± 0.971a	0.152± 0.004c	0.359± 0.029b
无机 NPK+ 中量鸡粪	32.645± 1.773a	98.996± 0.077ab	20.882± 0.78b	0.094± 0.007c	9.044± 0.215bc	30.167± 1.464a	0.168± 0.011bc	0.59± 0.016a
无机 NPK+ 高量鸡粪	18.48± 0.114c	81.762± 1.108c	13.205± 0.539c	0.113± 0.004b	7.255± 0.339de	32.521± 1.759a	0.179± 0.002ab	0.37± 0.04b
无机 NPK+ 商品有机肥	18.738± 0.388c	89.101± 1.499bc	13.92± 0.136cd	0.112± 0.004b	7.926± 0.323cd	31.511± 0.427a	0.16± 0bc	0.61± 0.049a
基础土	14.104± 0.751d	101.16± 8.955a	10.547± 0.55d	0.158± 0.004a	7.037± 0.499e	32.246± 0.985a	0.167± 0.006bc	0.539± 0.025a

(三)重庆北碚长期施用鸡粪有机肥试验点

1.抱子芥菜

由表 4-8 可知,与对照相比,施用不同鸡粪处理的土壤中 Cu、Cr、Cd、Ni 和 Pb 含量有不同程度的降低,分别比对照低 0.17%～6.64%、9.00%～28.98%、4.22%～12.66%、3.42%～9.70%和 1.24%～19.10%。土壤中的 Zn 和 As 含量在施用不同鸡粪处理下没有显著变化。土壤中未检测到 Hg 元素。

表 4-8　施用不同鸡粪有机肥对抱子芥菜土壤中重金属含量的影响

处理	Cu /(mg/kg)	Zn /(mg/kg)	Cr /(mg/kg)	Cd /(mg/kg)	Ni /(mg/kg)	Pb /(mg/kg)	As /(mg/kg)	Hg /(mg/kg)
CK	33.03± 0.766a	79.494± 4.092a	14.402± 0.708a	1.137± 0.034a	17.889± 0.449a	31.092± 0.547a	0.034± 0.011a	ND
低量新鲜	30.837±	77.758±	11.481±	1.041±	16.240±	25.153±	0.021±	ND

续表

处理	Cu /(mg/kg)	Zn /(mg/kg)	Cr /(mg/kg)	Cd /(mg/kg)	Ni /(mg/kg)	Pb /(mg/kg)	As /(mg/kg)	Hg /(mg/kg)
鸡粪	0.652b	0.309a	0.253cd	0.033ab	0.474c	1.346c	0.005a	
高量新鲜鸡粪	32.973± 0.427a	81.541± 0.277a	10.228± 0.826d	1.089± 0.034ab	17.276± 0.323ab	30.705± 0.004ab	0.041± 0.009a	ND
低量腐熟鸡粪	32.275± 0.975ab	75.077± 5.747a	12.522± 0.287bc	1.016± 0.07b	16.477± 0.129bc	29.874± 1.541ab	0.026± 0.006a	ND
高量腐熟鸡粪	31.836± 0.07ab	82.043± 5.794a	13.106± 0.312ab	0.993± 0.036b	16.154± 0.064c	28.134± 0.649b	0.034± 0.011a	ND

注：ND 表示未检测到。

2.黄瓜

由表 4-9 可知，与对照相比，不同鸡粪处理对土壤中 Cu、Zn、Ni 和 Cr 的含量无显著影响；施用不同鸡粪处理的土壤中 Cd 和 Hg 含量比对照低 9.79%～31.89%和 21.96%～48.46%；施用高量腐熟鸡粪处理的土壤中 As 含量最高，比对照高 11.78%。

表 4-9　不同鸡粪处理对黄瓜土壤中重金属含量的影响

处理	Cu /(mg/kg)	Zn /(mg/kg)	Cr /(mg/kg)	Cd /(mg/kg)	Ni /(mg/kg)	Pb /(mg/kg)	Hg /(mg/kg)	As /(mg/kg)
CK	24.882± 1.375a	77.762± 0.285a	12.012± 1.313a	0.439± 0.031a	13.366± 0.501ab	23.059± 0.25ab	1.626± 0.091a	1.715± 0.163a
低量新鲜鸡粪	24.602± 0.357a	79.034± 2.396a	12.514± 0.01a	0.396± 0.033ab	13.803± 0.401ab	24.719± 0.019ab	1.176± 0.093b	1.105± 0.043b
高量新鲜鸡粪	24.963± 1.473a	77.192± 6.009a	12.154± 0.533a	0.346± 0.032bc	12.643± 0.065b	22.89± 0.727ab	1.109± 0.079b	0.409± 0.016c
低量腐熟鸡粪	24.142± 0.017a	72.957± 0.523a	11.713± 1.088a	0.299± 0.032c	13.087± 0.1ab	23.126± 1.705ab	0.838± 0.058c	1.286± 0.1b
高量腐熟鸡粪	25.642± 0.005a	79.637± 1.153a	12.623± 0.332a	0.304± 0.033c	12.687± 0.557b	22.3± 0.506b	1.269± 0.121b	1.917± 0.048a

三、畜禽粪便在蔬菜重金属污染控制中存在的问题与研究展望

使用畜禽粪便后，畜禽粪便分解所产生的腐殖质含有一定量的有机酸、糖类、酚类及 N、S 的杂环化合物具有活性基团，与土壤中 Cu、Zn、Fe、Mn 等金属元素发生络合或螯合反应，影响土壤微量元素的有效性（Lu et al.，2014）。另外，畜禽粪便中的有机质在土壤中具有一定的还原能力，可促进土壤溶液中 Hg 和 Cd 形成硫化物而沉淀，减少水溶态，降低毒性。因此，畜禽粪便有机肥可以

改变土壤中重金属的化学行为，减少作物对重金属的吸收。但也存在相反报道。长期施用中、高量猪厩肥处理明显提高了稻田土壤中 Cu、Zn 和 Cd 的有效性，高量有机肥处理土壤中 Cu、Zn 和 Cd 有效态含量分别比对照增加了 65.8%、87.3%和 41.4%。在水稻土和赤红壤中施入含 Cu、Zn 和 As 的鸡粪和猪粪，粪肥处理土壤中有效态 Cu、Zn、As 含量分别提高了 5.2～19.4 mg/kg、4.0～65.9 mg/kg、0.011～0.034 mg/kg。连续施用猪粪水，土壤 DTPA-Cu、DTPA-Zn 含量明显增加。施用鸡粪、牛粪和猪粪后，土壤中有效态 Cu 的含量比对照分别增加了 5.2%、2.6%和 32.4%。施用鸡粪对土壤中 Zn 含量影响不大，但显著增加了土壤中的 Cu、Cd、Cr、Pb 含量；畜禽粪便能增加土壤中重金属的移动性，因为其所含有机酸能与金属结合形成水溶性化合物或胶体；而且有机酸能降低土壤 pH，增加重金属的可溶性。因此，畜禽粪便有机肥对土壤重金属有效态含量的影响比较复杂，与畜禽粪便有机肥种类、施用量、土壤类型有关。

　　有机资源循环利用是解决我国农村资源短缺、能源不足、土地生产力下降、环境污染等问题的有效途径。然而，由于畜禽粪便有机肥料中重金属对生态环境和人类健康构成了严重的威胁，成为影响和限制畜禽粪便有机肥在现代农业中利用的最主要因素。在安全施用畜禽粪便有机肥，实现养殖业与种植业的安全链接方面还存在着以下几个方面的问题：鉴于重金属具有难迁移、易富集、危害大等特点，要切实了解并掌握有机肥的重金属含量状况，选择重金属含量低的品种，杜绝重金属超标的畜禽粪便有机肥用于食用性农产品生产；通过化学法、生物吸附法、生物淋滤法、电化学法等有效手段，控制畜禽粪便有机肥的重金属含量，最大程度上降低重金属的生物有效性；在施用畜禽粪便有机肥料时，既要施用适量的畜禽粪便有机肥料发挥其对作物的良性作用，又要注重肥料用量、时间、技术的合理选择，最大程度上避免畜禽粪便有机肥料给作物和人类带来副作用；关于畜禽粪便中重金属污染问题，国外主要集中在污染现状调查及控制技术的研究上，国内在这两方面做了有益的尝试，但尚需加大研究力度和资金投入，针对畜禽粪便有机肥料重金属污染防治政策仍需进一步完善。

主要参考文献

白莉萍, 伏亚萍. 2009. 城市污泥应用于陆地生态系统研究进展[J]. 生态学报, 29(1): 416-426.

陈世俭. 2000. 泥炭和堆肥对几种污染土壤中铜化学活性的影响[J]. 土壤学报, 37(2): 280-283.

陈芝兰, 张涪平, 蔡晓布, 等. 2005. 秸秆还田对西藏中部退化农田土壤微生物的影响[J]. 土壤学报, 42(4): 696-699.

卢志红, 稽素霞, 张美良, 等. 2009. 长期定位施肥对水稻土壤磷素形态的影响[J]. 植物营养与肥料学报, 15(5): 1065-1071.

马宁宁, 李天来, 武春成, 等. 2010. 长期施肥对设施菜田土壤酶活性及土壤理化性状的影响[J]. 应用生态学报,

21(7): 1766-1771.

马晓霞, 王莲莲, 黎青慧, 等. 2012. 长期施肥对玉米生育期土壤微生物量碳氮及酶活性的影响[J]. 生态学报, 32(17): 5502-5511.

陶磊, 褚贵新, 刘涛, 等. 2014. 有机肥替代部分化肥对长期连作棉田产量、土壤微生物数量及酶活性的影响[J]. 生态学报, 34(21): 6137-6146.

王飞, 林诚, 李清华, 等. 2012. 长期不同施肥对南方黄泥田水稻子粒与土壤锌、硼、铜、铁、锰含量的影响[J]. 植物营养与肥料学报, 18(5): 1056-1063.

奚振邦, 王寓群, 杨佩珍. 2004. 中国现代农业发展中的有机肥问题[J]. 中国农业科学, 37(12): 1874-1878.

徐明岗, 李冬初, 李菊梅, 等. 2008. 化肥有机肥配施对水稻养分吸收和产量的影响[J]. 中国农业科学, 41(10): 3133-3139.

姚丽贤, 李国良, 党志, 等. 2008. 施用鸡粪和猪粪对 2 种土壤 As、Cu 和 Zn 有效性的影响[J]. 环境科学, 29(9): 2592-2598.

臧逸飞, 郝明德, 张丽琼, 等. 2015. 26 年长期施肥对土壤微生物量碳、氮及土壤呼吸的影响[J]. 生态学报, 35(5): 1445-1451.

张亚丽, 张娟, 沈其荣, 等. 2002. 秸秆生物有机肥的施用对土壤供氮能力的影响[J]. 应用生态学报, 13(12): 1575-1578.

Abuzaha T R, Abubaker S M, Tahboub A B, et al. 2010. Effect of organic matter sources on micronutrients and heavy metals accumulation in soil[J]. Journal of Food Agriculture & Environment, 8(3-4): 1199-1202.

Adeli A, Sistany K R, Tewolde H, et al. 2007. Broiler litter application effects on selected trace elements under conventional and no-till systems[J]. Soil Sci., 172: 349-365.

Berenguer P, Cela S, Santivery F, et al. 2008. Copper and zinc soil accumulation and plant concentration in irrigated maize fertilize with liquid swine manure[J]. Agron, 100: 1056-1061.

Diacono M, Montemurro F. 2010. Long-term effects of organic amendments on soil fertility[J]. Agronomy for Sustainable Development, 30(2): 401-422.

Dinesh R, Srinivasan V, Hamza S, et al. 2010. Short-term incorporation of organic manures and biofertilizers influences biochemical and microbial characteristics of soils under an annual crop [Turmeric(*Curcuma longa* L.)][J]. Bioresource Technology, 101(12): 4697-4702.

Govi M, Francioso O, Ciavatta C, et al. 1992. Influence of long-term residue and fertilizer applications on soil humic substances: a study by electrofocusing[J]. Soil Science, 154(1): 8-13.

Guo J H, Liu X J, Zhang Y, et al. 2010. Significant acidification in major Chinese croplands[J]. Science, 327(5968): 1008-1010.

Huang S, Rui W Y, Peng X X, et al. 2010. Organic carbon fractions affected by long-term fertilization in a subtropical paddy soil[J]. Nutrient Cycling in Agroecosystems, 86(1): 153-160.

Lazcano C, Gomez-Brandon M, Revilla P, et al. 2013. Short-term effects of organic and inorganic fertilizers on soil microbial community structure and function[J]. Biology and Fertility of Soils, 49(6): 723-733.

Lu D A, Wang L X, Yan B X, et al. 2014. Speciation of Cu and Zn during composting of pig manure amended with rock phosphate[J]. Waste and Management, 34(8): 1529-1536.

Schomberg H H, Endale D, Jenkins M, et al. 2008. Poultry litter induced changes in soil test nutrients of a cecil soil under conventional tillage and no-tillage[J]. Soil Sci. , 73: 154-163.

Tessier A, Campbell P G C, Bisson M. 1979. Sequential extraction procedure for the speciation of particulate trace metals[J]. Anal. Chem. , 51(7): 844-851.

Timo K, Cristina L F, Frank E. 2006. Abundance and biodiversity of soil microathropods as influenced by different types of organic manure in a longterm field experiment in Central Spain[J]. Applied Soil Ecology, 33(3): 278-285.

Wang K F, Peng N, Wang K R, et al. 2008. Effects of long-term manure fertilization on heavy metal content and availability in paddy soils[J]. Journal of Soil and Water Conservation, 22(1): 105-108.

Yang X Y, Ren W D, Sun B H, et al. 2012. Effects of contrasting soil management regimes on total and labile soil organic carbon fractions in a loess soil in China[J]. Geoderma, 177-178: 49-56.

Zhang H M, Xu M G, Zhang F. 2009. Long-term effects of manure application on grain yield under different cropping systems and ecological conditions in China[J]. Journal of Agricultural Science, 147(1): 31-42.

第五章 菜田重金属镉污染与植物修复

植物修复技术的思想是 1983 年由美国科学家 Chaney 提出的，利用植物富集土壤中的重金属清除土壤污染。相比较工程修复、化学固定、微生物修复这三种修复方法成本高，存在着占地，对土壤形成二次污染，去除效果不好和周期长等缺点，植物修复成本低廉，属于原位的、主动的修复，对环境扰动小，可适用于大面积处理，还能净化和美化环境以及增强土壤有机质和肥力。因此，目前植物修复是土壤重金属 Cd 污染的高效修复方法，成为国内外研究的热点。

第一节 植物修复原理与方法

一、植物修复种类及原理、方法

植物修复是指利用植物吸收土壤中的重金属，最终达到清除土壤中重金属的一类技术的总称，也称绿色修复或生物修复。按照修复机理不同可分为植物提取、植物稳定、植物挥发、植物降解、植物过滤。

植物提取是指重金属超积累植物(hyperaccumulator)从土壤中吸取一种或几种重金属，并将其转移、贮存到地上部分，随着收割并集中处理地上部分(填埋、焚烧、提取重金属等手段)，去除污染土壤中的重金属，将污染土壤中重金属浓度降低到安全范围，被认为是最经济、环保的植物修复技术(Li et al.，2018)(图 5-1)。英国、美国等发达国家已开发出多种耐重金属的草本植物，用于净化土壤中的重金属和其他污染物，并已将这些开发出来的草本植物推向商业化进程。

植物稳定需要将植物种植在重金属污染土壤中，利用植物根系对污染物的吸收、分解、氧化或还原、固定等作用，将有毒重金属转化为低毒性。这个方法并不能永久去除土壤中的重金属，只是降低了重金属的污染，如果环境发生改变，土壤中重金属的有效性可能会增强。

植物挥发是利用植物吸收土壤中的重金属，将其转化为低毒的易挥发状态，通过蒸腾作用从叶片气孔中散发到大气中。这个方法常适用于能以气态存在于环境中的重金属，如 Hg 和 As。

植物降解又称植物转化，指植物通过根系吸收重金属后，利用根际和土壤微

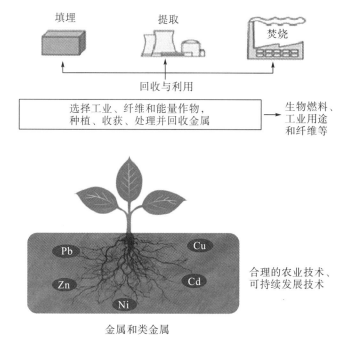

图 5-1 典型超积累或富集植物土壤修复模式

生物协调和代谢作用降解和去除重金属。植物代谢过程中产生的酶类对降解转化重金属起到了积极作用。

　　植物过滤是利用植物根系对水体中重金属污染物过滤、吸收和富集来去除重金属。适用于植物过滤方法的植物应该拥有根系生物量大或根表面积大的特点，可以积累和忍耐大量的金属，处理简单，维修费用很低，二次污染小。

二、植物修复研究与应用进展

　　目前植物修复途径主要包括两种：一是利用 Cd 超积累植物(叶片或地上部分 Cd 的累积量达到 100 mg/kg 以上的植物)的超强吸收能力，提取土壤中重金属 Cd。目前已发现的 Cd 超积累植物有东南景天(*Sedum alfredii* H.)、龙葵(*Solanum nigrum* L.)、黑麦草(*Lolium perenne* L.)、烟草(*Nicotiana tabacum* L.)、川蔓藻属 (*Ruppia*)、骆驼蹄瓣(*Zygophyllum fabago* L.)、拟南芥(*Arabidopsis thaliana*.L)、白三叶(*Trifolium repens*)、路易斯安娜鸢尾(*Iris hybrids 'Louisiana'*)等。金山的研究表明，白三叶对 Cd 的转运系数大于1，有很强的修复 Cd 污染土壤的潜能。研究显示，在 100 μmol/L CdCl$_2$ 处理下，路易斯安娜鸢尾(*Iris hybrids 'Louisiana'*)的叶内 Cd^{2+}含量可达 112.0 μg/g。这些超积累植物对土壤中高含量的 Cd 具有很强的忍耐性和吸收积累能力，但是生长周期长，生物量小，难以在 Cd 污染土壤中大范围使用。

另一种修复途径是，选用生长较为迅速、生物量较大、富集重金属能力相对较强的非重金属超积累植物，提取土壤中的 Cd。因此，菜田土壤 Cd 污染植物修复技术的关键在于选择生长迅速、生物量大、富集能力强、能够适应不同土壤和气候环境的 Cd 超积累植物(hyperaccumulator)。黑麦草(*Lolium perenne* L.)属禾本科牧草，在我国新疆、陕西、河北、湖南、贵州、云南、四川、江西等地广泛种植，具有生长快、分蘖再生能力强、产量高、耐寒、耐旱等特点，是重要的栽培牧草和绿化植物。研究表明黑麦草能富集重金属，在重金属污染土壤上种植有很强的抗性，还能在重金属污染较严重、环境恶劣的尾矿地区生存，甚至正常生长。李希铭(2016)分析 36 种常见草本植物和 2 种超富集植物在 Cd 胁迫下 Cd 耐性和富集特性差异发现，草本植物对低浓度 Cd 有较高的耐性，一年生黑麦草地上部 Cd 积累量最高，分别是超富集植物龙葵、印度芥菜的 3.4 倍和 4.1 倍。黑麦草对高浓度镉耐性较强，乔云蕾(2016)研究发现黑麦草对高浓度镉的富集作用高于低浓度镉，可作为高浓度 Cd 污染土壤的修复物种。徐佩贤等(2014)比较了 4 种草坪植物的耐 Cd 能力发现，随着 Cd 胁迫水平的增加，4 种植物地上部和根系的 Cd 含量和积累量也呈递增趋势，其中黑麦草根系中 Cd 含量最高，在 50～400 mg/kg Cd 处理下有较强的积累和耐受能力。魏树强(2014)的研究也确定了黑麦草对重金属 Cd 有较强的积累能力，在 20 mg/L Cd^{2+} 处理下，黑麦草地上部 Cd 含量达到 450.80 mg/kg，地下部 Cd 含量达到 6633 mg/kg。黑麦草对重金属复合污染土壤修复效果显著，2016 年冯鹏等在土壤 Cd、Pb 复合胁迫条件下发现多年生黑麦草对 Cd 离子的吸收富集效应较 Pb 离子更为显著。不同品种黑麦草对 Cd 胁迫表现出不同的反应，黄登峰等将 OverseederⅡ和 Aubisque 品种黑麦草放在不同镉处理条件下，发现 Aubisque 品种黑麦草抗氧化酶活性更强，渗透调节水平更具适用性，说明其对 Cd 胁迫有更好的耐受性。

第二节　植物修复影响蔬菜吸收重金属的生理机理

一、植物修复对蔬菜吸收重金属镉的影响及作用机制

黑麦草(*Lolium perenne* L.)为一年生或多年生草本植物，是禾本科中产量较高的一种牧草。有研究报道，黑麦草对土壤重金属具有较强的富集作用，同时建植速度快、分蘖力强，能够迅速覆盖地面，可作为土壤重金属修复植物(徐卫红等，2007)。我们于 2014 年 3 月～2014 年 7 月在重庆市潼南区双坝村采用大田试验以番茄(*Lycopersicon esculentum* Mill.)、黑麦草(*Lolium perenne* L.)研究了黑

麦草修复土壤 Cd 污染对蔬菜 Cd 含量及积累量的影响。在番茄幼苗移栽 15d 后在两株番茄之间播撒黑麦草种子，40 粒/穴。

（一）根尖细胞超显微结构

由图 5-2 可见，黑麦草缓解了 Cd 对番茄根尖细胞的损害。对照中，2 个番茄品种根尖细胞结构遭到明显毒害，细胞畸形，细胞壁变薄，质壁处于分离状态，无明显的细胞器，充满了内含物，整个细胞处于溶解状态。黑麦草修复下，2 个番茄品种根尖细胞相对较为完整，细胞壁增厚，明显可见细胞质、液泡、线粒体，部分可见细胞核、核膜。

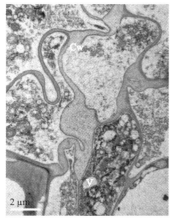
（a）"Cd"处理(对照)下德福mm-8
的根尖细胞超显微结构

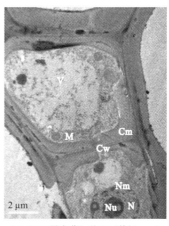
（b）"Cd+黑麦草"处理下德福mm-8
的根尖细胞超显微结构

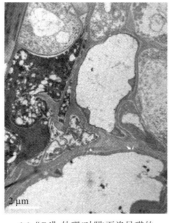
（c）"Cd"处理(对照)下洛贝琪的
根尖细胞超显微结构

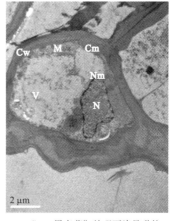
（d）"Cd+黑麦草"处理下洛贝琪的
根尖细胞超显微结构

图 5-2　土培番茄根尖细胞超显微结构

注：Cw，细胞壁；Cm，细胞膜；M，线粒体；N，细胞核；Nm，核膜；V，液泡。

根系是植物直接同土壤介质接触的部位，当土壤中 Cd 浓度过高时，会影响植物根系细胞结构和功能。通过观察番茄根尖细胞超显微结构可判断根系健康与否。我们观察到在 Cd(20 mg/kg) 胁迫下，2 个番茄品种根尖细胞均不完整，且遭到严重毒害，细胞畸形，细胞器几乎全部溶解，有很多内含物，细胞壁变薄，质壁发生分离。在黑麦草修复下，不同程度减轻了 Cd 对 2 个番茄品种根尖细胞的毒害，可观察到细胞结构趋于完整，部分细胞器清晰可见，细胞核及核膜界限也比较清晰。细胞核是贮存、复制和表达遗传信息的场所，是细胞的生命活动和遗传特征的调控中心，细胞核和核仁的破坏将会严重影响细胞内蛋白质的合成及细胞分化。"Cd"处理(对照)下，2 个番茄品种根尖细胞中均不见细胞核；而在"Cd+黑麦草"处理下，2 个番茄品种根尖细胞中均可见细胞核，但部分细胞核中无核仁，且部分核质已流入细胞质中。质膜是控制细胞内外信号传递与物质交换的场所，可维持细胞内的稳定性。"Cd"处理(对照)下，2 个番茄品种根尖细胞质质膜内陷，细胞处于解体状态；而"Cd+黑麦草"处理下，2 个番茄品种根尖细胞质均趋于正常水平。线粒体是产生 ATP 的细胞器，正常情况下，线粒体呈比较规则的球形或椭球形，双层被膜结构完整，嵴清晰可见，呈随机排列，在细胞质基质中少量分布。"Cd"处理(对照)下的 2 个番茄品种根尖细胞内线粒体基本消失；而"Cd+黑麦草"处理下，部分细胞可见线粒体，且有少部分线粒体结构正常，但数量不多。液泡的内部是一个水溶体系，含有大量的离子和代谢物质。我们发现，"Cd"处理(对照)下的 2 个番茄品种根尖细胞中的液泡膜均被损坏，且胞浆中可见大量电子颗粒；在"Cd+黑麦草"处理下，2 个番茄品种根尖细胞中均可见液泡。细胞壁具有保护和支持作用，并且与植物的蒸腾作用、物质的运输、水势的调节和化学信号、物理信号的传递有关。"Cd"处理(对照)下的 2 个番茄品种根尖细胞壁均出现质壁分离现象，细胞壁很薄，细胞间间隙大，部分细胞壁断裂，而"Cd+黑麦草"处理下，细胞壁趋于正常，细胞膜清晰可见，细胞间隙变小。

(二)Cd 含量及积累量

由表 5-1 可见，除了番茄果实外，番茄各部位 Cd 含量和积累量在 2 个品种间和不同处理间的差异均达到显著水平。番茄各部位 Cd 含量的大小顺序为叶＞根＞茎＞果实。与对照相比较，"Cd+黑麦草"处理使番茄果实、叶、茎和根中的 Cd 含量不同程度降低，Cd 含量降低幅度分别为 17.5%和 28.4%、18.5%和 9.4%、15.2%和 13.5%、27.0%和 20.6%。番茄植株各部位 Cd 积累量的大小顺序为叶＞茎＞果实＞根。其中，叶、茎积累量分别为植株 Cd 总积累量的 57.1%和 33.4%，果实 Cd 积累量仅为植株 Cd 总积累量的 5.2%。与对照相比较，"Cd+黑麦草"处理降低了茎 Cd 积累量和植株 Cd 全量，还降低了"德福 mm-8"果实 Cd 积累量(16.7%)。2 个番茄品种果实 Cd 积累量及植株全 Cd 含量以"洛贝琪"＞"德福 mm-8"。

表 5-1　不同处理对番茄 Cd 积累的影响

处理	Cd 含量/(mg/kg)								Cd 积累量/(mg/pot)								Cd 总量/(mg/kg)	
	果实		叶		茎		根		果实		叶		茎		根			
	德福 mm-8	洛贝琪	德福 mm-8	洛贝琪	德福 mm-8	洛贝琪	德福 mm-8	洛贝琪	德福 mm-8	洛贝琪	德福 mm-8	洛贝琪	德福 mm-8	洛贝琪	德福 mm-8	洛贝琪	德福 mm-8	洛贝琪
Cd	8.79	7.97	117.63	107.85	35.75	42.58	40.37	48.99	0.126	0.119	1.362	1.165	0.958	1.086	0.086	0.117	2.53	2.49
Cd+黑麦草	7.25	5.71	95.85	97.70	30.31	36.84	29.49	38.91	0.105	0.163	1.348	1.204	0.913	0.833	0.066	0.097	2.43	2.30
$LSD_{0.05}$																		
番茄品种	0.65		0.83		2.50		1.42		0.005		0.007		0.041		0.023		0.110	
试验处理	0.87		2.79		1.61		1.13		0.024		0.033		0.036		0.017		0.062	
番茄品种× 试验处理	1.53		1.71		1.97		0.92		0.017		0.022		0.037		0.011		0.087	

注：$LSD_{0.05}$ 为差异显著性达到 95% 的 t 检验值。LSD 法多重比较都不显著大于 0.05。

　　供试 2 个番茄品种 Cd 主要累积于叶、茎和根中，积累较少的是果实。番茄果实干样中 Cd 含量＞3.0 mg/kg，除以番茄果实的水分系数（平均为 16.5），番茄果实鲜样中 Cd 含量＞0.3 mg/kg，远远高于国家对蔬菜和水果的 Cd 限量标准（≤0.05 mg/kg），说明番茄不但对 Cd 有较强的迁移能力，而且在可食部位对 Cd 也有很强的富集能力。显示在 Cd 污染较重的地区，种植番茄可能存在果实产品受 Cd 污染的风险。"Cd+黑麦草"处理降低了茎 Cd 积累量和植株 Cd 全量，原因可能是黑麦草根部与番茄根部竞争吸收 Cd 从而降低了 Cd 离子在番茄体内的浓度。我们也发现，"Cd+黑麦草"处理降低了"德福 mm-8"果实 Cd 积累量，但增加了"洛贝琪"果实 Cd 积累量，且各部位 Cd 含量及积累量在 2 个品种间和不同处理间的差异均达到显著性水平。该结果进一步印证了番茄对 Cd 的耐性和 Cd 吸收、果实 Cd 蓄积存在基因型差异。

二、植物修复对菜田重金属形态转化与生物有效性的影响及机制

（一）土壤中 Cd 形态及 Cd 含量

　　如表 5-2 可见，土壤中 Cd 形态含量的大小顺序为残渣态（Res-Cd）＞铁锰氧化态（FeMn-Cd）＞碳酸盐态（CAB-Cd）＞可交换态（EXC-Cd）＞有机态（OM-Cd）。与番茄套种黑麦草或接种丛枝菌根均降低了土壤中可交换态（EXC-Cd）、碳酸盐态（CAB-Cd）和铁锰氧化态（FeMn-Cd）Cd 含量，其中种植 2 个番茄品种土壤中 CAB-Cd 的降幅分别为 26.4% 和 32.8%；FeMn-Cd 降幅分别为 5.8% 和 14.8%。套种

表 5-2　黑麦草对土壤 Cd 形态及 Cd 含量的影响　　　　　（单位：mg/kg）

处理	可交换态（EX-Cd）		碳酸盐态（CAB-Cd）		铁锰氧化态（FeMn-Cd）		有机态（OM-Cd）	
	德福mm-8	洛贝琪	德福mm-8	洛贝琪	德福mm-8	洛贝琪	德福mm-8	洛贝琪
对照	0.021±0.004a	0.024±0.004a	0.662±0.02a	0.800±0.02a	0.787±0.02a	0.937±0.02a	＜0.005	＜0.005
黑麦草	＜0.005b	0.014±0.008b	0.487±0.05bc	0.537±0.02b	0.512±0.02c	0.612±0.05b	＜0.005	＜0.005

处理	残渣态		（Res-Cd）		Cd 总提取量	
	德福mm-8	洛贝琪	德福mm-8	洛贝琪	德福mm-8	洛贝琪
对照	1.525±0.04a	1.775±0.04a	2.995±0.01a	3.536±0.005a	3.011±0.05a	3.638±0.05a
黑麦草	1.437±0.05a	1.512±0.02a	2.437±0.12bc	2.676±0.01bc	2.451±0.07b	2.687±0.30b

注：不同字母表示不同处理之间的差异达到显著性水平（$P<0.05$）。

黑麦草降低了种植 2 个番茄品种土壤中的 Res-Cd 含量，黑麦草降低 Res-Cd 含量的降幅分别为 5.8% 和 8.2%。

(二) 番茄各部位 Cd 与土壤中全 Cd 及其形态的相关性

通过对番茄各部位 Cd 含量与土壤中全 Cd 及其形态的相关性分析发现 (表 5-3)，除了果实与根、叶间 Cd 含量未达到显著水平外，番茄中各部位 Cd 含量的相关性均达到了显著水平，叶、根、茎之间 Cd 含量的相关性达到极显著水平。其中根与叶、根与茎、叶与茎中 Cd 的相关系数分别为 0.943、0.792、0.798。土壤中全 Cd、FeMn-Cd、CAB-Cd、EX-Cd 之间相关性均达到极显著水平，其中全 Cd 与 FeMn-Cd、全 Cd 与 CAB-Cd、全 Cd 与 EX-Cd、FeMn-Cd 与 CAB-Cd、FeMn-Cd 与 EX-Cd、CAB-Cd 与 EX-Cd 之间的相关系数分别为 0.890、0.863、0.740、0.877、0.802、0.774；而有机态和残渣态与土壤中全 Cd 及其他形态间均无显著相关性。番茄各部位的 Cd 含量与土壤中全 Cd 及 FeMn-Cd、CAB-Cd、EX-Cd 之间均达到显著相关性，其中根、茎、叶中 Cd 与土壤 EX-Cd 之间的相关性达到极显著水平，其相关系数分别为 0.785、0.777、0.747；番茄根、茎中 Cd 与土壤 CAB-Cd 也达到极显著相关性，其相关系数分别为 0.643、0.686；番茄根中 Cd 与土壤 FeMn-Cd 之间的相关性也达到极显著水平，其相关系数为 0.712；番茄果实中 Cd 与土壤 EX-Cd、FeMn-Cd 之间达到显著相关性，其相关系数分别为 0.594、0.509。

表 5-3　番茄各部位 Cd 含量与土壤中全 Cd 以及 Cd 形态的相关系数

	根-Cd	茎-Cd	叶-Cd	果实-Cd	Total-Cd	EX-Cd	CAB-Cd	FeMn-Cd	OM-Cd	Res-Cd
根-Cd	1									
茎-Cd	0.792**	1								
叶-Cd	0.943**	0.798**	1							
果实-Cd	0.429	0.609*	0.340	1						
Total-Cd	0.578*	0.508	0.450	0.457	1					
EX-Cd	0.785**	0.777**	0.747**	0.594*	0.740**	1				
CAB-Cd	0.643**	0.686**	0.560*	0.407	0.863**	0.774**	1			
FeMn-Cd	0.712**	0.608*	0.611*	0.509*	0.890**	0.802**	0.877**	1		
OM-Cd	—	—	—	—	—	—	—	—	1	
Res-Cd	-0.026	0.031	-0.112	-0.133	0.145	0.071	0.147	0.241	—	1

注：样本数为 16，Total-Cd 表示土壤中全 Cd，** 表示 $P < 0.01$，* 表示 $P < 0.05$。

我们研究发现，番茄叶、根、茎之间 Cd 含量的相关性达到极显著水平，说明番茄叶和茎中 Cd 主要来源于根中。而果实中 Cd 与茎中 Cd 之间存在显著相关性，说明果实中 Cd 主要来源于茎中。土壤中全 Cd、FeMn-Cd、CAB-Cd、EX-Cd

之间相关性均达到极显著水平，说明土壤中全 Cd 与活性较高的 FeMn-Cd、CAB-Cd、EX-Cd 之间相互转化；而活性较低的有机态 Cd 和残渣态 Cd 与土壤全 Cd 及其他形态间均无显著相关性。说明土壤中有机态 Cd 和残渣态 Cd 相对稳定。番茄各部位的 Cd 含量与土壤中全 Cd 及 FeMn-Cd、CAB-Cd、EX-Cd 之间均达到显著相关性，说明番茄各部位中的 Cd 主要来源于土壤中全 Cd 和活性较高的 FeMn-Cd、CAB-Cd、EX-Cd。可见番茄会吸收土壤中全 Cd 及其活性较高的 EX-Cd、CAB-Cd 和 FeMn-Cd，通过根对土壤中 Cd 的吸收，从而转运到茎叶中，进而转运到果实中，降低果实品质。

第三节　植物修复影响蔬菜吸收重金属镉的分子机理

一、植物修复的分子机理

金属转运蛋白在植物根系对 Cd 的吸收中起到重要作用。这些重金属转运蛋白位于植物体不同器官和不同细胞的不同位置上，其表达量各不相同，多数耐 Cd 基因通过调控蛋白表达，从而调节植物对镉离子的吸收和积累。为缓解金属离子对植物细胞的伤害，植物细胞中含有多种金属螯合剂。这些金属螯合剂通过螯合金属离子，减轻重金属对植物的伤害，从而提高植物的耐受性。同种植物不同品种之间对 Cd 的吸收和积累存在较大差异，这种差异主要与基因型有关。因此对植物镉耐性/转运相关基因的研究能够揭示不同植物镉积累差异的机理，并可通过基因工程培育耐 Cd 作物品种或 Cd 超积累植物。目前对 Cd 吸收转运相关基因已有较多研究，研究主要集中在重金属转运基因家族和重金属螯合蛋白等领域。锌铁调控蛋白 ZRT/IRT-likeprotein，即 ZIP 家族蛋白在植物根系吸收 Cd 的过程中起着重要作用。在拟南芥中过量表达 IRT1 基因，使根部积累更多 Fe^{2+} 和 Cd^{2+}，显示 IRT1 与 Cd 吸收有关(He et al.，2018)。重金属 P-ATP 酶亚族 HMA 家族基因在木质部装载 Cd^{2+} 过程中也起着重要作用。Li 等(2018)对甘蓝型油菜的转录组学分析和甘蓝型油菜叶片对 Cd 胁迫的响应结果表明，BnHMA2、BnHMA3 可能在甘蓝型油菜叶片 Cd 转运中起重要作用。拟南芥中 AtHMA2、AtHMA4 的过量表达显著提高了叶片的 Zn、Cd 含量。2018 年 Wang 等发现 GmHMA3w 的过表达增加了水稻根中 Cd 的浓度，降低了水稻茎中 Cd 的浓度，同时促进了 Cd 从细胞壁部分向细胞器部分的转运，将 Cd 隔离到根内质网中，从而限制了 Cd 向茎的转运。大量研究显示，天然抗性相关巨噬细胞蛋白(NRAMP)基因家族是古老的膜整合转运蛋白家族，参与了金属离子镉的吸收转运(Meng et al.，2017)。高镉积累水稻品种根系 *OsNRAMP5* 的表达量高于低镉积累品种(Zhao et al.，2017)。*AtNRAMP1*、*AtNRAMP3* 及 *AtNRAMP4* 等可通过介导拟南芥 Cd 的转运，调控植株 Cd 和 Fe 毒性的作用。*CAX* 是一种液泡膜转运体，其可能的主要作用是负责将重金属镉转移到内质网、液泡等细胞器内，以缓解重金属镉毒害并保持细胞的离子稳态。*OsCCX2* 是水稻中一个节点表达的转运蛋白基因，能够介导 Cd 在水稻中积累，该基因的破坏能够降低 Cd 从根到茎的转运率，敲除 *OsCCX2*，水稻中 Cd 含量显著降低。植物根系吸收的 Cd 大部分被固定在根内，只有少部分 Cd 通过木质部导管运输至地上部。进入根细胞内的 Cd 能与金属螯合蛋白，如金属硫蛋白(MTs)和植物络合素(PCs)或小分子有机物，如谷胱甘肽(GSH)、有机酸等结合形成稳定的复合物，经转运蛋白转入液泡中固定下来。2018 年 Wang 等发现拟南芥中 35S::*VsPCS1*/*AtPCS1*(*AtPCS1* 缺失突变背景下)转基因植株叶肉细胞质中 Cd 荧光强度显著降低，液泡中 Cd 荧光强度增强，表明拟南芥 Cd 耐受性强，可能是与 PC 螯合的 Cd 被隔离到液泡中。此外，根细胞壁含有大量的果胶类物质、蛋白质、糖基等也能和 Cd 结合(Li et al.，2017)。在拟南芥中，*VsPCS1* 的过表达(35S::*VsPCS1*，野生型背景)可以弥补 *AtPCS1* 缺失突变体(*AtPCS1*)导致的 Cd 耐受性缺陷。

　　我们于 2016 年 3 月 7 日~2016 年 5 月 29 日采用大田试验以黑麦草(品种为邦德和阿伯德)为试验材料研究了两个品种黑麦草在不同 Cd 污染水平(0、75、150、300 及 600 mg/kg)下 Cd 含量及积累量的差异。并通过 qRT-PCR 探究 Cd 胁迫下 *OAS*、*IRT*、*HMA*、*NRAMP*、*CAM*、*PCS* 和 *MT* 等 7 种镉耐性和转运基因的表达情况(相关基因选择参照表 5-4)。对黑麦草基因家族成员序列进行 BLAST 和多重比对(Vector NTI Advance 11.51)，设计 25 种基因的 RT-PCR 特异引物(引物见表 5-5)。所有引物均由南京金斯瑞生物科技有限公司合成。RT-PCR 扩增电泳结果详见图 5-3。

表 5-4　镉耐性和转运基因选择

基因名称	基因符号	编码蛋白	文献来源
钙调蛋白基因	*TcCaM2*	钙调蛋白	张国君(2013)
植物络合素合酶基因	*AtPCS1* *BjPCS1*	植物络合素	Negrin 等(2017)
金属硫蛋白基因	*BjMT2*	金属硫蛋白	张艳(2007) An 等(2006)
OASTL 基因	*OAS*	*O*-乙酰-丝氨酸巯基裂合酶	王思冕(2015)
HMA 家族	*HMA2* *HMA3* *HMA4*	相关 ATP 酶	Mills 等(2003) Hussain 等(2004) 王晓桐等(2014) Bernard 等(2004)

基因名称	基因符号	编码蛋白	文献来源
NRAMP 家族	*AtNRAMP3* *AtNRAMP4*	编码金属离子转运蛋白	Meng 等 (2017)
ZIP 家族	*IRT1*	编码质膜转运体	马晓晓 (2015) Clemens (2001)

表 5-5　黑麦草镉耐性和转运基因 qRT-PCR 引物

基因	引物	序列 (5′→3′)	退火温度/℃
OAS1	FLmOAS1q (正向引物)	5′-GCTGGTTGGAATATCTTCTGGC-3′	61.5
	RLmOAS1q (反向引物)	5′-CCATGCTCTCAGCCTCCTTCT-3′	
OAS2	FLmOAS2q	5′-GCTGGTTGGAATATCTTCCGGT-3′	61.5
	RLmOAS2q	5′-CATGTTCTCGGCCTTCCTCC-3′	
OAS3	FLmOAS3q	5′-GCAAAGCAGTTGGCTCTTCAG-3′	61.5
	RLmOAS3q	5′-CTGCTCGCACTCTTCTCTGATG-3′	
OAS4	FLmOAS4q	5′-GTTACCACGGGAGAGGCAGT-3′	61.5
	RLmOAS4q	5′-CGGAACAGGATGCTAGAGATGT-3′	
OAS5	FLmOAS5q	5′-AGGTGAAAGGTGAGGATGCTG-3′	61.5
	RLmOAS5q	5′-CAGCTTCCTTCCTCAAACCCT-3′	
OAS6	FLmOAS6q	5′-CACTGAGGATGCAATGACGAAC-3	61.5
	RLmOAS6q	5′-CAGTGGCAAAGAGGTCCGAGTT-3′	
OAS7	FLmOAS7q	5′-AGTCATCGACGAAGTGGTCACT-3′	61.5
	RLmOAS7q	5′-TGCTGCAAAGAGGTGTGAGTC-3′	
OAS8	FLmOAS8q	5′-GGTGATTGACGAGATCCTTGCA-3′	61.5
	RLmOAS8q	5′-TTCCACGAAGAGGTCAGAGGAA-3′	
OAS9	FLmOAS9q	5′-GGTCACACAAGATTCAGGGTACA-3′	61.5
	RLmOAS9q	5′-GTCACATTCCTCCCTAACAAGTG-3′	
IRT4	FLmIRT4q	5′-CCGAAACGATCCGTCACAGA-3′	61.5
	RLmIRT4q	5′-AAGAAGGTCGCCATGAGCAC-3′	
ITR6	FLmIRT6q	5′-GAAGCAGAAGATGGTCTCCAAG-3′	61.5
	RLmIRT6q	5′-CACATGTAACCCACTGTTGCCA-3′	
ITR7	FLmIRT7q	5′-GCTCCGTCGTGGTGTCACAG-3′	61.5
	RLmIRT7q	5′-GCTCCGTCGTGGTGTCACAG-3′	
ITR8	FLmIRT8q	5′-TCCGAGGACGAAAAGGACAC-3′	61.5
	RLmIRT8q	5′-CAGAAGAAGAGGATCATGGTCAC-3′	
ITR10	FLmIRT10q	5′-CCATGGGAGCGAGGAGAGAC-3′	61.5
	RLmIRT10q	5′-AGCCATGAGGAGTGCAGAGA-3′	

续表

基因	引物	序列（5′→3′）	退火温度/℃
HMA2	FLmHMA2q	5′-CTGCCGCCCATCATCCTCA- 3′	61.5
	RLmHMA2q	5′-CTTCACATCCTGGCAAGCAAC- 3′	
HMA3	FLmHMA3q	5′-TCGAGACCCTGGCTTGCAC- 3′	61.5
	RLmHMA3q	5′-CTGCTTGGGCACCGGATAA- 3′	
NRAMP2	FLmNRAMP2q	5′-GTGGTTACGAGCAATGATCACAC- 3′	61.5
	RLmNRAMP2q	5′-CGGACTTCGTCGGTATAGAAGGA- 3′	
NRAMP6	FLmNRAMP3q	5′-CTGAGGGCGCTGATAACCAGA- 3′	61.5
	RLmNRAMP3q	5′-CAGCCACTGTCCAGGTTACAG- 3′	
NRAMP6L	FLmNRAMP6Lq	5′-AGCTGTCGCTCTGTACTTCAAC- 3′	61.5
	RLmNRAMP6Lq	5′-TTGATCACGATTGGCAGAGACG- 3′	
MT1	FLmMT1q	5′-GGATGTCTTGCAGCTGTGGAT- 3′	61.5
	RLmMT1q	5′-CCGGAGGCCATCTCAAACT- 3′	
MT2A	FLmMT2Aq	5′-CATCATGTCGTGCTGCGGT- 3′	61.5
	RLmMT2Aq	5′-CACTTGCAGCCTCCGTTCT- 3′	
MT2B	FLmMT2Bq	5′-GGAAGGAGAATGTCTTGCTGCA- 3′	61.5
	RLmMT2Bq	5′-ACTTGCAGGTGGTGCAGTC- 3′	
MT2C	FLmMT2Cq	5′-GAAGATGTCTTGCTGCTCAGGA- 3′	61.5
	RLmMT2Cq	5′-TGGTGCCGCAGTTGCACTT- 3′	
PCS	FLmPCSq	5′-CGCTCTCCGTCGTCCTCAAC- 3′	61.5
	RLmPCSq	5′-TGGATGGTGGTCTGGTCTGC- 3′	
CAM	FLmCAMq	5′-GAGCAGATCGCCGAGTTCAAGGA- 3′	61.5
	RLmCAMq	5′-AANGCCTCCTTGAGCTCCTCCTC- 3′	

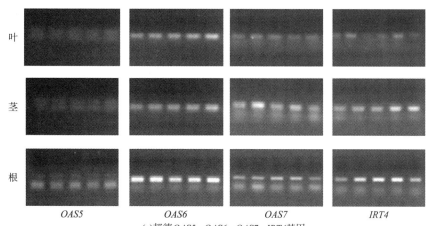

(a)邦德OAS5、OAS6、OAS7、IRT4基因

注：从上到下分别为叶、茎、根中OAS5、OAS6、OAS7、IRT4表达情况

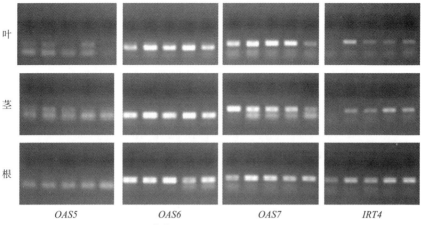

叶　茎　根

OAS5　　　　OAS6　　　　OAS7　　　　IRT4

(b)阿伯德OAS5、OAS6、OAS7、IRT4基因

注：从上到下分别为叶、茎、根中OAS5、OAS6、OAS7、IRT4表达情况

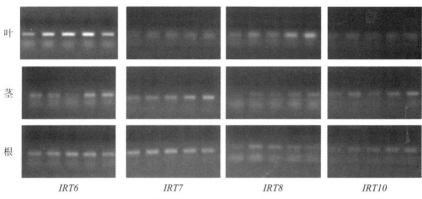

叶　茎　根

IRT6　　　　IRT7　　　　IRT8　　　　IRT10

(c)邦德IRT6、IRT7、IRT8、IRT10基因

注：从上到下分别为叶、茎、根中IRT6、IRT7、IRT8、IRT10表达情况

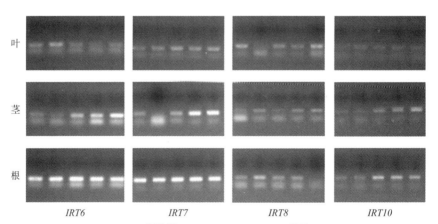

叶　茎　根

IRT6　　　　IRT7　　　　IRT8　　　　IRT10

(d)阿伯德IRT6、IRT7、IRT8、IRT10基因

注：从上到下分别为叶、茎、根中IRT6、IRT7、IRT8、IRT10表达情况

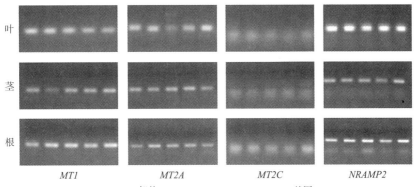

(e)邦德*MT1*、*MT2A*、*MT2C*、*NRAMP2*基因

注：从上到下分别为叶、茎、根中*MT1*、*MT2A*、*MT2C*、*NRAMP2*表达情况

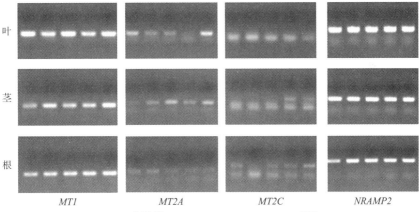

(f)阿伯德*MT1*、*MT2A*、*MT2C*、*NRAMP2*基因

注：从上到下分别为叶、茎、根中*MT1*、*MT2A*、*MT2C*、*NRAMP2*表达情况

图 5-3　邦德、阿伯德中 *OAS*、*IRT*、*MT* 和 *NRAMP* 家族基因 RT-PCR 扩增电泳结果

（一）重金属镉转运基因家族

1.*OAS* 基因家族

OASTL（*O*-乙酰基-丝氨酸（硫醇）连接酶）可以影响植物体内络合素的合成和活性，进而对植物细胞解毒和重金属富集作用产生影响，是决定植物重金属抗性的重要原因之一（王思冕，2015），也是生物体内影响生命活动的关键基因。近些年来，过量表达 *OASTL* 植株已经获得，这些植株能够提高 *OAS* 含量，增强重金属胁迫能力，缓解 Cd 离子的毒害。陈永快（2010）对具有 Cd 高积累性的小白菜品种克隆到了 *OAS-TL* 基因家族中两个基因的全长。2012 年 Dominguez-Solis 等研究拟南芥中过量表达 *OAS-TL* 基因发现，在 Cd 水平为 250 μmol/L 的 Cd^{2+} 介质中，转基因的拟南芥相比野生型拟南芥耐 Cd 能力提升了 9 倍，叶部也积累了较多的 Cd。

　　我们研究发现，黑麦草中所检测的两个 *OAS* 基因的表达对不同镉处理的反应趋势不同，可分为双峰型和单峰型两类(图 5-4)。邦德和阿伯德这两个品种黑麦草叶片中 *OAS* 基因的表达量变化均呈单峰型曲线，均在镉处理水平为 150 mg/kg 时上调至最高，但在高镉水平为 300 和 600 mg/kg 时回落。关于茎中 *OAS* 基因表达量变化，邦德表现为双峰型曲线，而阿伯德表现为单峰型曲线，各胁迫条件下 *OAS* 基因表达量或多或少地高于对照处理，这与随着镉水平升高植物中镉积累量升高相符。关于根部 *OAS* 基因表达量变化，邦德主要为单峰型曲线，阿伯德主要为双峰型曲线。当镉处理水平为 75 和 150 mg/kg 时，邦德品种的 *OAS* 基因表达量较高，而当镉处理水平为 300 和 600 mg/kg 时则阿伯德的 *OAS* 基因表达量较高，这可能是由于阿伯德品种较邦德在高水平镉处理下耐镉能力较强，随着镉水平的成倍增加其 *OAS* 基因的表达量突然提升，这与阿伯德镉积累量高于邦德相符。比较黑麦草各部位 *OAS* 基因的表达量的差异可见叶略高于根和茎，基因家族各成员内的反应趋势总体一致。比较两个品种发现，整体上以邦德品种的 *OAS* 基因表达量高于阿伯德品种。

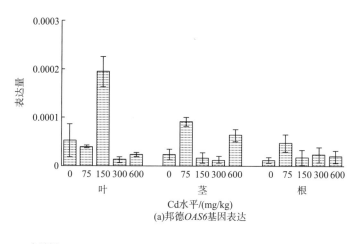

(a)邦德*OAS6*基因表达

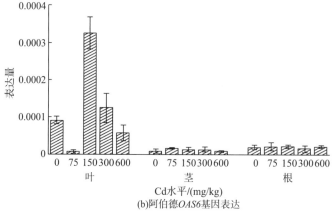

(b)阿伯德*OAS6*基因表达

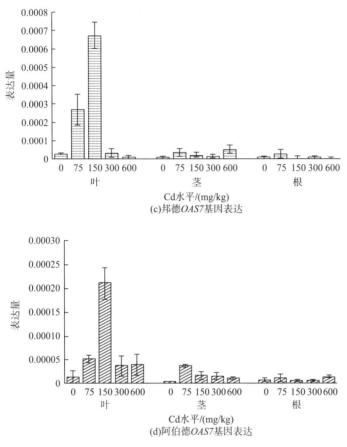

(c)邦德*OAS7*基因表达

(d)阿伯德*OAS7*基因表达

图 5-4　黑麦草根、茎、叶中 *OAS* 家族基因的实时荧光定量 PCR 分析

　　我们研究显示，邦德和阿伯德叶片在 150 mg/kg Cd 胁迫水平，以及茎和根部在 75 mg/kg Cd 水平时 *OAS* 系列基因表达量最高，但随着镉胁迫水平的增加，其表达量适当下降，在最高 Cd 胁迫水平下适当提升，说明 *OAS6*、*OAS7* 对缓解镉胁迫起主要作用。整体上，邦德 *OAS* 基因的表达量高于阿伯德，可见两个品种之间存在差异。对比黑麦草各部位中 *OAS* 基因的表达量，基本为叶大于根和茎，这与王思冕(2015)的研究结果中羽衣甘蓝叶片的 *OAS-TL* 转录表达量高于根一致。说明 *OAS* 基因在叶中的作用较大，可能是根和茎相比于叶片更直接接触 Cd，生理能力受限，所以可以加强根和茎中 *OAS* 基因的表达量以提高黑麦草的耐性，并且促进叶中 *OAS* 表达量以提高根和茎的镉向叶片中转化。

2.*IRT* 家族基因

　　ZIP 基因即锌铁调控蛋白基因，是一个超家族，广泛存在于各类生物中，负责 Zn 和 Fe 的转运，当然也包括其他转运对象，如 Mn^{2+} 及 Cd^{2+} 等二价阳离

子。在超积累植物中，遏蓝菜的 *NcZNT1* 是首个被发现的 *ZIP* 家族成员，其在酵母体内表达后，高亲和吸收 Zn^{2+}、低亲和吸收 Cd^{2+}。但 Milner 等(2012)对 *NcZNT1* 进行深入研究得到不同结论：*NcZNT1* 可参与根系细胞对 Zn 的吸收以及 Zn 在木质部的长距离运输，但不会参与 Fe、Cd 等的跨膜运输。在高峻(2013)的研究中发现，*ZIP* 转运蛋白可能参与了东南景天对 Zn、Cd 的吸收转运过程；超积累东南景天中 *ZIP1* 的表达水平比非超积累东南景天生态型高出近 100 倍(Gao et al., 2014)。*IRT1* 作为 Fe 转运体(Barberon et al., 2014)，在水稻中过表达后，也能使水稻各个部位的 Zn 含量提高，虽然过表达 *IRT1* 使水稻耐铁不足，但会引起水稻矮小，分蘖减少以及对高浓度镉十分敏感，因而水稻中的 *IRT1* 基因不仅可以转运铁，还可能参与 Cd、Zn 的转运。贺晓燕(2011)的研究则发现萝卜中 *RsIRT1* 基因参与萝卜对 Fe 和 Cd 的吸收及转运过程，受外源镉胁迫以及铁匮乏诱导时，叶片和根系中 *RsIRT1* 的表达量均高于单独镉胁迫或者铁匮乏时。

从图 5-5 中可知，黑麦草中所检测的 5 个 *IRT* 基因的表达对不同镉处理的反应趋势基本表现为单峰型曲线和双峰型曲线两类。邦德和阿伯德这两个品种叶片中 *IRT* 基因家族的表达趋势基本符合单峰型曲线特征，在 75 和 150 mg/kg 镉水平时显著上调高于对照，在 300 和 600 mg/kg 镉处理水平时有一定回落，可能是由于高镉处理下黑麦草生长受阻，镉对黑麦草产生毒害作用，代谢水平受到抑制。两个品种黑麦草茎中 *IRT* 基因的表达量变化表现为双峰型和单峰型曲线特征，均在 75 mg/kg 镉水平时有显著诱导上调。对于根中 *IRT* 基因的表达量，邦德和阿伯德分别在 300 mg/kg、600 mg/kg 镉水平时有一定回升，这可能与根部镉浓度较高且不直接接触镉受到的毒害较小有关。两个品种黑麦草根部表达量主要为单峰型曲线。邦德品种在 75 mg/kg 镉水平下，*IRT* 基因表达量显著上调。而阿伯德则在镉水平为 150 和 600 mg/kg 时 *IRT* 基因表达量较高，这可能是因为阿伯德品种较邦德在高水平镉处理下耐镉能力较强，随着镉水平的成倍增加其表达量突然提升。这与镉积累量中阿伯德高于邦德相符。比较两个品种间 *IRT* 基因表达量的差异可见，整体上以邦德品种的 *IRT* 基因表达量高于阿伯德品种，各部位以叶片中表达量高于根和茎，基因家族各成员内的反应趋势总体一致。

IRT 最早是作为铁转运体在拟南芥中被发现的，有研究表明，它能调控镉的转运吸收(Chou et al., 2011)。2009 年 Lee 和 An 报道，过表达 *IRT1* 虽然能使水稻更耐铁不足，但会引起水稻矮小，分蘖减少以及对高镉十分敏感，因而水稻中的 *IRT1* 基因可以转运铁，还可能参与锌、镉的转运。其他人的研究结果也指出，*IRT1* 和 *IRT2* 定位在质膜上，具有镉吸收能力，过表达 *OSIRT1*、*AtIRT1* 和 *AtIRT2* 可增加镉的积累量(Uraguchi et al., 2013；Takahashi et al., 2011)。我们的研究显示，*IRT* 家族各个基因均显著表达了，可见在黑麦草中，*IRT* 对 Cd 的转

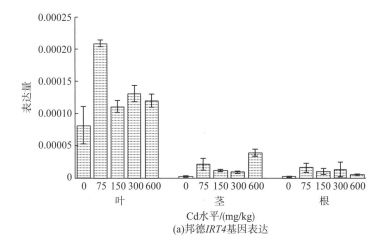

(a)邦德*IRT4*基因表达

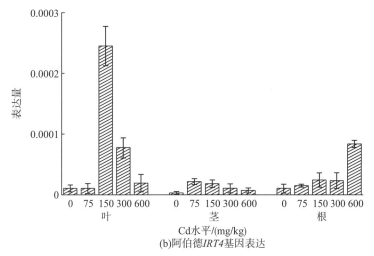

(b)阿伯德*IRT4*基因表达

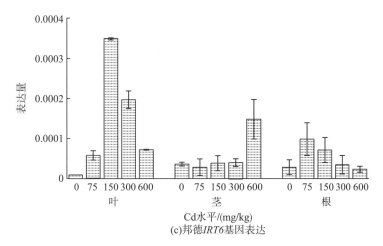

(c)邦德*IRT6*基因表达

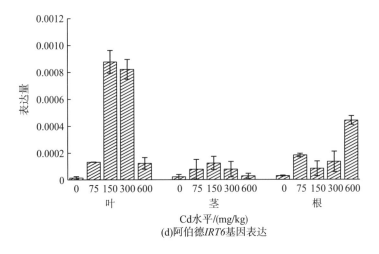

(d)阿伯德*IRT6*基因表达

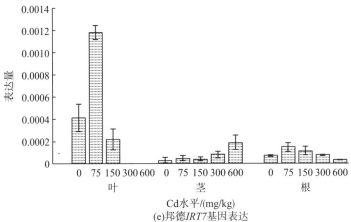

(e)邦德*IRT7*基因表达

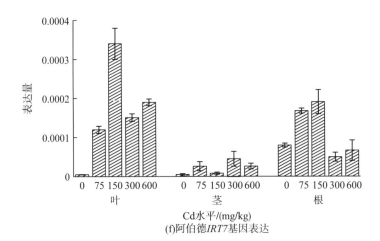

(f)阿伯德*IRT7*基因表达

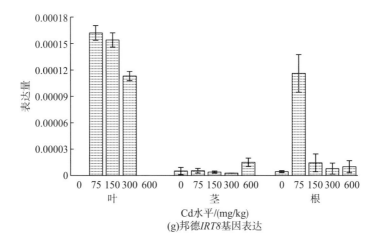

Cd水平/(mg/kg)

(g)邦德*IRT8*基因表达

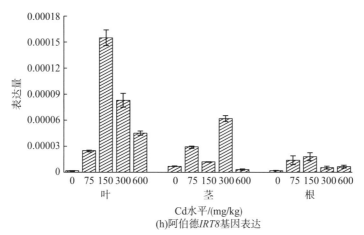

Cd水平/(mg/kg)

(h)阿伯德*IRT8*基因表达

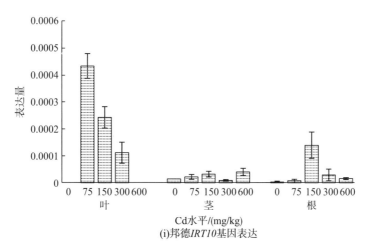

Cd水平/(mg/kg)

(i)邦德*IRT10*基因表达

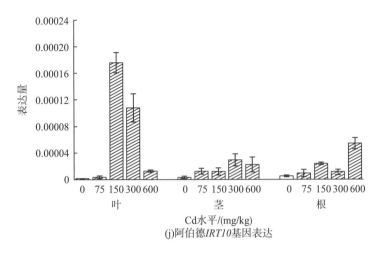

(j)阿伯德*IRT10*基因表达

图 5-4　黑麦草根、茎、叶中 *IRT* 家族基因的实时荧光定量 PCR 分析

运起主要作用。镉胁迫下均不同程度地提高了 *IRT* 基因的表达情况，可见黑麦草对 Cd 的转运能力较强。2002 年 Lombi 等研究发现，植物体内 *TclRTI* 基因表达量不同是造成两种不同生态型遏蓝菜(*Thlaspi arvense* Linn.)对金属镉富集能力差别的原因之一。比较各部位 *IRT* 家族基因表达量发现，整体上以叶片中 *IRT* 基因表达量高于根和茎；两个品种间以邦德 *IRT* 基因的表达量高于阿伯德，可见两个品种之间存在差异。

3.*NRAMP2* 基因

NRAMP 基因家族是古老的膜整合转运蛋白家族，已被证实可运输金属离子，如 Mn^{2+}、Zn^{2+}、Cu^{2+}、Fe^{2+}、Cd^{2+}、Ni^{2+} 和 Co^{2+} (Tejada-Jiménez et al.，2015；Song et al.，2014；Li et al.，2014；Tiwari et al.，2014；Takahashi et al.，2011)。据报道，*NRAMP* 已在多种植物体内被发现，拟南芥是目前研究较深入的植物，*AtNRAMP1*、*AtNRAMP3* 及 *AtNRAMP4* 等可介导 Cd 的转运，具有调控植株 Cd 和 Fe 毒性的作用。2014 年 Milner 等研究发现，在 30 μmol/L 镉处理下，与野生型拟南芥相比，表达 *NcNRAMP1* 的拟南芥株系对镉的敏感性增加了25%～45%，而 10 个转基因株系中有 8 个株系富集镉的能力显著增加了 1.75～3.00 倍。研究发现 *OsNRAMP1* 的表达提升了拟南芥和水稻地上部镉的积累量(Tiwari et al.，2014；Takahashi et al.，2011)。Fe 供应充足的情况下，*AtNRAMP3* 在根、茎和叶的维管束中均有表达，说明 *AtNRAMP3* 可能与金属离子的长距离运输有关。*OsNRAMP5* 主要表达在根系木质部和韧皮部细胞膜上，对其表达进行干扰能够显著地促进 Cd 由根系向地上部转运，这表明 *OsNRAMP5* 在 Cd 由根系向地上部的长距离运输过程中起着重要作用(Takahashi et al.，

2014；Ishimaru et al.，2012；Sasaki et al.，2012），如果敲除 *OsNRAMP5*，则这种植物根和地上部 Cd 和 Mn 的吸收量低于野生型。*OsNRAMP* 表达量差异说明它们在调控植物镉转运方面存在功能差异。

如图 5-6 所示，邦德品种的叶片中 *NRAMP2* 基因的表达量显著高于茎和根部，在 75 mg/kg 镉水平时显著上调，叶片中表达量以 150 mg/kg Cd 水平时最高，然后随镉水平增加开始回落；茎中 *NRAMP2* 为单峰型，在 75 mg/kg 镉水平时上调后于 300 mg/kg 时回落，阿伯德所检测的基因表达对不同镉处理的反应趋势均基本符合单峰型曲线特征。叶片中 *NRAMP* 基因表达量在 150 mg/kg 镉水平下显著上升，而茎和根部 *NRAMP* 基因则在 75 mg/kg 镉水平下显著上升，这可能与根部直接受镉污染土壤有关。基因家族内各成员间表达趋势总体相似，不同品种黑麦草其基因表达量略有差异。比较两个品种间基因表达量的差异可见，整体上以邦德品种的基因表达量高于阿伯德品种，各部位以叶片中基因表达量高于根和茎。

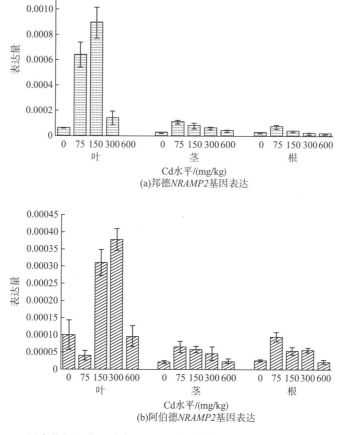

图 5-6　黑麦草根、茎、叶中 *NRAMP* 家族基因的实时荧光定量 PCR 分析

天然抗性相关巨噬细胞蛋白家族(natural resistance-associated macrophage protein，NRAMP)是古老的膜整合转运蛋白家族，也是广泛存在于细菌、真菌、动物和植物中的一个高度保守的膜蛋白家族，参与多种二价金属离子(如 Mn^{2+}、Zn^{2+}、Fe^{2+}、Cd^{2+}等)的运输。NRAMP 基因目前已在多种植物中发现。我们研究显示，NRAMP 家族基因中 NRAMP2 的表达较其家族内部其他成员表达显著，说明该家族中主要由 NRAMP2 参与了黑麦草各部位 Cd 的运输。在 75～300 mg/kg Cd 胁迫条件下，黑麦草中各部位 NRAMP2 表达量高于对照处理，可见 NRAMP2 在转运 Cd 离子方面起了重要作用，这与 2017 年蔡海林在拟南芥中过量表达 AtNRAMP3、4 和 6 均能够提高拟南芥对 Cd 的敏感性研究结果相似，在研究结果中也显示 AtNRAMP4 超表达植株表现出对镉的超敏感。在高镉条件下(600 mg/kg) NRAMP2 基因表达量下降，甚至低于对照，可能是由于黑麦草生理机能受到限制，启动了防御机制，减少了液泡中 Cd 向细胞质转移。整体上来说，黑麦草叶片中的 NRAMP2 基因表达量高于根和茎，这与 TpNRAMP5 在叶片中对 Cd 的敏感性较高一致。整体上以邦德 NRAMP2 基因的表达量高于阿伯德，可见两个品种之间存在差异。

(二)重金属镉螯合蛋白

金属硫蛋白(metallothioneins，MTs)广泛存在于真核生物中，是一种低分子质量、富含半胱氨酸残基的金属结合蛋白。MT 上的硫基可与重金属离子结合成无毒或低毒的复合物，消除重金属毒害。最近研究发现，将 MT 基因导入其他植物体内，可提高耐重金属能力。将紫羊茅的 mcMT1 基因转入酵母 MT 基因缺失突变体后，酵母对 Cd^{2+}、Pb^{2+}、Cu^{2+}和 Zn^{2+}等金属离子的耐性均得到提高。蚕豆细胞中过量表达拟南芥 MT2A 和 MT3 也可提高细胞耐 Cd 能力。在拟南芥中过量表达遏蓝菜 TcMT2 和 MT3 基因，并未提高植株对 Cd 的耐性及积累。目前对 MT 的表达和调控机理都不是很清楚，需要更深入的研究。

如图 5-7 所示，邦德品种中叶片 MT 家族基因的表达量显著高于茎和根部，各个基因的表达量均在 75 mg/kg 镉水平时显著上调，叶片中基因表达量在 150 mg/kg Cd 处理水平时最高(除 MT2C)，然后随镉水平增加开始回落；茎中 MT 基因家族表达为双峰型，在 75 mg/kg 镉水平时上调后于 300 mg/kg 时回落，但在 600 mg/kg 镉水平时有一定回升；根部表达量较叶片和茎低，阿伯德所检测的 MT 家族基因的表达对不同镉处理的反应趋势均基本符合单峰型曲线特征。叶片中 MT 家族基因表达量在 150 mg/kg 镉水平时显著上升，而茎和根部 MT 家族基因表达量则在 75 mg/kg 镉水平时显著上升。

金属硫蛋白(metallothioneins，MTs)是另外一个重要的植物重金属螯合载体。其解毒机制是将细胞内游离的重金属离子与其 Cys 上的疏基相结合形成金属

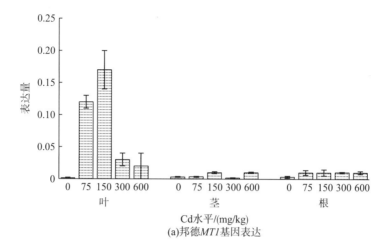

(a)邦德*MT1*基因表达

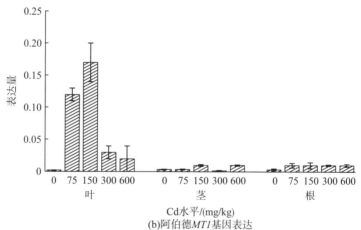

(b)阿伯德*MT1*基因表达

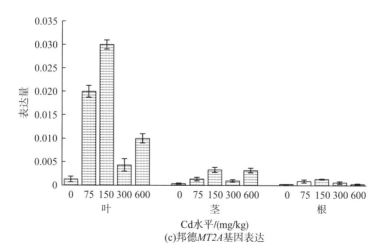

(c)邦德*MT2A*基因表达

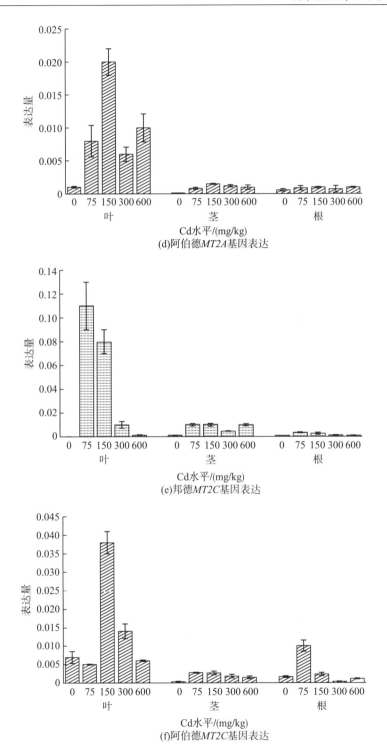

图 5-7　黑麦草根、茎、叶中 *MT* 家族基因的实时荧光定量 PCR 分析

复合物, 从而达到降低细胞内重金属离子浓度的目的。在拟南芥中发现 *MT1* 和 *MT2* 对中等浓度 Cd 胁迫相对敏感, *MT2B* 在超敏感型酵母菌株中表达后可增强其对 Cd 的抗性。也有研究表明, Cd 胁迫下小白菜重金属高抗基因型叶片能大量转录该基因。我们的研究显示, Cd 胁迫后各处理条件下黑麦草根、茎、叶中 *MT* 家族基因的表达量均显著上调高于对照处理, 可见 Cd 胁迫条件下金属硫蛋白螯合 Cd^{2+} 离子的能力也相应增强, 说明金属硫蛋白对提高植物镉抗性和缓解镉毒害具有积极作用。两个品种黑麦草整体上叶片 *MT* 家族基因表达量高于根和茎。说明 *MT* 家族基因在叶中的作用较大, 所以可以加强根和茎中 *MT* 基因的表达量以提高黑麦草的耐性。

二、植物修复应用在蔬菜重金属镉污染控制中存在的问题与研究展望

目前, 国内外土壤重金属镉污染植物修复技术的研究大多局限于实验室, 很多问题有待解决。虽然已从基因工程方面展开了研究, 但尚未培育出理想的超富集植物。而且, 植物体内的镉怎样从环境中回收才能避免镉再次进入环境中需要进一步研究。

因此, 以下几个方面将成为该领域研究的重点内容:

(1) 实验室研究成果的应用。一方面需要做大量的田间试验以获得准确的试验参数来验证实验室试验的结果, 以期为各种修复技术的应用提供理论依据; 另一方面, 将各种修复技术进行有效的集成, 可为重金属环境污染的修复提供更为有效的技术支持。

(2) 高或低镉积累植物的筛选、培育。筛选、培育出超积累植物, 并将其基因导入生物量大、生长速度快、适应性强的植物中, 以期得到理想的镉超积累植物。同时将筛选、培育出的耐镉能力强、低镉累积的农作物应用于实际生产中也具有重要意义。

(3) 土壤复合污染的复合效应的分子诊断。采用一些现代物理化学测试方法、数学模型和分子生物技术等进行研究, 进一步揭示复合污染物的致毒途径及其机理。

主要参考文献

陈永快. 2010. 小白菜镉抗性形成代谢关键基因的克隆及胁迫表达研究[D]. 福州: 福建农林大学.

陈永勤. 2017. 镉富集植物镉积累基因型差异及分子机理研究[D]. 重庆: 西南大学.

高峻. 2013. 超积累东南景天转录组学分析与 ZIP 家族基因功能研究[D]. 杭州: 浙江大学.

贺晓燕. 2011. 萝卜镉胁迫响应相关基因克隆及其表达分析[D]. 南京: 南京农业大学.

李文一, 徐卫红, 何建平, 等. 2009. 难溶态锌、镉对香根草抗氧化酶活性及锌、镉吸收的影响[J]. 水土保持学报,

23(1): 122-126

李文一. 2007. 香根草对碱性土壤难溶性锌镉的吸收利用及 EDTA 调控机理[D]. 重庆: 西南大学.

李希铭. 2016. 草本植物对镉的耐性和富集特征研究[D]. 北京: 北京林业大学.

马晓晓. 2015. 锌/镉超积累植物东南景天(*Sedum alfredii* Hance)两个锌转运蛋白基因的功能研究[D]. 杭州: 浙江大学.

彭佳师. 2015. 超积累植物伴矿景天富集和耐受镉的机制研究[D]. 北京: 中国科学院大学.

乔云蕾. 2016. 几种植物对土壤重金属镉、铬污染的修复潜力研究[D]. 杭州: 浙江师范大学.

秦余丽. 2018. 两个品种黑麦草镉富集特性及镉转运基因差异研究. [D]. 重庆: 西南大学.

孙园园. 2015. 耐镉植物抗性及富集规律的研究[D]. 贵阳: 贵州大学.

王宏信. 2006. 重金属富集植物黑麦草对锌、镉的响应及其根际效应[D]. 重庆: 西南大学.

王思冕. 2015. 镉富集型野菜筛选和耐镉限速酶基因 OAS-TL、γ-GCS 的克隆[D]. 福州: 福建农林大学.

王小蒙, 郑向群, 丁永祯, 等. 2016. 不同土壤下苋菜镉吸收规律及其阈值研究[J]. 环境科学与技术, 39(10): 1-8.

王晓桐, 李昊阳, 徐吉臣. 2014. 毛果杨 HMA 基因家族的生物信息学分析[J]. 植物生理学报, (7): 891-900.

王效国. 2015. 大豆、龙葵单作和间作对镉、芘污染土壤的修复[D]. 西安: 西北农林科技大学.

魏树强. 2014. 多年生黑麦草(*Lolium perene* L.)耐镉机理与 *LpGCS* 基因的克隆和功能分析[D]. 北京: 中国林业科学研究院.

向涛. 2014. 草本花卉对镉污染土壤修复研究[D]. 重庆: 重庆大学.

徐佩贤, 费凌, 陈旭兵, 等. 2014. 四种冷季型草坪植物对镉的耐受性与积累特性[J]. 草业学报, 23(6): 176-188.

徐卫红, 王宏信, 刘怀, 等. 2007. Zn、Cd 单一及复合污染对黑麦草根分泌物及根际 Zn、Cd 形态的影响[J]. 环境科学, 28(9): 2089-2095.

张国君. 2013. 水稻钙调蛋白对镉胁迫的分子响应[D]. 福州: 福建农林大学.

张艳. 2007. 柽柳、星星草金属硫蛋白基因克隆及生物学功能研究[D]. 哈尔滨: 东北林业大学.

An Z G, Li C J, Thoma R, et al. 2006. Expression of BjMT2, a metallothionein 2 from *Brassica juncea*, increases copper and cadmium tolerance in *Escherichia coli* and *Arabidopsis thaliana*, but inhibits root elongation in *Arabidopsis thaliana* seedlings[J]. Exp Bot, 57(14): 3575-3582

Barberon M, Dubeaux G, Kolb C, et al. 2014. Polarization of iron-regulated transpo-rter 1(IRT1)to the plant-soil interface plays crucial role in metal homeostasis[J]. Proceedings of the National Academy of Sciences of the United States of America, 111(22): 8293-8298.

Basim Y, Khoshnood Z. 2016. Target hazard quotient evaluation of cadmium and lead in fish from Caspian Sea[J]. Toxicology & Industrial Health, 32(2): 215-220.

Becher M, Talke I N, Krall L, et al. 2004. Cross-species microarray transcript profiling reveals high constitutive expression of metal homeostasis genes in shoots of the zinc hyperaccumulator *Arabidopsis halleri*[J]. Plant J. , (37): 251-268.

Bernard C, Roosens N, Czernic P, et al. 2004. A novel *CPx-ATPase* from the cadmium hyperaccumulator *Thlaspi caerulescens*[J]. FEBS Lett., 569(13): 140-148.

Cabral L, Soares C R, Giachini A J, et al. 2015. Arbuscular mycorrhizal fungi in phytoremediation of contaminated areas by trace elements: mechanisms and major benefits of their applications[J]. World Journal of Microbiology & Biotechnology, 31(11): 1655.

Chao D Y, Silva A, Baxter I, et al. 2012. Genome-wide association studies identify heavy metal *ATPase3* as the primary determinant of natural variation in leaf cadmium in Arabidopsis thaliana[J]. Plos Genetics, 8(9): e1002923.

Chen Z, Zhao Y, Fan L, et al. 2015. Cadmium(Cd)localization in tissues of cotton(*Gossypium hirsutum* L.), and its phytoremediation potential for Cd-contaminated soils[J]. Bulletin of Environmental Contamination & Toxicology, 95(6): 784.

Chi S L, Qin Y L, Xu W H, et al. 2018. Differences of Cd uptake and expression of *OAS* and *IRT* genes in two varieties of ryegrasses[J]. Environmental Science and Pollution Research.

Chou T S, Chao Y Y, Huang W D, et al. 2011. Effect of magnesium deficiency on antioxidant status and cadmium toxicity in rice seedlings[J]. Journal of Plant Physiology, 168(10): 1021-1030.

Clemens S. 2001. Molecular mechanisms of plant metal tolerance and homeostasis[J]. Planta, (212): 475-486.

Dominguezsolís J R, Gutierrezalcalá G, Vega J M, et al. 2012. The cytosolic O-acetylserine(thiol)lyase gene is regulated by heavy metals and can function in cadmium tolerance[J]. Journal of Biological Chemistry, 276(12): 9297-9302.

Gao J, Sun L, Yang X, et at. 2014. Tramcriptomic analysis of cadmium stress response in the heavy metal hyperaccumulator *Sedum alfredii* Hame[J]. Plos One, 8(6): e64643.

Gusman G S, Oliveira J A, Farnese F S, et al. 2013. Mineral nutrition and enzymatic adaptation induced by arsenate and arsenite exposure in lettuce plants[J]. Plant Physiology and Biochemistry, 71: 307-314.

He Z M, Huang C R, Xu W H, et al. 2018. Difference of Cd enrichment and transport in alfalfa(*Medicago sativa* L.)and Indian mustard(*Brassica juncea* L.)and Cd chemical forms in soil[J]. Applied Ecology and Environmental Research, 16(3): 2795-2804.

Hussain D, HaydonM J, Wang Y, et al. 2004. P-type ATPase heavy metal transporters with roles in essential zinc homeostasis in Arabidopsis[J]. Plant Cell, (16): 1327-1339.

Ishimaru Y, Takahashi R, Bashir K, et al. 2012. Characterizing the role of rice *NRAMP5* in Manganese, Iron and Cadmium Transport[J]. Scientific Reports, 2(6071): 286.

Korenkov V, Hirschi K D, Crutchfield J D, et al. 2007. Enhancing tonoplast Cd/H antiport activity increases Cd, Zn, and Mn tolerance, and impacts root/shoot Cd partitioning in *Nicotiana tabacum* L. [J]. Planta, 226(6): 1379-1387.

Li J Y, Liu J, Dong D, et al. 2014. Natural variation underlies alterations in *NRAMP* aluminum transporter (*NRAT1*)expression and function that play a key role in rice aluminum tolerance[J]. Proceedings of the National Academy of Sciences of the United States of America, 111(17): 6503-6508.

Li Tao, Xu W H, Chai Y R, et al. 2017. Differences of Cd uptake and expression of Cd-tolerance related genes in two varieties of ryegrasses[J]. Bulgarian Chemical Communications, 49(3): 697-705.

Li Y H, Qin Y L, Xu W H, et al. 2018. Differences of Cd uptake and expression of *MT* and *NRAMP2* genes in two varieties of ryegrasses[J]. Environmental Science and Pollution Research. https: //doi. org/10. 1007/s11356-018-

2649-z.

Li Z, Ma Z, van der Kuijp T J, et al. 2014. A review of soil heavy metal pollution from mines in China: pollution and health risk assessment[J]. Science of the Total Environment, s 468-469: 843-853.

Manara A. 2012. Plant Responses to Heavy Metal Toxicity[M]. Plants and Heavy Metals. Springer Netherlands: 27-53.

Manohar M, Shigaki T, Hirschi K D. 2011. Plant cation/H⁺, exchangers(*CAXs*): biological functions and genetic manipulations[J]. Plant Biology, 13(4): 561-569.

Meng J G, Zhang X D, Tan S K, et al. 2017. Genome-wide identification of Cd-responsive *NRAMP* transporter genes and analyzing expression of *NRAMP1* mediated by miR167 in Brassica napus[J]. Biometals: 1-15.

Mills R F, Krijger G C, Baccarini P J, et al. 2003. Functional expression of *AtHMA4*, a P-1B-type ATPase of the Zn/Co/Cd/Pb subclass[J]. Plant J. , (35): 164-176.

Milner M J, Craft E, Yamaji N, et al. 2012. Characterization of the high affinity Zn transporter from *Noccaea caerulescens*, *NcZNT1*, and dissection of its promoter for its role in Zn uptake and hyperaccumulation[J]. New Phytologist, 195(1): 113-123.

Milner M J, Mitani-Ueno N, Yamaji N, et al. 2014. Root and shoot transcriptome analysis of two ecotypes of *Noccaea caerulescens* uncovers the role of *NcNRAMP1* in Cd hyperaccumulation[J]. Plant Journal for Cell & Molecular Biology, 78(3): 398-410.

Miyadate H, Adachi S, Hiraizumi A, et al. 2011. *OsHMA3*, a P1B-type of ATPase affects root-to-shoot cadmium translocation in rice by mediating efflux into vacuoles[J]. New Phytologist, 189(1): 190.

Mok J S, Kwon J Y, Son K T, et al. 2015. Distribution of heavy metals in internal organs and tissues of Korean molluscan shellfish and potential risk to human health[J]. Journal of Environmental Biology, 36(5): 1161.

Negrin V L, Teixeira B, Godinho R M, et al. 2017. Phytochelatins and monothiols in salt marsh plants and their relation with metal tolerance[J]. Marine Pollution Bulletin.

Park J, Song W Y, Ko D, et al. 2012. The phytochelatin transporters *AtABCC1* and *AtABCC2* mediate tolerance to cadmium and mercury[J]. Plant Journal for Cell & Molecular Biology, 69(2): 278.

Qin Y L, Li X C, Xu W H, et al. 2018. Effects of exogenous cadmium on activity of antioxidant enzyme, Cd uptake and chemical forms of ryegrass[J]. Applied Ecology and Environmental Research, 16(2): 1019-1035.

Sasaki A, Yamaji N, Ma J F. 2014. Overexpression of *OsHMA3* enhances Cd tolerance and expression of Zn transporter genes in rice[J]. Journal of Experimental Botany, 65(20): 6013.

Sasaki A, Yamaji N, Yokosho K, et al. 2012. *NRAMP5* is a major transporter responsible for manganese and cadmium uptake in rice[J]. Plant Cell, 24(5): 2155-67.

Satohnagasawa N, Mori M, Nakazawa N, et al. 2012. Mutations in rice(*Oryza sativa*)heavy metal ATPase 2(*OsHMA2*)restrict the translocation of zinc and cadmium[J]. Plant & Cell Physiology, 53(1): 213.

Satoh-Nagasawa N, Mori M, Sakurai K, et al. 2013. Functional relationship heavy metal P-type ATPases(*OsHMA 2* and *OsHMA3*)of rice(*Oryza sativa*)using RNAi[J]. Plant Biotechnology, 30(5): 511-515.

Shen G M, Du Q Z, Wang J X. 2012. Involvement of plasma membrane Ca²⁺/H⁺ antiporter in Cd²⁺ tolerance[J]. Rice

Science, 19(2): 161-165.

Shimo H, Ishimaru Y, An G, et al. 2011. Low cadmium(LCD), a novel gene related to cadmium tolerance and accumulation in rice[J]. Journal of Experimental Botany, 62(62): 5727-5734.

Song W Y, Choi K S, Kim d Y, et al. 2010. *Arabidopsis* PCR2 is a zinc exporter involved in both zinc extrusion and long-distance zinc transport[J]. Plant Cell, 22(22): 2237-2252.

Song Y, Hudek L, Freestone D, et al. 2014. Comparative analyses of cadmium and zinc uptake correlated with changes in natural resistance-associated macrophage protein(*NRAMP*) expression in *Solanum nigrum* L. and *Brassica rapa*[J]. Environmental Chemistry, 11(6): 653-660.

Takahashi R, Ishimaru Y, Nakanishi H, et al. 2011. Role of the iron transporter *OsNRAMP1* in cadmium uptake and accumulation in rice[J]. Plant Signaling and Behavior, 6(11): 1813-1816.

Takahashi R, Ishimaru Y, Senoura T, et al. 2011. *The OsNRAMP1* iron transporter is involved in Cd accumulation in rice[J]. Journal of Experimental Botany, 62(14): 4843-4850. .

Takahashi R, Ishimaru Y, Shimo H, et al. 2012. The *OsHMA2* transporter is involved in root-to-shoot translocation of Zn and Cd in rice[J]. Plant Cell & Environment, 35(11): 1948.

Takahashi R, Ishimaru Y, Shimo H, et al. 2014. From laboratory to field: *OsNRAMP5*-knockdown rice is a promising candidate for Cd phytoremediation in paddy fields[J]. Plos One, 9(6): e98816.

Tejada-Jiménez M, Castro-Rodríguez R, Kryvoruchko I, et al. 2015. *Medicago truncatula* natural resistance-associated macrophage protein1 is required for iron uptake by rhizobia-infected nodule cells[J]. Plant Physiology, 168(1): 258.

Tiwari M, Sharma D, Dwivedi S, et al. 2014. Expression in Arabidopsis and cellular localization reveal involvement of rice *NRAMP*, *OsNRAMPl*, in arsenic transport and tolerance[J]. Plant, Cell & Environment, 7: 140-152.

Ueno D, Milner M J, Yamaji N, et al. 2011. Elevated expression of *TcHMA3* plays a key role in the extreme Cd tolerance in a Cd-hyperaccumulating ecotype of Thlaspi caerulescens[J]. Plant Journal for Cell & Molecular Biology, 66(5): 852-62.

Ueno D, Yamaji N, Kono I, et al. 2010. Gene limiting cadmium accumulation in rice[J]. Proceedings of National Academy of Science USA, 107(38): 16500-16505.

Uraguchi S, Fujiwara T. 2013. Rice breaks ground for cadmium-free cereals[J]. Current Opinion in Plant Biology, 16(3): 328-334.

van Hoof N A, Hassinen V H, Hakvoort H W, et al. 2001. Enhanced copper tolerance in *Silene vulgaris* (Moench) Garcke populations from copper mines is associated with increased transcript levels of a 2b-type metallothionein gene[J]. Plant Physiology, 126(4): 1519-1526.

Verkeij J A C, Koevoets P. 1990. Poly(γ-lutamylcysteinyl) glueines or phytochelatins and their role in cadmium tolerant of *Silene vulgaris*[J]. Plant Cell and Environment, 13: 913-921.

Wang H, Liu Z, Zhang W, et al. 2016. Cadmium-induced apoptosis of Siberian tiger fibroblasts via disrupted intracellular homeostasis[J]. Biological Research, 49(1): 42.

Williams K A. 2011. Expression of an Arabidopsis Ca^{2+}/H^+ antiporter *CAX1* variant in petunia enhances cadmium tolerance and accumulation [J]. Journal of Plant Physiology, 168 (2): 167.

Wu Q Y, Shigaki T, Williams K A, et al. 2011. Expression of an *Arabidopsis* Ca^{2+}/H^+ antiporter *CAX1* variant in petunia enhances cadmium tolerance and accumulation [J]. Journal of Plant Physiology, 168 (2): 167-173.

Xu W H, Li W Y, Singh B, et al. 2009. Effects of insoluble Zn, Cd and EDTA on the growth, activities of antioxidant enzymes and uptake of Zn and Cd in *Vetiveria zizanioides* [J]. Journal of Environmental Sciences, 21 (2): 186-192.

Yang Y M, Nan Z R, Zhao Z J, et al. 2011. Bioaccumulation and translocation of cadmium in cole (*Brassica campestris* L.) and celery (*Apium graveolens*) grown in the polluted oasis soil, Northwest of China [J]. Journal of Environmental Sciences, 23 (8): 1368-1374.

Zhang C L, Chen Y Q, Xu W H, et al. 2018. Resistance of alfalfa and Indian mustard to Cd, and the correlation of plant Cd uptake and soil Cd form [J]. Environmental Science and Pollution Research. https: //doi. org/10. 1007/s11356-018-3162-0.

Zhao L L, Ru Y F, Liu M, et al. 2017. Reproductive effects of cadmium on sperm function and early embryonic developmentin vitro [J]. Plos One, 12 (11): e0186727.

Zhou F, Wang J, Yang N. 2015. Growth responses, antioxidant enzyme active-ties and lead accumulation of *Sophora japonica* and *Platycladus orientalis* seedlings under Pb and water stress [J]. Plant Growth Regulation, 75 (1): 383-389.

第六章　菜田重金属镉污染与植物-微生物联合修复

第一节　植物-微生物联合修复的原理与方法

一、植物-微生物联合修复的种类及原理、方法

与植物修复相比较，微生物修复重金属污染的主要机理是生物吸附和生物转化。微生物可通过带电荷的细胞表面吸附重金属离子或通过摄取必要的营养元素主动吸收重金属离子，即通过对重金属的胞外络合、胞内积累、沉淀和氧化还原反应等作用，将重金属离子富集在微生物细胞表面或内部，固定重金属，从而降低土壤中重金属的生物可利用率，或是使宿主植物产生重金属抗性基因，进而降低农作物和农产品中 Cd 的含量(朱生翠，2014)。微生物主要通过以下 4 种方式影响土壤中重金属的毒性：生物吸附和生物富集；溶解和沉淀；氧化还原反应；改变土壤中重金属与菌根真菌间的生物有效性关系(朱生翠，2014)。菌根真菌对重金属的吸收、转运、迁移和积累及其在调控宿主植物对重金属的抗性方面受到诸多因素的影响，如菌根的种类、宿主植物的种类、重金属的种类及其存在形态、土壤水分和 pH 等(朱生翠，2014)。2016 年周赓从镉浓度为 20.63 mg/kg 的污染土样中分离获得一株耐镉能力强的放线菌，经过分离鉴定菌株为链霉菌，试验结果显示链霉菌 CdTB01 具有较强的镉吸附能力，具有应用于镉污染环境治理的潜力。微生物在修复重金属污染的土壤方面具有独特的作用。

微生物既可以促进也可以抑制植物对 Cd 的吸收。根际促生菌可提高重金属在土壤中的溶解态含量，使重金属向地上部转移，促进植物对重金属的吸收。2008 年 Sheng 等从土壤中筛选出 Cd 的根际促生菌，提高了土壤中溶解态 Cd 含量，促进植物的生长和植物对土壤中 Cd 的吸收。2009 年 He 等将 Cd 忍耐菌株 RJ10 假单胞菌和 RJ16 芽孢杆菌(*Bacillus*)接种于番茄(*Lycopersicon esculentum* Mill.)生长的 Cd、Pb 污染土壤中，结果显示，与未接种的土壤相比，土壤中的 $CaCl_2$ 提取态 Cd 含量从 58%增加到 104%，接种菌还促进了根的伸长，且地上部 Cd 的含量从 92%增加到 113%。但微生物菌剂也可将重金属固持在植物根部，从

而抑制重金属向植物地上部转移。有研究显示，接种菌根可使植株体内的 Cd 含量降低。2014 年范仲学等通过盆栽试验接种枯草芽孢杆菌（*Bacillus subtilis*）能提高花生（*Arachis hypogaea* Linn.）生物量，并减少籽粒中 Cd 的积累量。江玲等（2014）的研究结果表明，黑麦草（*Lolium perenne* L.）和丛枝菌根（*Arbuscular mycorrhiza*，AM）真菌联合修复降低了两个番茄品种（*Lycopersicon esculentum* Mill.）中的 Cd 含量，其降幅为 19.4%~52.4%。可见，微生物可以从多方面影响植物对 Cd 的吸收和积累，这可能与微生物种类和植物品种以及土壤性质有关，其影响机理也比较复杂，有待进一步研究。

二、植物-微生物联合修复研究进展

据国内外报道，适用于吸附 Cd 的真菌有 *Phanerochaete chrysosporium*、*Paecilomyces lilacinus*、*Gliocladium viride*、*Mucor* sp. 和 *Aspergillus niger*、*Cochliobolus lunatus*、*Kluyveromyces marxianus* YS-K1、*Pseudomonas* sp.。2014 年 Hiroyuki 等的研究结果表明，假单胞菌属（*Pseudomonas* sp.）可除去土壤中的 Cd 离子，从而使土壤得以修复。2014 年郭照辉等从重金属 Cd 污染土壤中分离出较强 Cd 抗性的菌株，耐 Cd^{2+} 最高浓度可达 20 mmol/L，在 0.54 mmol/L Cd 离子培养基中，对 Cd 的吸附量达 72.18%。2013 年陆仲烟等发现伯克氏菌 D54 能在 500 mg/L Cd 的培养基中正常生长，表现出极强的耐 Cd 能力，并在 50 mg/L 的 Cd 胁迫下能显著提高水稻（*Oryza sativa* L.）种子的萌发率。2014 年刘标等从重金属污染土壤中筛选出金黄杆菌，其对 Cd 的吸附率可达 90.0%。

2013 年杨榕等报道，胶质芽孢杆菌（*Bacillus mucilaginosus Krassilnikov*）能够显著提高印度芥菜（*Brassica juncea*）地上、地下部分 Cd 含量，接种了菌液处理的修复效率是对照的 1.73~2.20 倍。2013 年刘莉华等报道，龙葵（*Solanum nigrum* L.）接种芽孢杆菌属（*Bacillus* sp.）细菌、肠杆菌属（*Enterobacter* sp.）细菌、巨大芽孢杆菌（*Bacillus megaterium*），植株地上部分和地下部分的 Cd 吸收总量分别增加了 109.53% 和 83.01%。龙葵（*Solanum nigrum* L.）接种奇异变形杆菌（*Proteus mirabilis*），植株 Cd 含量增加了 17.2%~130.1%。2015 年周芳如从重金属污染土壤中分离筛选出多株耐镉真菌，选择去镉能力较强的菌株 PC-8 作为供试菌株，试验发现在添加外源 Cd 条件下，施加菌剂可降低土壤中总 Cd 含量，黑麦草的生物量、根长和各部位鲜重在 3% 菌剂处理下最优。近年来，研究发现，在重金属污染土壤和废弃矿区土壤中生存的植物大多有菌根，可见菌根真菌对重金属有耐性。

第二节　植物-菌根真菌联合修复

一、植物-菌根真菌联合修复对蔬菜重金属镉吸收的影响和作用机制

丛枝菌根是植物根系与丛枝菌根(*Arbuscular mycorrhiza*，AM)真菌形成的一种共生体，广泛存在于包括重金属污染土壤的各种生境中，且可以影响宿主植物对重金属的吸收、积累、转移。AM真菌侵染能够降低植株地上部重金属浓度，从而提高植物对重金属元素毒害的抗性。但由于菌根真菌是物质从土壤进入植物体内的重要通道之一，因此，也有报道显示，AM真菌促进某些植物的根对Cu、Zn、Cd的吸收。

我们于2013年2月27日~2013年6月26日采用土培试验模拟Cd污染土壤(20 mg/kg Cd)，研究了黑麦草、丛枝菌根联合修复对番茄抗性、Cd含量、Cd积累及Cd化学形态的影响。试验共设置4个处理，分别为"Cd"(对照)、"Cd+黑麦草"(在番茄幼苗移栽15d后在其周围播撒黑麦草种子，40粒/钵)、"Cd+丛枝菌根"(3种菌根各15 g，共45 g)、"Cd+黑麦草+丛枝菌根"。番茄品种为德福mm-8和洛贝琪，由重庆市农业科学院提供。供试丛枝菌根(*Arbuscular mycorrhiza*)真菌分别为摩西球囊霉、幼套球囊霉、根内球囊霉，由北京市农林科学院植物营养与资源研究所提供。

(一)抗氧化酶活性

生物代谢产生的自由基对生物膜有伤害作用，而植物体内的CAT、SOD、POD抗氧化酶对逆境诱导产生的活性氧清除相关，逆境中它们将组成植物体内活性氧清除剂系统，有效清除植物体内的自由基和过氧化物(徐卫红等，2007)。由图6-1可见，与对照相比较，除了番茄叶片SOD活性外，其余处理的叶片和根部CAT、SOD、POD活性都有所下降，其中最为明显的是"Cd+黑麦草+丛枝菌根"处理，其次是"Cd+黑麦草"处理，最后是"Cd+丛枝菌根"处理。番茄叶片和根部CAT活性、根部SOD活性在两个品种之间差异不显著，但番茄叶片SOD活性、叶片和根部的POD活性在两个品种间差异性显著，且各处理均以"洛贝琪"叶片和根部的SOD和POD含量明显高于"德福mm-8"。

重金属污染会导致植物体内产生大量活性氧自由基，引起蛋白质和核酸等生物活性物质变性、膜脂过氧化，由超氧化物歧化酶(SOD)和过氧化氢酶(CAT)等组成的抗氧化系统能够清除氧自由基，可使细胞免受由重金属引起的氧化胁迫伤

害(张海波 等，2011；徐卫红 等，2007；Rodríguez-Serrano et al.，2006)。我们研究发现，与对照相比较，各处理的叶片和根部 CAT、SOD、POD 活性有所下降(除了番茄叶片 SOD 活性以外)，其中最为明显的是"Cd+黑麦草+丛枝菌根"处理，其次是"Cd+黑麦草"处理。表明黑麦草和丛枝菌根单一或联合修复能降低植物体内活性氧自由基，恢复了 CAT 等抗氧化酶正常活性水平(张晓璟 等，2011)。番茄叶片 SOD、叶片和根部的 POD 活性在两个品种间差异性显著，且各

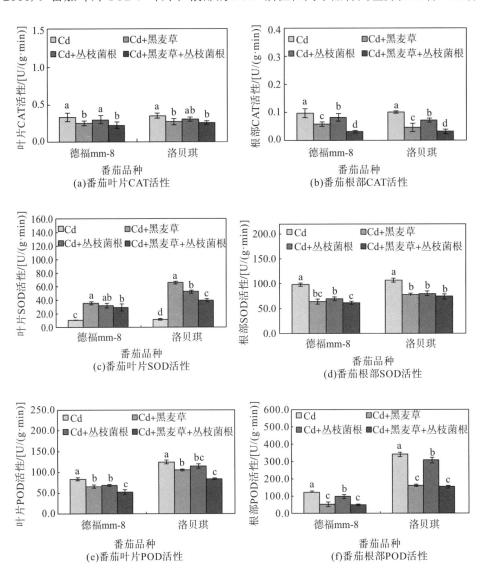

图 6-1　不同处理对番茄叶片和根部 CAT、SOD、POD 活性的影响

注：图中小写字母为同一品种不同处理之间差异显著水平达 0.05%($P<0.05$)，下同。

处理均以"洛贝琪"根部和叶片的 SOD 和 POD 含量明显高于"德福 mm-8"。本试验中，叶片、根部的抗氧化酶活性变化与两个番茄品种的产量变化也表现出一致性。

（二）丙二醛

丙二醛（MDA）作为生物在逆境条件下膜脂过氧化的终产物，其含量可以指示植物体内脂类过氧化作用的程度，逆境胁迫下植物的抗性通常与其体内 MDA 含量呈负相关。由图 6-2 可见，与"Cd"处理（对照）比较，各处理均降低了两个番茄品种叶片及根部的 MDA 含量，其中，降幅最大的是"Cd+黑麦草+丛枝菌根"处理，分别减少了 20.8%、22.0%和 22.2%、24.4%；其次是"Cd+黑麦草"处理，分别减少了 17.1%、17.4%和 17.4%、21.6%；"Cd +丛枝菌根"处理，较对照分别减少了 2.6%、11.8%和 9.8%、10.6%。番茄叶片的 MDA 含量在两个品种之间差异不显著，各处理以"洛贝琪"根部的 MDA 含量略低于"德福 mm-8"。

细胞膜作为植物调节和控制细胞内外物质运输和交换的重要结构，其透性是评价植物对污染物反应的常用指标之一（张晓璟 等，2011；陈贵青 等，2010）。MDA 是膜脂过氧化的重要产物，可与蛋白质、核酸、氨基酸等活性物质交联，形成不溶性的化合物（脂褐素）沉积，干扰细胞的正常生命活动（张晓璟 等，2011）。植物细胞膜系统是植物细胞和外界环境进行物质交换和信息交流的界面和屏障，其稳定性是细胞进行正常生理功能的基础（张晓璟 等，2011；陈贵青 等，2010）。我们研究发现，在 Cd 污染土壤上（20 mg/kg Cd），与"Cd"处理（对照）比较，各处理均降低了两个番茄品种叶片及根部的 MDA 含量，说明黑麦草和丛枝菌根单一或联合修复都具有缓解 Cd 胁迫对番茄造成的危害。而各处理降低番茄叶片及根部的 MDA 含量与番茄产量的增加是相呼应的。

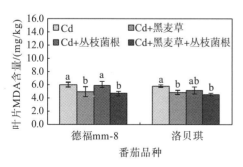 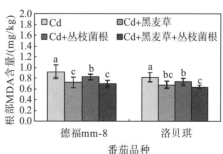

图 6-2　不同处理对番茄叶片和根部 MDA 活性的影响

(三)番茄果实 Cd 形态

由表 6-1 可知，番茄果实中 Cd 的总提取量及各形态 Cd 含量在两个品种间、不同处理间差异达到显著水平(除 HAc-Cd 外)。番茄果实中各形态 Cd 含量大小顺序为 NaCl-Cd＞Res-Cd＞W-Cd＞E-Cd＞HCl-Cd＞HAc-Cd。其中，番茄果实 NaCl-Cd 含量为 1.435 mg/kg 和 1.288 mg/kg，平均为 1.362 mg/kg，所占 Cd 提取总量的比例为 52.9%和 51.6%，平均为 52.3%；其次是活性偏低的 Res-Cd 含量为 0.426 mg/kg 和 0.452 mg/kg，平均含量为 0.439 mg/kg，占 Cd 提取总量的比例为 15.7%和 18.1%，平均为 16.9%(表 6-1)。活性较高的 W-Cd 和 E-Cd 含量为各形态 Cd 最小或次低。其中，W-Cd 的含量分别为 0.349 mg/kg 和 0.316 mg/kg，平均为 0.333 mg/kg，占 Cd 提取总量的比例为 12.9%和 12.7%，平均为 12.8%；E-Cd 的含量分别为 0.082 mg/kg 和 0.065 mg/kg，平均为 0.074 mg/kg，占 Cd 提取总量的比例分别为 3.0%和 2.6%，平均为 2.8%(表 6-1)。与对照相比较，各处理减少了番茄果实中 E-Cd、W-Cd、NaCl-Cd、HAc-Cd、HCl-Cd 和 Res-Cd 各形态 Cd 含量和 Cd 总提取量，降幅分别为 31.0%～75.2%、19.7%～59.1%、3.1%～48.2%、20.0%～65.0%、40.7%～100.0%、15.2%～50.0% 和 19.4%～52.4%。除"德福 mm-8"的 HAc-Cd 和 Res-Cd 外，各处理以"Cd+黑麦草+丛枝菌根"的番茄果实各种 Cd 形态降幅最大，其次是"Cd +丛枝菌根"。比较两个番茄品种果实的 Cd 总提取量，各处理均为"德福 mm-8"＞"洛贝琪"。

试验发现，Cd 在番茄果实中主要为 NaCl-Cd 态，平均为 1.362 mg/kg，占 Cd 提取总量的比例为 52.3%(表 6-1)。与早前报道的重金属在植物体内的化学形态一般以氯化钠态为主的结果一致(陈贵青 等，2010)。这主要是因为 Cd 对蛋白质或其他有机化合物中的巯基有很强的亲和力，因此在作物体内，Cd 常与蛋白质相结合(张晓璟 等，2011)。活性较高的 W-Cd 和 E-Cd 平均含量之和为 0.407 mg/kg，占 Cd 提取总量的比例仅为 15.6%，从而极大地限制了 Cd 的毒害效应。本试验条件下，与对照相比较，各处理减少了番茄果实中 E-Cd、W-Cd、NaCl-Cd、HAc-Cd、HCl-Cd 和 Res-Cd 各形态 Cd 含量。可见，黑麦草和丛枝菌根单一或联合作用均表现出对土壤重金属 Cd 污染良好的修复能力。

(四)番茄植株 Cd 含量及积累量

由表 6-2 可见，番茄各部位 Cd 含量和积累量在两个品种间和不同处理间的差异均达到显著水平。番茄各部位 Cd 含量的大小顺序为叶＞根＞茎＞果实。与对照相比较，各处理使番茄果实、叶、茎和根中的 Cd 含量不同程度降低，Cd 含

表 6-1 不同处理对番茄果实 Cd 形态含量的影响

(单位：mg/kg)

处理	E-Cd		W-Cd		NaCl-Cd		HAc-Cd		HCl-Cd		Res-Cd		总提取量	
	德福mm-8	洛贝琪	德福mm-8	洛贝琪	德福mm-8	洛贝琪	德福mm-8	洛贝琪	德福mm-8	洛贝琪	德福mm-8	洛贝琪	德福mm-8	洛贝琪
Cd	0.141	0.116	0.127	0.101	0.421	0.425	0.030	0.020	0.035	0.027	0.128	0.132	0.882	0.823
Cd+黑麦草	0.096	0.079	0.102	0.071	0.408	0.329	0.012	0.016	0.018	0.016	0.074	0.112	0.711	0.623
Cd+丛枝菌根	0.062	0.060	0.068	0.062	0.308	0.277	0.020	0.014	0.016	0.012	0.074	0.067	0.548	0.492
Cd+黑麦草+丛枝菌根	0.035	0.050	0.052	0.049	0.257	0.220	0.020	0.007	<0.005	<0.005	0.095	0.066	0.459	0.392
$LSD_{0.05}$														
番茄品种	0.032		0.004		0.003		0.004		0.002		0.006		0.056	
试验处理	0.009		0.011		0.002		0.003		0.001		0.001		0.068	
番茄品种× 试验处理	0.0116		0.006		0.005		0.001		0.001		0.003		0.072	

注：E-Cd、W-Cd、NaCl-Cd、HAc-Cd、HCl-Cd 和 Res-Cd 分别代表乙醇提取态 Cd、水提取态 Cd、氯化钠提取态 Cd、醋酸提取态 Cd、盐酸提取态 Cd 和残渣态 Cd。$LSD_{0.05}$ 为差异显著性达到 95% 的 t 检验值。"番茄品种"指品种之间 $LSD_{0.05}$ 的分析结果，"试验处理"同理。

表 6-2　不同处理对番茄 Cd 积累的影响

处理	Cd 含量/(mg/kg)								Cd 积累量/(mg/plant)									
	果实		叶		茎		根		果实		叶		茎		根		Cd 总量/(mg/plant)	
	德福mm-8	洛贝琪	德福mm-8	洛贝琪	德福mm-8	洛贝琪	德福mm-8	洛贝琪	德福mm-8	洛贝琪	德福mm-8	洛贝琪	德福mm-8	洛贝琪	德福mm-8	洛贝琪	德福mm-8	洛贝琪
Cd	8.79	7.97	117.63	107.85	35.75	42.58	40.37	48.99	0.126	0.119	1.362	1.165	0.958	1.086	0.086	0.117	2.53	2.49
Cd+黑麦草	7.25	5.71	95.85	97.70	30.31	36.84	29.49	38.91	0.105	0.163	1.348	1.204	0.913	0.833	0.066	0.097	2.43	2.30
Cd+丛枝菌根	5.42	4.95	80.25	82.11	20.78	15.14	27.98	35.21	0.127	0.106	1.530	1.127	0.563	0.501	0.104	0.138	2.32	1.87
Cd+黑麦草+丛枝菌根	4.65	3.97	74.46	73.68	18.57	13.82	19.42	26.03	0.072	0.067	0.908	0.914	0.496	0.412	0.057	0.063	1.53	1.46
LSD$_{0.05}$																		
番茄品种	0.65		0.83		2.50		1.42		0.005		0.007		0.041		0.023		0.110	
试验处理	0.87		2.79		1.61		1.13		0.024		0.033		0.036		0.017		0.062	
番茄品种×试验处理	1.53		1.71		1.97		0.92		0.017		0.022		0.037		0.011		0.087	

量降低幅度分别为 17.5%～47.1%和 28.4%～50.2%、18.5%～36.7%和 9.4%～31.7%、15.2%～48.0%和 13.5%～67.5%、27.0%～51.9%和 20.6%～46.9%。番茄叶、茎、根和果实 Cd 含量均为"Cd+黑麦草+丛枝菌根"处理降幅最大，其次是"Cd+丛枝菌根"处理。两个番茄品种根部 Cd 含量为"洛贝琪"＞"德福 mm-8"，果实 Cd 含量为"德福mm-8"＞"洛贝琪"。

番茄植株各部位 Cd 积累量的大小顺序为叶＞茎＞果实＞根。其中，叶、茎积累量分别为植株 Cd 总积累量的 57.1%和 33.4%，果实 Cd 积累量仅为植株 Cd 总积累量的 5.2%。与对照相比较，各处理降低了茎 Cd 积累量和植株 Cd 全量，降幅分别为 4.7%～48.2%和 23.3%～62.1%、4.0%～39.5%和 7.6%～41.4%。"Cd+黑麦草+丛枝菌根"处理减少了德福 mm-8 和洛贝琪果实 Cd 的积累量，降幅分别为 42.9%和 43.7%。"Cd+黑麦草"处理降低了"德福 mm-8"果实 Cd 积累量(16.7%)，但增加了"洛贝琪"果实 Cd 积累量(37.0%)；"Cd+丛枝菌根"处理减少了"洛贝琪"果实 Cd 积累量(10.9%)，但增加了"德福 mm-8"果实 Cd 积累量(0.8%)。综合考虑各处理试验结果可知，降低番茄果实 Cd 积累量及植株全 Cd 含量的作用大小为"Cd+黑麦草+丛枝菌根"＞"Cd +丛枝菌根"＞"Cd+黑麦草"。除"Cd+黑麦草"处理外，两个品种果实 Cd 积累量及植株全 Cd 含量为"德福mm-8"＞"洛贝琪"。

两个供试番茄品种 Cd 主要累积于叶、茎和根中，积累较少的是果实，可见番茄对 Cd 的转移能力较强。此结果与朱芳等(2006)研究显示的番茄 Cd 主要集中在根部有所不同。本试验中，番茄果实干样中 Cd 含量＞3.0 mg/kg，除以番茄果实的水分系数(平均为 16.5)，番茄果实鲜样中 Cd 含量＞0.3 mg/kg，远远高于国家对蔬菜和水果的 Cd 限量标准(≤0.05 mg/kg FW)，说明番茄不但对 Cd 有较强的迁移能力，而且在可食部位对 Cd 也有很强的富集能力。这也表明，在 Cd 污染较重的地区，种植番茄可能存在果实产品受 Cd 污染的风险。各处理降低了茎 Cd 积累量和植株 Cd 全量，"Cd+黑麦草+丛枝菌根"处理还减少了两个品种果实 Cd 的积累量。原因可能是黑麦草根部与番茄根部竞争吸收运输重金属 Cd，降低了 Cd 离子在番茄体内的浓度，丛枝菌根可能改变了 Cd 离子在根部吸收运输的位点，从而减少了 Cd 离子向植物体内的木质部长距离输送，使果实中 Cd 含量相对较少。也可能是因为丛枝菌根真菌降低植物地上部重金属浓度，提高根对重金属的吸收，抑制重金属向地上部转运，认为重金属可与菌根中含有真菌蛋白配体的半胱氨酸形成复合体而滞留在根中。试验也发现，"Cd+黑麦草"处理降低了"德福 mm-8"果实 Cd 积累量，但增加了"洛贝琪"果实 Cd 积累量；"Cd +丛枝菌根"处理减少了"洛贝琪"果实 Cd 积累量，但增加了"德福 mm-8"果实 Cd 积累量。究其原因还有待进一步研究。比较两个番茄品种，各处理下果实 Cd 积累量及植株全 Cd 含量一般为"德福mm-8"＞"洛贝琪"。由此可见，两个供试番茄品种无论是生物量、抗氧化酶活性、丙二醛含量还是果实 Cd 总提取量、各部位 Cd 含量及积累量，不同处理间的差异均达到显著性水平。该结果进一步印证了番茄对 Cd 耐性和吸收富集存在基因型差异（朱芳 等，2006）。

二、植物-菌根真菌联合修复对菜田重金属镉形态转化与生物有效性的影响

（一）土壤 pH

如图 6-3 可见，与对照比较，其余各处理均不同程度地增加了种植两个番茄品种的土壤 pH，但增加均不显著。土壤 pH 增幅分别为 0～3.7% 和 0.3%～7.2%。其中，接种丛枝菌根的处理增加最高，其次是"Cd+丛枝菌根+黑麦草"处理。

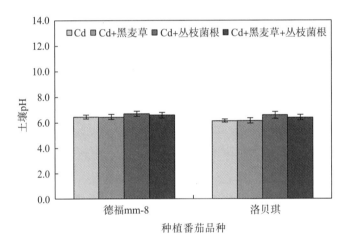

图 6-3　不同处理对土壤 pH 的影响

（二）土壤微生物数量

如表 6-3 可见，与对照比较，其余各处理均不同程度地增加了种植两个番茄品种土壤中的细菌、真菌、放线菌数量。土壤中细菌、真菌、放线菌增幅分别为 59.9%～253.5% 和 21.7%～168.7%、76.9%～230.8% 和 205.3%～252.6%、27.1%～72.9% 和 27.9%～77.0%。其中，"Cd+丛枝菌根"处理增幅最大，其次是"Cd+黑麦草+丛枝菌根"处理，"Cd+黑麦草"处理增幅最小。LSD-Duncan 检验表明，土壤中细菌在各处理间的差异性均达到显著水平或极显著水平。种植"洛贝琪"番茄的土壤中真菌数量的对照处理与其他三个处理间差异性显

著，而种植"德福 mm-8"番茄的土壤中真菌数量的对照处理只与"Cd+黑麦草+丛枝菌根"处理间差异性显著。土壤中放线菌数量，除了种植"洛贝琪"番茄的土壤中"Cd+丛枝菌根"处理与其他三个处理间差异性显著外，种植两个番茄品种土壤中的放线菌数量在各处理间差异性均不显著。

微生物群落数表征土壤生态结构的多样性，一定程度上可表征土壤肥力。有研究发现，在 AM 真菌的菌体（孢子、菌丝等）上及细胞内部也发现有大量的细菌、放线菌和少量的真菌类微生物存在。由表 6-3 可知，与"Cd"处理（对照）比较，其余各处理均不同程度地增加了土壤中的细菌、真菌、放线菌数量。这与王曙光等的研究结果：接种 AM 真菌后，C 层土中的细菌、真菌、放线菌数量增加，分别增加 11.5%、36.9% 和 19.7% 基本一致；但接种 AM 真菌后，A 层和 B 层土中细菌、真菌和放线菌数量低于不接种。其不一致的原因可能是接种的 AM 真菌不一样或是宿主植物不一样，或也与土壤本身基本性质以及土壤污染物质不一样有关。黑麦草根际分泌的大量代谢物可为土壤微生物提供良好的生存环境，从而可使土壤微生物数量增加。其原因可能是因为 AM 的外生菌丝能够延伸数厘米以上，并能分泌有机物质，而这些物质可促使土壤微生物数量和活性提高。土壤中菌落数增加说明黑麦草或丛枝菌根真菌均能在一定程度上降低 Cd 对土壤微生态结构的影响，减轻对土壤肥力的破坏程度。

表 6-3　大田试验下不同处理对土壤中微生物数量的影响

处理	细菌/个		真菌/个		放线菌/个	
	德福 mm-8	洛贝琪	德福 mm-8	洛贝琪	德福 mm-8	洛贝琪
Cd	142±65a	240±14a	13±4a	19±5a	48±6a	61±11a
Cd+黑麦草	227±48b	292±114b	23±7a	58±11c	61±13a	78±17a
Cd+丛枝菌根	502±72d	645±30d	43±9a	67±19c	83±15a	108±26b
Cd+黑麦草+丛枝菌根	357±66c	505±15c	26±6b	60±8d	73±23a	80±15a

注：不同字母表示不同处理之间的差异达到显著性水平（$P < 0.05$）。

（三）土壤酶活性

土壤脲酶又叫酰胺基水解酶，参与土壤系统中的氮循环，其活性与土壤的微生物数量、有机质含量、全氮和速效氮含量呈正相关，可促使土壤尿素分子水解成氨和 CO_2，为植物提供氮素，还可以反映土壤的供氮水平和能力，是土壤系统中最重要的酶之一，是重金属污染时研究的重要指标之一。由图 6-4 可见，与"Cd"处理（对照）比较，"Cd+黑麦草或丛枝菌根"均不同程度地增加了种植两个番茄品种土壤中的脲酶活性，其中"Cd+黑麦草"处理增幅最大，分别增加了

18.0%、19.8%；其次是"Cd+丛枝菌根"处理，分别增加了 15.9%、16.2%；"Cd+黑麦草+丛枝菌根"处理增幅最小，分别增加了 7.5%、13.2%。LSD-Duncan 检验表明，除了对照"Cd"处理与其他处理间土壤脲酶活性达到显著性差异，其他处理间土壤脲酶活性差异性不显著。

土壤转化酶又叫蔗糖酶，是一种能够影响土壤碳循环的水解酶，与土壤中腐殖质、水溶性有机质、黏粒的含量、微生物的数量及活动呈正相关，可作为评价土壤熟化程度、肥力水平、营养供应能力的指标。与对照相比，试验其余处理均不同程度地增加了种植两个番茄品种土壤中的转化酶活性，种植"德福 mm-8"番茄的土壤中，"Cd+黑麦草+丛枝菌根"处理增幅最大，增加了 30.3%；其次是"Cd+丛枝菌根"处理，增加了 8.3%；最后是"Cd+黑麦草"处理，增加了 5.7%。而种植"洛贝琪"番茄的土壤中，"Cd+黑麦草"处理增幅最大，增加了 44.9%；其次是"Cd +丛枝菌根"，增加了 25.6%，增加最少的是"Cd+黑麦草+丛枝菌根"处理，增加了 12.5%。LSD-Duncan 检验表明，各处理间土壤转化酶活性差异性不显著。

土壤磷酸酶是催化土壤磷酸单酯和磷酸二酯水解的酶，在磷酸酶作用下土壤有机 P 才能转化成可供植物吸收的无机 P。与对照相比，试验其余处理均不同程度地增加了种植两个番茄品种土壤中的酸性磷酸酶活性，种植"德福 mm-8"番茄的土壤中，"Cd+黑麦草+丛枝菌根"处理增幅最大，增加了 53.0%；其次是"Cd+黑麦草"处理，增加了 19.6%；最后是"Cd +丛枝菌根"处理，增加了 2.8%。而种植"洛贝琪"番茄的土壤中，"Cd+黑麦草"处理增幅最大，增加了 70.6%；其次是"Cd+黑麦草+丛枝菌根"处理，增加了 31.0%，增加最少的是"Cd+丛枝菌根"处理，增加了 22.2%。LSD-Duncan 检验表明，除了种植"德福 mm-8"番茄的土壤中"Cd"处理（对照）与"Cd+黑麦草+丛枝菌根"处理下土壤酸性磷酸酶活性的差异性达到显著水平，种植"洛贝琪"番茄的土壤中"Cd"处理（对照）与"Cd+黑麦草"处理下土壤酸性磷酸酶活性的差异性达到显著水平外，其他处理间土壤酸性磷酸酶活性的差异性均不显著。

土壤过氧化氢酶的活性与土壤呼吸强度和土壤微生物活动有关，是一种能分解土壤代谢过程中产生的过氧化氢，使其分解为氧气和水的氧化还原酶，从而减轻生物呼吸和有机物氧化过程中的过氧化氢的毒害作用。与对照相比，试验其余处理均不同程度地增加了种植"德福 mm-8"番茄土壤中的过氧化氢酶活性，但却降低了种植"洛贝琪"番茄土壤中过氧化氢酶的活性。LSD-Duncan 检验表明，种植"德福 mm-8"番茄的土壤中"Cd"处理（对照）与"Cd +丛枝菌根"处理、"Cd+黑麦草+丛枝菌根"处理下土壤中过氧化氢酶活性的差异性达到显著水平，种植"洛贝琪"番茄的土壤中"Cd"处理（对照）与"Cd+黑麦草"处理、"Cd +丛枝菌根"处理下土壤中过氧化氢酶活性的差异性达到显著水平，其他处理间土壤过氧化氢酶活性的差异性均不显著。

土壤酶在土壤物质循环和能量转化过程中起着重要作用,其活性反映了土壤中各种生物化学过程的强度和方向,可以表征土壤肥力状况,也是土壤质量评价的重要生物活性指标。植物根系分泌物、土壤微生物活性及其之间的相互作用都会影响土壤中酶的活性。有研究发现,Cd 对土壤酶活性的影响表现为低促高抑,低浓度的 Cd(≤1 mg/kg)对土壤脲酶、蔗糖酶有激活作用,均高于对照组,而高浓度 Cd(>1 mg/kg)则对土壤脲酶和蔗糖酶表现出抑制作用。由图 6-4、图 6-5 可见,与"Cd"处理(对照)比较,试验其余处理均不同程度地增加了种植两个番茄品种土壤中的脲酶、转化酶、酸性磷酸酶活性,但却降低了种植"洛贝琪"番茄土壤中过氧化氢酶的活性。2013 年贺学礼等报道,与不接种相比较,接种摩西球囊霉和土著 AM 真菌显著增加了土壤酸性磷酸酶和脲酶活性,这与本试验结果基本一致。但也有相反报道,2004 年王曙光等报道,接种 AM 真菌后,土层中各种酶活性均比不接种的低,与本试验结果相反,其原因与土壤中微生物数量有关。本试验条件下,与番茄套作黑麦草和接种 AM 真菌均能使土壤中酶活性增强,这说明在 Cd 污染土壤上与番茄套作黑麦草并接种丛枝菌根可使土壤中部分酶活性增强,从而减轻 Cd 对土壤肥力的破坏程度,可改善Cd 污染土壤的质量。土壤酶主要来源于植物根系分泌物、微生物生命活动和土壤中动植物残体的分解,土壤酶活性增加可能是黑麦草根系可分泌大量代谢物为微生物生存提供条件,从而增加微生物数量,进而提高酶活性;而 AM 真菌则是能促进植物通过根外菌丝分泌土壤酶,或是 AM 真菌可促进植物和其他微生物分泌更多的土壤酶。套作黑麦草和接种 AM 真菌增加了土壤脲酶活性,可以促进番茄对有效 N 的吸收利用;土壤酸性磷酸酶活性增加,能够提高番茄和黑麦草对土壤有机磷的利用。本试验条件下,土壤脲酶和过氧化氢酶活性在各处理间差异性显著,表明土壤中这两种酶对土壤环境的响应相对敏感;土壤脲酶活性最为敏感。而酸性磷酸酶相对较弱,土壤转化酶最弱,这与之前学者的研究蔗糖酶保护容量大,相对较稳定基本一致。

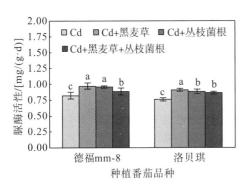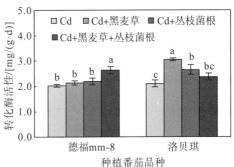

图 6-4　土壤脲酶和转化酶的活性

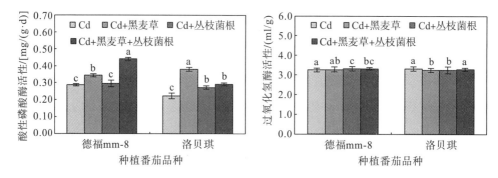

图 6-5　土壤酸性磷酸酶和过氧化氢酶的活性

注：不同字母表示不同处理之间的差异达到显著性水平（$P<0.05$）。

（四）土壤 Cd 形态及 Cd 含量

由表 6-4 可见，土壤中 Cd 形态含量的大小顺序为残渣态（Res-Cd）＞铁锰氧化态（FeMn-Cd）＞碳酸盐态（CAB-Cd）＞可交换态（EX-Cd）＞有机态（OM-Cd）。与番茄套种黑麦草或接种丛枝菌根均降低了土壤中可交换态（EX-Cd）、碳酸盐态（CAB-Cd）和铁锰氧化态（FeMn-Cd）Cd 含量，其中种植两个番茄品种（德福 mm-8 和洛贝琪）土壤中 CAB-Cd 的降幅分别为 16.9%～37.8% 和 31.25%～34.4%；FeMn-Cd 降幅分别为 20.6%～38.1% 和 32.0%～38.6%。套种黑麦草和套种黑麦草并接种丛枝菌根均降低了种植两个番茄品种（德福 mm-8 和洛贝琪）土壤中的 Res-Cd 含量，黑麦草和黑麦草+丛枝菌根降低 Res-Cd 含量的降幅分别为 5.8%、8.2% 和 14.8%、17.68%。但丛枝菌根却增加了种植两个番茄品种土壤中 Res-Cd 的含量，但不显著，其增幅分别仅为 2.4% 和 0.7%。与番茄套种黑麦草或接种丛枝菌根均降低了土壤中 Cd 形态的总提取量和土壤中 Cd 含量，土壤中 Cd 形态总提取量降幅分别为 8.6%～23.2% 和 15.9%～27.5%；土壤中 Cd 含量降幅分别为 16.9%～22.7% 和 25.4%～27.8%。

Cd 污染土壤中 Cd 的存在形态。本试验条件下，土壤中 Cd 形态含量的大小顺序为残渣态（Res-Cd）＞铁锰氧化态（FeMn-Cd）＞碳酸盐态（CAB-Cd）＞可交换态（EX-Cd）＞有机态（OM-Cd）。与王友保等（2010）的研究基本一致，在土壤 Cd 含量小于 50 mg/kg 时，土壤中 Cd 形态含量大小顺序为 Res-Cd＞EX-Cd＞FeMn-Cd＞CAB-Cd＞OM-Cd。但与早前报道的在根际土壤中 Cd 形态含量的大小顺序为交换态（EX-Cd）＞碳酸盐态（CAB-Cd）＞铁锰氧化态（FeMn-Cd）＞残渣态（Res-Cd）＞有机态（OM-Cd）不一致（王宏信，2006），其原因可能是土壤性质、植物种类等造成土壤微生态环境、pH 等改变，从而影响 Cd 的存在形式。黑麦草降低了土壤中各形态 Cd 和 Cd 总提取量以及土壤中 Cd 含量，原因是黑麦草对 Cd 的富集能力很强，土壤中部分 Cd 被黑麦草吸收从而降低了土壤中的 Cd 含量。丛枝菌根降低了土壤中 EX-Cd、CAB-Cd 和 FeMn-Cd 的含量却增加了种植两个番茄品种土壤中 Res-Cd 的含量，说明丛枝菌根可将土壤中活性较高的 EX-Cd 和 CAB-Cd 转化成活性低的 Res-Cd。这可能是由于丛枝菌根改变了土壤 pH 等的原因，与土壤 pH 升高相符合。番茄套种黑麦草并接种丛枝菌根处理均降低了土壤中 Cd 形态的总提取量和土壤中 Cd 含量，相比较下，黑麦草和丛枝菌根联合不但可使土壤中 Cd 向活性较低的形态转化并能有效降低土壤中 Cd 含量，这与黑麦草和丛枝菌根显著降低了番茄中 Cd 含量相符合。

表 6-4　不同处理对土壤 Cd 形态及 Cd 含量的影响　　（单位：mg/kg）

处理	可交换态 (EX-Cd)		碳酸盐态 (CAB-Cd)		铁锰氧化态 (FeMn-Cd)₁		有机态 (OM-Cd)	
	德福 mm-8	洛贝琪	德福 mm-8	洛贝琪	德福 mm-8	洛贝琪	德福 mm-8	洛贝琪
对照	0.021± 0.004	0.024± 0.004a	0.662± 0.02a	0.800± 0.02a	0.787± 0.02a	0.937± 0.02a	<0.005	<0.005
Cd+黑麦草	<0.005	0.014± 0.008b	0.487± 0.05bc	0.537± 0.02b	0.512± 0.02c	0.612± 0.05b	<0.005	<0.005
Cd+丛枝菌根	<0.005	<0.005	0.550± 0.04ab	0.550± 0b	0.625± 0.04b	0.637± 0.02b	<0.005	<0.005
Cd+黑麦草+ 丛枝菌根	<0.005	<0.005	0.412± 0.02bc	0.525± 0.14b	0.487± 0.02c	0.575± 0.07bc	<0.005	<0.005

处理	残渣态 (Res-Cd)		Cd 总提取量		土壤中 Cd 含量	
	德福 mm-8	洛贝琪	德福 mm-8	洛贝琪	德福 mm-8	洛贝琪
对照	1.525± 0.04a	1.775± 0.04a	2.995± 0.01a	3.536± 0.005a	3.011± 0.05a	3.638± 0.05a
Cd+黑麦草	1.437± 0.05a	1.512± 0.02a	2.437± 0.12bc	2.676± 0.01bc	2.451± 0.07b	2.687± 0.30b
Cd+丛枝菌根	1.562± 0.02a	1.787± 0.02a	2.736± 0.02b	2.974± 0b	2.501± 0.07b	2.711± 0.05b
Cd+黑麦草+ 丛枝菌根	1.400± 0.51a	1.463± 0.02a	2.300± 0.51b	2.563± 0.01bc	2.326± 0.32b	2.625± 0.11b

注：不同字母表示不同处理之间的差异达到显著性水平（$P < 0.05$）。

三、植物-菌根真菌联合修复在蔬菜重金属镉污染控制方面的潜力

黑麦草生物量可以说明黑麦草在 Cd 胁迫下的生长情况，可反映 Cd 对其毒害的程度。从表 6-5 可知，在 Cd 胁迫条件下，除了地下部外，黑麦草生物量的差异性在"Cd+黑麦草"和"Cd+黑麦草+丛枝菌根"处理间达到了显著水平。黑

麦草的地上部、地下部及其总生物量均增加了，分别增加了 35.6%和 32.2%、12.7%和 13.6%、27.6%和 26.0%。

表 6-5　丛枝菌根对黑麦草生物量的影响　　　　　（单位：g/40 plants）

处理	地上部生物量		地下部生物量		全生物量	
	德福 mm-8	洛贝琪	德福 mm-8	洛贝琪	德福 mm-8	洛贝琪
Cd+黑麦草	6.80±0.83a	7.30±0.72a	3.62±0.11a	3.67±0.24a	10.42±0.95a	10.97±0.96a
Cd+黑麦草+丛枝菌根	9.22±1.05b	9.65±0.67ab	4.08±0.57a	4.17±0.56a	13.30±1.63b	13.82±1.23ab

注：不同字母表示不同处理之间的差异达到显著性水平（$P<0.05$）。

　　由表 6-6 可见，除了种植番茄品种"德福 mm-8"的黑麦草地下部 Cd 含量和 Cd 全量外，黑麦草各部位 Cd 含量和积累量在两个处理间的差异达到显著水平。黑麦草各部位 Cd 含量的大小顺序为地下部＞地上部。与对照相比较，"Cd+黑麦草+丛枝菌根"处理使德福 mm-8 和洛贝琪套种的黑麦草地上部和地下部中的 Cd 含量均降低了，降幅分别为 14.8%和 9.6%、7.2%和 11.1%。黑麦草植株各部位 Cd 积累量的大小顺序为地上部＞地下部。与对照相比较，"Cd+黑麦草+丛枝菌根"处理增加了德福 mm-8 和洛贝琪套种的黑麦草地上部、地下部 Cd 积累量和 Cd 全量，增幅分别为 15.7%和 19.7%、4.3%和 1.0%、11.5%和12.2%。

　　本试验条件下，在 Cd 污染土壤上（20 mg/kg Cd），"Cd+黑麦草+丛枝菌根"的处理显著提高了黑麦草的地上部生物量和总干重，尤其是其地上部的生物量增加十分明显，说明丛枝菌根能缓解 Cd 对黑麦草生长的抑制。原因可能是因为在 Cd 污染土壤接种丛枝菌根后，使得土壤内微生物种类增多或增加了土壤中微生物的活性，进而使土壤环境更加适宜黑麦草的生长。同时，接种强化了菌根对植物根系的感染能力，形成互惠互利的共生体，反而抑制了 Cd 对黑麦草生长的毒害效应。

表 6-6　丛枝菌根对黑麦草 Cd 含量及积累的影响

处理	Cd 含量/（mg/kg）				Cd 积累量/（mg/40plants）				Cd 全量/（mg/40plants）	
	地上部		地下部		地上部		地下部			
	德福 mm-8	洛贝琪	德福 mm-8	洛贝琪	德福 mm-8	洛贝琪	德福 mm-8	洛贝琪	德福 mm-8	洛贝琪
Cd+黑麦草	41.37± 0.09a	41.00± 0.87a	44.61± 0.54a	54.40± 0.71a	0.281± 0.01a	0.299± 0.01a	0.162± 0.01a	0.200± 0.02a	0.443± 0.02a	0.499± 0.03a
Cd+黑麦草+ 丛枝菌根	35.25± 0.06b	37.07± 0.24b	41.41± 2.26a	48.37± 0.74b	0.325± 0.01b	0.358± 0.01b	0.169± 0.01ab	0.202± 0.01ab	0.494± 0.02a	0.560± 0.02ab

注：不同字母表示不同处理之间的差异达到显著水平（$P<0.05$）。

"Cd+黑麦草+丛枝菌根"处理降低了黑麦草地上部和根部的 Cd 含量，原因可能是丛枝菌根改变了 Cd 离子在根部吸收运输的位点，从而减少了 Cd 离子向植物体内的木质部长距离输送，使黑麦草地上部 Cd 含量相对较少。也可能是因为丛枝菌根真菌均降低植物地上部重金属浓度，提高根对重金属的吸收，抑制重金属向地上部转运，认为重金属可与菌根中含有真菌蛋白配体的半胱氨酸形成复合体而滞留在根中。究其原因还有待进一步研究。然而"Cd+黑麦草+丛枝菌根"处理却增加了 Cd 的积累量，可能是丛枝菌根降低了 Cd 对黑麦草的危害，从而提高了其生物量，使其总积累量增加了，可见丛枝菌根是可以强化黑麦草修复土壤重金属 Cd 污染的。

四、植物-菌根真菌联合修复存在的问题与研究展望

近几年，微生物修复已成为研究热点（王小波 等，2013），但是，在微生物对重金属的富集机理方面仍有许多问题有待于解决，这些问题包括细胞壁中吸附或结合重金属的特有成分或基团、细胞质膜上起转运金属离子作用的重金属转运蛋白(酶)或载体、金属硫蛋白在菌体细胞内的定位以及对重金属解毒的作用程度如何、与菌体耐重金属有关的基因的表达与调控等。国内外学者也有将不同修复方法结合起来修复土壤镉污染的研究（Marijke et al.，2014），但由于各种修复技术联合应用的过程中其各自反应机理比较复杂，因此仍然存在着一些问题有待深入探讨。例如，在微生物-植物联合修复过程中，微生物和植物品种的筛选、各自的用量及配置等。目前，国内外学者就土壤镉污染生物修复的机理，已从亚细胞角度、生理生化角度、分子生物学角度开展了广泛的研究（金山，2013；Arifa et al.，2012）。此外，土壤污染不仅仅是重金属镉污染，通常情况还伴有其他重金属以及有机污染物的复合污染。现有的大多数研究只探讨了复合污染的结果，如作物生物量、重金属吸收、土壤酶活性以及它们与土壤污染物含量等之间的相关性，而对于其作用机理尚不明确。

土壤镉污染防治和修复需以植物修复为主，辅以化学、微生物及农业生态措施，增加重金属的生物有效性，促进植物的生长和吸收，从而提高植物修复的综合效率，或者合理地将镉超富集植物与低镉富集作物套种并接种合适的微生物菌剂，使得镉污染土壤得以充分利用，生产出安全的农产品。笔者课题组已在该方面取得了一定突破，并且正在进行更多的尝试和研究，进行多种修复方法综合应用的研究，如叶面喷施外源 Zn、Fe、Se，并同时接种适量的微生物菌剂以及农作物与黑麦草等重金属富集植物合理套种等。大田应用结果显示，该方法修复土壤镉污染的效果显著。

主要参考文献

陈贵青, 张晓璟, 徐卫红, 等. 2010. 不同锌水平下辣椒体内镉的积累、化学形态及生理特性[J]. 环境科学, 31(7): 247-252.

陈永勤. 2017. 镉富集植物镉积累基因型差异及分子机理研究[D]. 重庆: 西南大学.

陈永勤, 江玲, 徐卫红, 等. 2015. 草、丛枝菌根对番茄 Cd 吸收、土壤 Cd 形态及微生物数量的影响[J]. 环境科学, 6(12): 4642-4650.

陈永勤, 徐卫红, 江玲, 等. 2017. 黑麦草与丛枝菌根对番茄 Cd 质量分数及根际 Cd 形态的影响[J]. 西南大学学报 (自然科学版), 39(4): 34-39

董静. 2009. 基于悬浮细胞培养的大麦耐镉性基因型差异及大小麦耐渗透胁迫差异的机理研究[D]. 杭州: 浙江大学.

盖华. 2010. 丛枝菌根真菌对"丰香"草莓生长、产量和品质的影响[D]. 武汉: 华中农业大学.

韩桂琪, 王彬, 徐卫红, 等. 2010. 重金属 Cd、Zn、Cu、Pb 复合污染对土壤微生物和酶活性的影响[J]. 水土保持 学报, 24: 238-242.

韩桂琪, 王彬, 徐卫红, 等. 2012. 重金属 Cd, Zn, Cu 和 Pb 复合污染对土壤生物活性的影响[J]. 中国生态农业学 报, 20: 1236-1242.

黄志熊, 王飞娟, 蒋晗, 等. 2014. 两个水稻品种镉积累相关基因表达及其分子调控机制[J]. 作物学报, 40(4): 581-590.

江玲, 杨芸, 徐卫红, 等. 2014. 黑麦草-丛枝菌根对不同番茄品种抗氧化酶活性、镉积累及化学形态的影响[J]. 环 境科学, 35(6): 2349-2357.

江玲. 2015. 黑麦草、丛枝菌根对不同品种番茄镉吸收、富集的影响[D]. 重庆: 西南大学.

金山. 2013. 白三叶对镉污染土壤的修复潜力研究[D]. 榆林: 西北农林科技大学.

李文一, 徐卫红, 何建平, 等. 2009. 难溶态锌、镉对香根草抗氧化酶活性及锌、镉吸收的影响[J]. 水土保持学报, 23(1): 122-126

李文一. 2007. 香根草对碱性土壤难溶性锌镉的吸收利用及 EDTA 调控机理[D]. 重庆: 西南大学.

秦余丽, 江玲, 徐卫红, 等. 2017. 黑麦草与丛枝菌根对番茄抗性及 Cd 吸收的影响[J]. 农业环境学报, 36(6): 1053-1061.

秦余丽. 2018. 两个品种黑麦草镉富集特性及镉转运基因差异研究[D]. 重庆: 西南大学.

田野, 张会慧, 孟祥英, 等. 2013. 镉(Cd)污染土壤接种丛枝菌根真菌(Glomus mosseae)对黑麦草生长和光合的影 响[J]. 草地学报, 1(21): 135-141.

王宏信. 2006. 重金属富集植物黑麦草对锌、镉的响应及其根际效应[D]. 重庆: 西南大学.

王林闯. 2010. 丛枝菌根真菌影响温室甜椒生长和产量品质的研究[D]. 北京: 中国农业科学院.

王曙光, 林先贵, 尹睿. 2004. 接种 AM 真菌对 PAEs 污染土壤中微生物和酶活性的影响[J]. 生态学杂志, (1): 48-51.

王小波, 李学如, 茹灿泉, 等. 2013. 耐镉马克思克鲁维酵母重金属镉吸附特性的研究[J]. 菌物学报, 32(5): 868-875.

王友保, 燕傲蕾, 张旭情, 等. 2010. 吊兰生长对土壤镉形态分布与含量的影响[J]. 水土保持学报, (6): 163-166.

徐卫红, 王宏信, 刘怀, 等. 2007. Zn、Cd 单一及复合污染对黑麦草根分泌物及根际 Zn、Cd 形态的影响[J]. 环境 科学, 28(9): 2089-2095.

杨秀梅, 陈保冬, 朱永官, 等. 2008. 丛枝菌根真菌(*Glomus intraradices*)对铜污染土壤上玉米生长的影响[J]. 生态学报, 28(3): 1052-1058.

张海波, 李仰锐, 徐卫红, 等. 2011. 有机酸、EDTA 对不同水稻品种 Cd 吸收及土壤 Cd 形态的影响[J]. 环境科学, 32(9): 2625-2631.

张晓璟, 刘吉振, 徐卫红, 等. 2011. 磷对不同辣椒品种镉积累、化学形态及生理特性的影响[J]. 环境科学, 32(4): 1171-1176.

朱芳, 方炜, 杨中艺. 2006. 番茄吸收和积累 Cd 能力的品种间差异[J]. 生态学报, 26(12): 4071-4081.

朱生翠. 2014. 根际真菌对植物吸收重金属镉的强化作用研究[D]. 株洲: 湖南工业大学.

Arifa T, Humaira I. 2012. Development of a fungal consortium for the biosorption of cadmium from paddy rice field water in a bioreactor[J]. Annals of Microbiology, 62(3): 1243-1246.

Ayano H, Miyake M, Terasawa K, et al. 2014. Isolation of a selenite-reducing and cadmium-resistant bacterium *Pseudomonas* sp. strain RB for microbial synthesis of CdSe nanoparticles[J]. Journal of Bioscience and Bioengineering, 117(5): 576-581.

Barkat M, Chegrouche S, Mellah A, et al. 2014. Application of algerian bentonite in the removal of cadmium(II) and chromium(VI) from aqueous solutions[J]. Journal of Surface Engineered Materials and Advanced Technology, 4: 210-226.

Chodak M, Golebiewski M, Morawska-Ploskonka J, et al. 2013. Diversity of microorganisms from forest soils differently polluted with heavy metals[J]. Applied Soil Ecology, 64: 7-14.

Han Y, Sa G, Sun J, et al. 2014. Overexpression of *Populus euphratica* xyloglucan endotransglucosylase/hydrolase gene confers enhanced cadmium tolerance by the restriction of root cadmium uptake in transgenic tobacco[J]. Environmental and Experimental Botany, 100: 74-83.

Isabelle L, Katarina V M, Luka J, et al. 2014. Differential cadmium and zinc distribution in relation to their physiological impact in the leaves of the accumulating *Zygophyllum fabago* L. [J]. Plant Cell and Environment, 37: 1299-1320.

Lu H, Zhuang P, Li Z, et al. 2014. Contrasting effects of silicates on cadmium uptake by three dicotyledonous crops grown in contaminated soil[J]. Environmental Science and Pollution Research, 21(16): 9921-9930.

Malčovská S M, Dučaiová Z, Maslaňáková I, et al. 2014. Effect of silicon on growth, photosynthesis, oxidative status and phenolic compounds of maize(*Zea mays* L.)grown in cadmium excess[J]. Water Air Soil Pollut. , 225: 2056.

Malea P, Kevrekidis T, Mogias A, et al. 2014. Kinetics of cadmium accumulation and occurrence of dead cells in leaves of the submerged angiosperm *Ruppia maritime*[J]. Botanica Marina, 57(2): 111-122.

María F I, María D G, María P B. 2014. Cadmium induces different biochemical responses in wild type and catalase-deficient tobacco plants[J]. Environmental and Experimental Botany.

Marijke J, Els K, Henk S, et al. 2014. Differential response of *Arabidopsis* leaves and roots to cadmium: glutathione-related chelating capacity vs antioxidant capacity[J]. Plant Physiology and Biochemistry, 83: 1-9.

Mohan D, Kumar H, Sarswat A, et al. 2014. Cadmium and lead remediation using magnetic oak wood and oak bark fast pyrolysis bio-chars[J]. Chemical Engineering Journal, 236: 513-528.

Nakamura S, Suzui N, Nagasaka T, et al. 2013. Application of glutathione to roots selectively inhibits cadmium transport from roots to shoots in oilseed rape[J]. Journal of Experimental Botany, 64(4): 1073-1081.

Niemeyera J C, Lolata G B, de Carvalho G M, et al. 2012. Microbial indicators of soil health as tools for ecological risk assessment of a metal contaminated site in Brazil[J]. Applied Soil Ecology, 59: 96-105.

Pan J, Yu L. 2011. Effects of Cd or/and Pb on soil enzyme activities and microbial community structure[J]. Ecological Engineering, 37: 1889-1894.

Rodríguez-Serrano M, Romero-puertas M C, Zabalza A, et al. 2006. Cadmium effect on oxidative metabolism of pea(*Pisum sativum* L.) roots. Imaging of reactive oxygen species and nitric oxide accumulation *in vivo*[J]. Plant Cell and Environment, 29(8): 1532-1544.

Sharifi Rad J, Sharifi Rad M, Teixeira da Silva J A. 2014. Effects of exogenous silicon on cadmium accumulation and biological responses of *Nigella sativa* L. (black cumin)[J]. Communications in Soil Science and Plant Analysis, 45(14): 1918-1933.

Su Y, Liu J L, Lu Z W, et al. 2014. Effects of iron deficiency on subcellular distribution and chemical forms of cadmium in peanut roots in relation to its translocation[J]. Environmental and Experimental Botany, 97: 40-48.

Wong C W, Barford J P, Chen G H, et al. 2014. Kinetics and equilibrium studies for the removal of cadmium ions by ion exchange resin[J]. Journal of Environmental Chemical Engineering, 2: 698-707.

第七章 菜田重金属镉污染与
外源物质调控

镁、钾、锌、铁等重金属元素与镉均存在拮抗作用，可降低镉的有效态，抑制植物对镉的吸收。这些外源物质能限制作物对 Cd 的吸收或阻碍 Cd 向作物可食部分的转移，并缓解 Cd 胁迫对作物的毒害，促进作物生长，提高作物产量。所施用的外源物质主要包括两类：一类是 Zn、Fe、Si、P、Ca、Se 等中微量营养元素或有益元素，以利用它们与 Cd 的竞争拮抗作用来抑制 Cd 的吸收和积累；另一类是谷胱甘肽(GSH)、抗坏血酸(AsA)、水杨酸(SA)、酶类等有机物。

第一节 菜田重金属镉污染与锌、铁、镁

一、镉与锌

Zn 作为植物必需的微量营养元素之一，参与植物生长素(吲哚乙酸)的合成，与叶绿素的形成、植物光合、呼吸以及碳水化合物的合成、运转等过程有关，还能促进生殖器官的发育和提高抗逆。Zn 和 Cd 均位于元素周期表中同一主族，二者具有相似的生物地球化学特征。植物中 Zn/Cd 的交互作用一直是土壤学、生态学、环境科学研究的热点问题。一些研究表明，施入外源 Zn 可抑制作物对 Cd 的吸收和积累。Hart 等(2005)研究发现，在营养液中施入 Zn 显著抑制了小麦(*Triticum aestivum* L.)对 Cd 的吸收，从而使小麦各部位 Cd 含量均有所降低。也有人研究用叶面喷施 Zn 来抑制作物对 Cd 的吸收。我们的研究结果显示，叶面喷施 Zn 降低了辣椒(*Capsicum annuum*)果实 Cd 含量，且随喷施 Zn 浓度增加，果实 Cd 含量呈下降趋势(陈贵青 等，2010)。也有一些报道从植物生理生化特征的角度研究外源 Zn 对作物 Cd 积累的影响。Cd 胁迫下，外源施 Zn 可提高金鱼藻(*Ceratophyllum demersum* L.)植株 SOD、CAT、POD 和 APX 的活性，缓解 Cd 毒害症状。Cd 胁迫下，外源 Zn 也降低了大豆(*Glycine max*)幼苗叶片 MDA 和脯氨酸含量，缓解了 Cd 胁迫诱导的膜脂过氧化症状(Hart et al.，2005)。

过去十几年里，国内外学者对锌镉拮抗作用的机理进行了不少研究，也取得了一定进展。Zn 能加快 PCs-Cd 和 MT-Cd 复合物的形成，使 Cd 固定在液泡中，从而减轻植物的毒害。Cd 与 Zn 在根系吸收和木质部运输过程中可能共用细胞质相同的转运子，高浓度的 Zn 在与 Cd 竞争膜上转运蛋白和结合位点过程中可能更有优势，从而抑制了植物对 Cd 的吸收和积累。

然而，也有一些研究表明施 Zn 能促进植物对 Cd 的吸收和积累，并加重 Cd 毒害。有关锌镉协同作用的积累，一些学者也进行了研究。2006 年 Kachenko 和 Singh 发现 Cd 污染条件下，叶菜类蔬菜中 Cd 含量随土壤 Zn 浓度的增加而增加。原因可能是 Cd 污染条件下 Zn 的加入促进了 Zn-PC 复合物的形成，同时抑制了 Cd-PC 复合物的形成，提高了 Cd 的活性，从而促进了 Cd 由根向地上部的转移。此外，大量的 Zn 刺激根细胞产生更多的转运载体，促进了与 Zn 具有相似性质的 Cd 的吸收。2011 年 Qiu 等研究发现外加 Zn 仅显著增加了乔松（Pinus griffithii McClelland）叶柄中 Cd 的积累。还有研究显示，Zn 对植物吸收 Cd 的影响表现为低促高抑。2012 年索炎炎等的研究发现，低浓度 Cd（2.5 mg/kg）条件下，向叶面喷施 Zn 肥，水稻（Oryza sativa spp.）糙米 Cd 含量增加了 41.9%；而高浓度 Cd（5 mg/kg）条件下，喷 Zn 则使糙米 Cd 含量降低 15.4%。这可能与 Cd 处理浓度不同和外源 Zn 施用方式有关。

我们于 2012 年 3 月 10 日～2012 年 7 月 9 日采用盆栽试验研究了重金属 Cd（10 mg/kg）胁迫下，向叶面喷施不同水平 Zn（0、50、100、200 和 400 μmol/L）对两个番茄品种 "4641" 和 "渝粉 109" 生长、抗性及番茄镉吸收、果实 Cd 形态的影响。

（一）锌镉拮抗对蔬菜生长的影响

从表 7-1 可以看出，番茄果实、茎及总干重在两个品种间、不同 Zn 水平之间的差异达到了显著水平。在重金属 Cd 污染（10 mg/kg）下，除喷施 400 μmol/L Zn 时 "4641" 的根干重以及叶干重外，向叶面喷施 Zn（≤400 μmol/L）增加了两个番茄品种的果实、根、茎、叶及总干重，增幅分别为 8.9%～57.5%、1.6%～47.7%、3.2%～51.9%、4.3%～21.9% 及 11.3%～45.1%。除渝粉 109 的根干重随 Zn 水平增加逐渐增加外，番茄果实、根、茎、叶及总干重均表现出随 Zn 水平增加先增加，在 50、100 或 200 μmol/L Zn 水平时达到最高，然后降低。比较两个品种，无论喷施 Zn 与否，果实干重均以 "4641" ＞ "渝粉 109"；但喷施 100、200 和 400 μmol/L Zn 时，植株总干重以 "渝粉 109" ＞ "4641"。

本试验中，在 10 mg/kg Cd 污染土壤上，向叶面喷施适量的 Zn（≤200 μmol/L）提高了两个番茄品种的果实、叶、茎、根及总干重（表 7-1）。在高水平 Zn 处理下，番茄果实干重和植株总干重也高于未喷 Zn 处理。原因可能是供试土壤有效 Zn 含量为 1.9 mg/kg，仅仅略高于土壤缺 Zn 临界值 1.5 mg/kg（0.1 mol/L 盐酸提取），因此，叶面喷施 Zn 对番茄生长是有效的，在一定程度上缓解了重金属 Cd 对番茄生长的抑制。此外，也可能是由于 Zn 与 Cd 的拮抗效应降低了 Cd 对番茄的毒害。比较两个品种，无论喷施 Zn 与否，果实干重均为"4641"＞"渝粉 109"。说明"4641"品种对 Cd 污染环境的耐性更强，而且对 Zn 的反应更为敏感，喷 Zn 后，Zn 与 Cd 的拮抗效应减缓了 Cd 对其生长的毒害效应，因而也获得了更高的产量。但番茄果实、根、茎、叶及总干重均表现出随 Zn 水平增加先增加，在 50、100 或 200 μmol/L Zn 水平时达到最高，然后降低。该结果与早前报道（陈贵青 等，2010）相似。可能是植物体内积累了过量的锌以及锌化合物会诱发多种活性自由基，导致脂质的过氧化和膜的损伤，影响番茄生长。另外，也可能是高水平 Zn 与 Cd 的协同效应起了一定作用。此结果说明 Zn/Cd 交互作用与外源 Zn 水平有关。

表 7-1 镉污染土壤上（10 mg/kg）施用不同水平 Zn 对番茄生物量的影响

Zn 水平 /(μmol/L)	植株干重/(g/plant)									
	果实		根		茎		叶		总干重	
	4641	渝粉 109	4641	渝粉 109	4641	渝粉 109	4641	渝粉 109	4641	渝粉 109
0	31.3	20.4	3.13	2.39	25.2	31.8	15.35	15.60	74.98	70.19
50	49.3	28.6	3.18	2.96	26.0	38.9	16.65	17.52	95.13	87.98
100	38.9	32.1	3.22	3.14	30.2	41.2	16.90	18.65	89.22	95.09
200	35.8	31.4	3.35	3.17	32.3	48.3	16.01	19.01	87.46	101.88
400	34.1	30.1	3.07	3.53	31.2	47.7	15.08	18.64	83.45	99.97
LSD$_{0.05}$										
番茄品种	1.141		0.253		0.579		0.468		1.973	
Zn 水平	0.732		0.091		0.352		0.231		1.646	
番茄品种×Zn 水平	0.598		0.056		0.095		0.074		1.122	

（二）锌镉拮抗对蔬菜抗氧化酶活性的影响

重金属 Cd 胁迫会诱导植物产生大量的自由基，而 CAT、SOD 及 POD 等抗氧化酶能有效清除植物体内的自由基和过氧化物，从而抵御重金属对植物的危害。在 Cd 污染下，两个品种番茄根系 POD 活性随 Zn 水平的变化表现出不同的趋势（图 7-1）。即"渝粉 109"根系 POD 活性随 Zn 浓度增加先增加，在 50 μmol/L Zn 时达到最大值，然后下降；而"4641"根系 POD 活性随 Zn 水平增加，先下降，在 50 μmol/L Zn 时达到最低，然后逐渐回升。随 Zn 水平增加，SOD 活性则随 Zn 水平增加先下降，在 50 或 100 μmol/L Zn 时达到最低值，然后回升，在 200 μmol/L Zn 时达到最大值，然后又下降（图 7-2）。而两个品种番茄根系 CAT 活性随 Zn 水平增加先增加，在 100 或 200 μmol/L Zn 时达到最大值，然后呈下降趋势（图 7-3）。

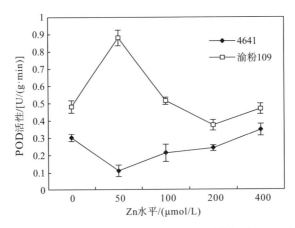

图 7-1　镉污染土壤上(10 mg/kg)不同 Zn 水平对番茄根系 POD 活性的影响

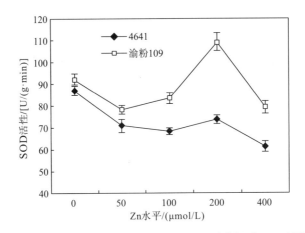

图 7-2　镉污染土壤上(10 mg/kg)不同 Zn 水平对番茄根系 SOD 活性的影响

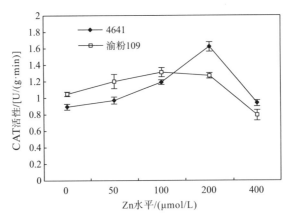

图 7-3　镉污染土壤上(10 mg/kg)不同 Zn 水平对番茄根系 CAT 活性的影响

　　在重金属 Cd 胁迫下，植物会产生大量的氧自由基，CAT、POD、SOD 等组成的抗氧化系统能够清除氧自由基，使细胞免受由重金属 Cd 引起的氧化胁迫伤害。在本试验中，随 Zn 水平增加，两个品种根系 CAT 活性以及"渝粉 109"根系 POD 活性先增加，在 50、100 或 200 μmol/L Zn 时达到最大值，然后呈下降趋势。该结果与番茄的生长量和产量随 Zn 水平变化是一致的。表明低水平 Zn 提高了番茄根系 CAT 和 POD 活性，以适应不良环境胁迫，而高水平 Zn 胁迫使细胞膜系统受到了伤害，导致 CAT 和 POD 活性降低。也可能是 Zn 与 Cd 的双重毒害加重了植物遭受重金属胁迫，反而使番茄根系 CAT 和 POD 活性下降。随 Zn 水平增加（≤200 μmol/L），两个品种根系 SOD 活性以及"4641"根系 POD 活性先降低，在 50 或 100 μmol/L Zn 时达到最低值，然后增加。可能是喷施 Zn 能降低番茄体内活性氧自由基，从而导致清除自由基酶含量下降，过量 Zn 反而增加了抗氧化酶活性，以清除因 Zn 毒害产生的大量氧自由基。但两个品种根系 SOD 活性在 Zn 水平为 400 μmol/L 时又呈下降趋势，其原因有待进一步研究。

（三）锌镉拮抗对蔬菜中 Cd 形态及含量的影响

　　由表 7-2 可知，番茄果实中各 Cd 形态含量及 Cd 提取总量在两个品种间、不同 Zn 水平间的差异达到显著水平。两个番茄品种果实中各形态 Cd 平均含量为 Res-Cd＞HCl-Cd＞NaCl-Cd＞E-Cd＞HAc-Cd＞W-Cd。其中，两个番茄品种（"4641"和"渝粉 109"）果实残渣态 Cd（Res-Cd）含量分别平均为 0.878 mg/kg 和 0.681 mg/kg，两个品种 Res-Cd 平均为 0.779 mg/kg，所占 Cd 提取总量的比例分别平均为 54.0% 和 53.6%，两个品种 Res-Cd 所占 Cd 提取总量的比例平均为 53.8%；盐酸提取态 Cd（HCl-Cd）含量分别为 0.230 mg/kg 和 0.172 mg/kg，二者平均为 0.201 mg/kg，占 Cd 提取总量的比例为 13.9%。二者均为活性偏低形态 Cd，其平均含量之和为 0.981 mg/kg，占 Cd 提取总量的比例为 67.7%（表 7-2）。活性较高的 W-Cd 和 E-Cd 平均含量分别为 0.037 mg/kg 和 0.159 mg/kg，占 Cd 提取总量的比例分别为 2.5% 和 11.0%，二者平均含量之和为 0.196 mg/kg，占 Cd 提取总量的比例为 13.5%。试验发现，喷施适量的 Zn 能减少两个番茄品种果实中各形态 Cd 含量，但随 Zn 水平的增加，各形态 Cd 表现出不同的变化趋势。如"4641"的 E-Cd、W-Cd 和 HAc-Cd，以及"渝粉 109"的 W-Cd 和 HAc-Cd 含量随 Zn 水平的增加而降低，分别较对照减少了 20.6%～100%、50.4%～100%、43.6%～62.7%、56.9%～100% 和 35.3%～65.9%；而果实其余各形态 Cd 含量，则随 Zn 水平的增加先降低，在 50、100 或 200 μmol/L 时达到最低值，然后回升。高水平 Zn（400 μmol/L）反而使"渝粉 109"果实中的 E-Cd、Res-Cd 以及"4641"果实中 HCl-Cd、Res-Cd 较对照分别增加了 2.4%、14.5%、34.5% 和 31.6%。喷施 Zn 使两个番茄品种果实中 Cd 总提取量降低了 17.4%～38.7% 和 8.6%～

表 7-2 镉污染土壤上（10 mg/kg）不同 Zn 水平对番茄果实 Cd 化学形态及含量的影响

Zn水平/(μmol/L)	E-Cd/(mg/kg) 渝粉109	E-Cd/(mg/kg) 4641	W-Cd/(mg/kg) 渝粉109	W-Cd/(mg/kg) 4641	NaCl-Cd/(mg/kg) 渝粉109	NaCl-Cd/(mg/kg) 4641	HAc-Cd/(mg/kg) 渝粉109	HAc-Cd/(mg/kg) 4641	HCl-Cd/(mg/kg) 渝粉109	HCl-Cd/(mg/kg) 4641	Res-Cd/(mg/kg) 渝粉109	Res-Cd/(mg/kg) 4641	总提取量/(mg/kg) 渝粉109	总提取量/(mg/kg) 4641
0	0.170	0.345	0.109	0.115	0.222	0.334	0.167	0.220	0.210	0.232	0.739	0.839	1.617	2.085
50	0.105	0.274	0.047	0.057	0.110	0.123	0.108	0.124	0.144	0.213	0.672	0.827	1.186	1.618
100	0.112	0.200	<0.001	0.024	0.084	0.092	0.082	0.110	0.136	0.201	0.609	0.799	1.023	1.426
200	0.140	0.070	<0.001	0.013	0.134	0.088	0.068	0.095	0.167	0.193	0.538	0.819	1.047	1.278
400	0.174	<0.001	<0.001	<0.001	0.196	0.225	0.057	0.082	0.205	0.312	0.846	1.104	1.478	1.723
$LSD_{0.05}$														
番茄品种	0.055		0.005		0.008		0.012		0.005		0.047		0.204	
Zn水平	0.063		0.009		0.003		0.004		0.010		0.026		0.085	
番茄品种×Zn水平	0.011		0.004		0.006		0.009		0.012		0.014		0.127	
番茄品种×Zn水平														

注：E-Cd、W-Cd、NaCl-Cd、HAc-Cd、HCl-Cd和Res-Cd分别代表乙醇提取态Cd、水提取态Cd、氯化钠提取态Cd、醋酸提取态Cd、盐酸提取态Cd和残渣态Cd。

36.7%，但也随 Zn 水平的增加先降低，在 100 或 200 μmol/L 时达到最低值，然后回升。比较供试两个番茄品种，无论是否喷施 Zn，果实 Cd 总提取量为"4641"＞"渝粉 109"。

重金属在植物体内的化学形态一般以氯化钠提取态、醋酸提取态、盐酸提取态等非活性态为主。本试验发现，Cd 在番茄果实中主要以 Res-Cd 形式存在，平均为 0.779 mg/kg，占 Cd 提取总量的比例为 53.8%（表 7-2）。其次是 HCl-Cd，平均为 0.201 mg/kg，占 Cd 提取总量的比例为 13.9%。Res-Cd、HCl-Cd 二者平均含量之和为 0.981 mg/kg，占 Cd 提取总量的比例达到了 67.7%，是番茄果实中 Cd 主要的存在形式。Res-Cd、HCl-Cd 均为活性偏低形态 Cd。活性较高的 W-Cd 和 E-Cd 平均含量之和为 0.196 mg/kg，占 Cd 提取总量的比例仅为 13.5%，从而极大地降低了 Cd 的毒害效应。本试验条件下，喷施适量的 Zn 减少了两个番茄品种果实中各形态 Cd 含量和 Cd 总提取量，Zn/Cd 表现出明显的拮抗效应。原因可能与转运子基因的表达有关，也可能是由于重金属 Cd 与 Zn 竞争吸收运输位点所致。但高水平 Zn（400 μmol/L）反而使"渝粉 109"果实中的 E-Cd、Res-Cd 以及"4641"果实中的 HCl-Cd、Res-Cd 较对照分别增加了 2.4%、14.5%、34.5%和31.6%，此时 Cd/Zn 表现出一定的协同效应。1991 年 Xue 和 Harrison 就曾报道，在严重镉污染条件下（10 mg/kg），提高土壤中锌的含量（600 mg/kg）可使叶用莴苣中镉积累量显著提高。此结果再次印证了 Cd/Zn 交互作用与 Zn 浓度有关。

（四）锌镉拮抗对蔬菜 Cd 积累量的影响

由表 7-3 可知，两个番茄品种植株 Cd 含量大小顺序为叶＞根＞茎＞果实。向叶面喷施 Zn 使两个番茄品种根、茎、叶和果实中的 Cd 含量不同程度降低，"4641"和"渝粉 109"Cd 含量降低幅度为 24.0%～40.2%和 18.6%～41.7%、10.6%～31.1%和 16.0%～36.7%、5.8%～21.4%和 10.0%～21.5%、2.6%～7.7%和2.3%～12.7%。随 Zn 水平增加，"4641"的茎、叶和果实，以及"渝粉 109"的叶 Cd 含量先增加，分别在 100 和 200 μmol/L Zn 时达到最低值，然后增加；而"4641"的根以及"渝粉 109"的根、茎和果实的 Cd 含量则呈逐渐下降趋势。

由表 7-3 可见，两个番茄品种 Cd 积累量均为叶＞茎＞根或果实，即 Cd 主要积累在番茄的叶和茎，分别占植株 Cd 总积累量的 53.5%和 35.3%。根和果实的 Cd 积累较少，分别占植株 Cd 总积累量的 5.5%和 5.9%。除"渝粉 109"的叶和果实外，随 Zn 水平的增加，两个番茄品种植株各部位 Cd 积累量以及植株总 Cd 积累量表现为降低趋势。本试验中，两个品种果实 Cd 积累量分别较对照增加了 4.1%～53.6%和 28.7%～40.2%。比较供试两个番茄品种，无论是否喷施 Zn，果实 Cd 含量和果实 Cd 积累量均为"4641"＞"渝粉 109"。但植株 Cd 总积累量为"4641"＜"渝粉 109"。

表 7-3　镉污染土壤上（10 mg/kg）不同 Zn 水平对番茄 Cd 含量及积累量的影响

Zn水平/(μmol/L)	Cd 含量/(mg/kg)								Cd 积累量/(mg/plant)									
	根		茎		叶		果实		根		茎		叶		果实		Cd总量	
	4641	渝粉109	4641	渝粉109	4641	渝粉109	4641	渝粉109	4641	渝粉109	4641	渝粉109	4641	渝粉109	4641	渝粉109	4641	渝粉109
0	85.52	70.76	43.11	42.48	124.44	121.13	6.20	5.97	0.268	0.169	1.086	1.351	1.910	1.890	0.194	0.122	3.458	3.531
50	64.96	57.57	38.53	35.70	117.26	108.96	6.04	5.83	0.207	0.170	1.001	1.389	1.786	1.769	0.298	0.167	3.292	3.495
100	58.62	53.89	32.55	33.36	97.87	97.24	5.72	5.32	0.189	0.169	0.983	1.374	1.654	1.814	0.223	0.171	3.048	3.491
200	53.71	52.32	29.69	27.31	100.96	95.03	5.87	5.27	0.180	0.166	0.959	1.319	1.616	1.807	0.210	0.166	2.965	3.419
400	51.17	41.22	30.55	26.88	103.67	96.71	5.93	5.21	0.157	0.146	0.953	1.282	1.563	1.803	0.202	0.157	2.876	3.387
LSD$_{0.05}$																		
番茄品种	1.419		0.677		0589		0.319		0.901		0.245		0.001		0.056		0.063	
Zn水平	1.234		0.811		1.386		0.292		0.002		0.003		0.002		0.002		0.028	
番茄品种×Zn水平	1.753		0.902		1.074		0.235		0.068		0.167		0.004		0.004		0.037	

注：Cd 积累量为植株各部位干重与 Cd 含量的乘积。

供试两个番茄品种 Cd 主要累积于叶和茎中，根和果实中 Cd 积累较少，而且 Cd 含量也是叶大于根、茎和果实（表 7-3），可见番茄对 Cd 的转移能力较强。此结果与之前朱芳等（2006）报道番茄 Cd 主要集中在根部有所不同。本试验中，番茄果实中 Cd 提取总量＞1.0 mg/kg，远远高于国家对蔬菜和水果的 Cd 限量标准（≤0.05 mg/kg），说明番茄不但对 Cd 有较强的迁移能力，而且在可食部位对 Cd 也有很强的富集能力。提示在 Cd 污染较重的地区，种植番茄可能存在果实产品受 Cd 污染的风险。外源 Zn 使番茄叶、茎、根和果实中的 Cd 含量不同程度降低。该结果与 Hart 等（2005）、吕选忠等（2006）报道类似。原因可能是 Zn 供应充足时，Zn 可以竞争进入细胞上 Cd 的结合位点，Zn 吸收量增加，反之 Cd 吸收量下降。此外，适量的 Zn 与重金属 Cd 竞争根系吸收运输位点也可能降低了 Cd 离子在植物体内的木质部长距离输送。随 Zn 水平增加，"4641"的茎、叶和果实，以及"渝粉 109"的叶 Cd 含量先增加，分别在 100 和 200 μmol/L Zn 时达到最低值，然后回升。可见，Zn/Cd 交互作用不是简单的拮抗效应，表现出拮抗和协同并存。本试验条件下，两个番茄品种果实 Cd 积累量均高于对照，原因可能是叶面喷施 Zn 后番茄果实干重明显大于对照所致（Cd 积累量为植株各部位干重与 Cd 含量的乘积）。比较供试两个番茄品种，无论是否喷施 Zn，果实 Cd 含量和果实 Cd 积累量均为"4641"＞"渝粉 109"。说明，在土壤-植物系统中，Zn/Cd 的相互关系不但与 Zn 浓度有关，还与作物品种、部位关系密切。

二、镉与铁

Cd 和 Fe 在土壤和植物体内均存在比较复杂的相互作用。Fe 营养状况明显影响植物对 Cd 的吸收和积累。2014 年 Su 等研究则发现，缺 Fe 明显促进了花生（*Arachis hypogaea* Linn.）对 Cd 的吸收和积累，却抑制了 Cd 从根向地上部的迁移；他们认为这与缺 Fe 提高了分布在细胞内可溶态 Cd 的比例（主要是液泡），以及 NaCl 提取态 Cd（与果胶和蛋白质结合）的比例有关。有些研究表明 Fe 能拮抗 Cd，抑制植物对 Cd 的吸收。2007 年 Kudo 等采用水培试验研究了不同 Fe 营养状况下大麦 Cd 吸收和积累的差异，结果发现，正常供 Fe（10 μmol/L）条件下大麦（*Hordeum vulgare* L.）根系和地上部 Cd 含量较缺 Fe 处理显著降低，而高浓度 Fe（≥100 μmol/L）处理下植株各部位 Cd 含量则较正常供 Fe 时进一步下降，说明外源 Fe 显著抑制了大麦对 Cd 的吸收和积累。2011 年高超等对小金海棠（*Malus xiaojinensis*）的研究也有类似的结果，并且发现不同 Fe 营养状态下铁转运蛋白编码基因 *MxIRT1* 的表达水平存在差异，因此 Fe 营养可能通过调控 *MxIRT1* 的表达影响 Cd 的吸收。此外，Fe 与 Cd 竞争质膜上的金属离子转运蛋白结合位点也可能是 Fe 拮抗 Cd 吸收的原因之一。施加适量的外源 Fe 也能缓解植株 Cd 毒害。Cd 胁迫下，营养液中加 Fe 提高了大麦（*Hordeum vulgare* L.）细胞抗氧化酶(SOD、POD、CAT)的活性，降低了 MDA 的含量，表明 Fe 在一定程度上缓解了 Cd 对大麦细胞造成的氧化胁迫(董静，2009)。此外，也有 Fe 促进植物对 Cd 的吸收的报道。Shao 等(2007)的研究发现，在土壤中施用 EDTA·Na₂Fe 显著降低了水稻(*Oryza sativa* L.)根、茎、叶和籽粒中的 Cd 含量，而土施 FeSO₄ 或叶面喷施 EDTA·Na₂Fe、FeSO₄ 却明显增加了水稻植株包括籽粒的 Cd 含量，说明 Fe-Cd 拮抗还与铁肥种类和施用方式有关。

我们在 2012 年 3 月 10 日～2012 年 7 月 9 日采用盆栽试验研究了重金属 Cd(10 mg/kg)污染下，向叶面喷施不同 Fe 浓度(0、50、100、200 和 400 μmol/L)对不同品种番茄生长、抗氧化酶活性及番茄体内 Cd 形态和积累量的影响。

(一)铁镉拮抗对蔬菜中 Cd 形态及含量的影响

由表 7-4 可知，番茄果实中各形态 Cd 含量及 Cd 提取总量在两个品种间、Fe 浓度间的差异达到显著水平。两个番茄品种果实中各形态 Cd 平均含量的顺序为残渣态 Cd(Res-Cd)＞盐酸提取态 Cd(HCl-Cd)＞乙醇提取态 Cd(E-Cd)＞氯化钠提取态 Cd(NaCl-Cd)＞醋酸提取态 Cd(HAc-Cd)＞水提取态 Cd(W-Cd)。其中，"4641"和"渝粉 109"番茄品种果实 Res-Cd 含量平均为 0.876 mg/kg 和 1.289 mg/kg，二者平均为 1.082 mg/kg，占 Cd 提取总量的比例平均为 54.4%和 59.3%，二者平均为 57.2%；HCl-Cd 平均为 0.311 mg/kg，占 Cd 提取总量的比例为 16.5%。二者均为活性偏低形态 Cd，其平均含量之和为 1.393 mg/kg，占 Cd 提取总量的比例为 73.7%(表 7-4)。活性较高的 W-Cd 和 E-Cd 平均含量分别为 0.159 mg/kg 和 0.066 mg/kg，占 Cd 提取总量的比例分别为 8.4%和 3.5%，二者平均含量之和为 0.225 mg/kg，占 Cd 提取总量的比例为 11.9%。试验发现，喷施适量的 Fe 能减少两个番茄品种果实中各形态 Cd 含量，但随 Fe 水平的增加，各形态 Cd 表现出不同的变化趋势。如随 Fe 水平增加，"4641"果实中 E-Cd、W-Cd 和 HAc-Cd 含量逐渐降低，分别较对照减少了 20.6%～100%、50.4%～100%和 43.6%～62.7%；而两个品种果实 Cd 总提取量，以及"渝粉 109"果实中各形态 Cd(除 HCl-Cd 外)，"4641"果实中 NaCl-Cd、HCl-Cd 和 Res-Cd 含量表现为先降低，在 50、100 或 200 μmol/L 时达到最低值，然后回升。高水平 Fe(400 μmol/L)反而使"4641"果实中 HCl-Cd、Res-Cd 以及"渝粉 109"果实中 E-Cd、NaCl-Cd、Res-Cd 和总提取量较对照分别增加了 34.5%、31.6%、2.4%、5.0%、8.6%和 6.4%。此外，喷施 Fe 使"渝粉 109"果实中 HCl-Cd 含量较对照增加了 8.4%～75.5%。

我们研究发现，Cd 在番茄果实中主要以 Res-Cd 形式存在，平均为 1.082 mg/kg，占 Cd 提取总量的比例为 57.2%(表 7-4)。其次是 HCl-Cd，平均为 0.311 mg/kg，占 Cd 提取总量的比例为 16.5%。"4641"和"渝粉 109"果实中 Res-Cd、HCl-

表 7-4 镉污染土壤上（10 mg/kg）不同 Fe 水平对番茄果实 Cd 化学形态及含量的影响

Fe 水平/(μmol/L)	E-Cd/(mg/kg)		W-Cd/(mg/kg)		NaCl-Cd/(mg/kg)		HAc-Cd/(mg/kg)		HCl-Cd/(mg/kg)		Res-Cd/(mg/kg)		总提取量/(mg/kg)	
	4641	渝粉109	4641	渝粉109	4641	渝粉109	4641	渝粉109	4641	渝粉109	4641	渝粉109	4641	渝粉109
0	0.345	0.170	0.115	0.229	0.334	0.222	0.220	0.167	0.232	0.310	0.839	1.239	2.085	2.337
50	0.274	0.105	0.057	0.047	0.123	<0.001	0.124	0.138	0.213	0.544	0.827	1.172	1.618	2.006
100	0.200	0.112	0.024	<0.001	0.022	0.034	0.110	0.082	0.201	0.336	0.799	1.309	1.356	1.873
200	0.070	0.140	0.013	<0.001	0.088	0.134	0.095	0.138	0.193	0.367	0.819	1.380	1.278	2.159
400	<0.001	0.174	<0.001	0.172	0.225	0.233	0.082	0.157	0.312	0.405	1.104	1.346	1.723	2.487
LSD$_{0.05}$														
番茄品种	0.068		0.009		0.016		0.011		0.004		0.037		0.221	
Fe水平	0.021		0.003		0.005		0.003		0.015		0.006		0.079	
番茄品种×Fe水平	0.013		0.005		0.008		0.012		0.021		0.019		0.113	

注：E-Cd、W-Cd、NaCl-Cd、HAc-Cd、HCl-Cd 和 Res-Cd 分别代表乙醇提取态 Cd、水提取态 Cd、氯化钠提取态 Cd、醋酸提取态 Cd、盐酸提取态 Cd 和残渣态 Cd。

Cd 二者平均含量之和为 1.393 mg/kg，占 Cd 提取总量的比例达到了 73.7%，是番茄果实中 Cd 的主要存在形式。Res-Cd、HCl-Cd 均为活性偏低形态 Cd，活性较高的 W-Cd 和 E-Cd 平均含量之和为 0.226 mg/kg，占 Cd 提取总量的比例仅为 11.9%，从而极大地限制了 Cd 的毒害效应。本试验条件下，喷施适量的 Fe 减少了 "4641" 和 "渝粉 109" 果实中各形态 Cd 含量和 Cd 总提取量，铁镉表现出明显的拮抗效应。原因可能与铁转运子基因的表达有关，也可能是由于重金属镉与铁竞争根系吸收运输位点所致。但高水平 Fe(400 μmol/L) 反而较低水平 Fe 增加了 "4641" 果实中 HCl-Cd、Res-Cd 以及 "渝粉 109" 果实中 E-Cd、NaCl-Cd、Res-Cd 和总提取量，铁镉表现出一定的协同效应。2002 年 Stephan 等就曾报道，铁高效西红柿 cv.Bonner Beste 突变体 *chloronerva* 在较高 Fe 水平下能吸收较多的重金属。因此，铁镉交互作用不仅与 Fe 水平有关，还与供试作物种类和品种有关。

(二)铁镉拮抗对蔬菜中 Cd 含量的影响

由表 7-5 可见，番茄 Cd 含量顺序为叶>根>茎>果实。除 "渝粉 109" 的 400 μmol/L Fe 处理果实 Cd 含量外，叶面喷施 Fe 使 "4641" 和 "渝粉 109" 两个品种番茄叶、茎、根和果实中的 Cd 含量不同程度降低，Cd 含量降低幅度分别为 14.2%～21.9% 和 7.1%～25.3%、30.8%～47.2% 和 35.6%～50.4%、24.0%～45.1% 和 13.0%～17.1%、2.8%～11.7% 和 4.3%～9.9%。但随 Fe 水平增加，番茄叶、茎、根和果实中 Cd 含量呈先降后增趋势，即在 100 μmol/L 或 200 μmol/L Fe 时达到最低值，然后回升。

Cd 主要积累在番茄的叶和茎中，分别占植株 Cd 总积累量的 55.5% 和 33.3%。根和果实的 Cd 积累较少，分别占植株 Cd 总积累量的 5.2% 和 5.9%。随 Fe 水平的增加，"4641" 根的 Cd 积累量以及两个品种的茎 Cd 积累量、植株总 Cd 积累量表现为先降低，然后增加；两个品种叶的 Cd 积累量、"渝粉 109" 根的 Cd 积累量则表现为先增加，然后降低。而两个品种果实的 Cd 积累量随 Fe 水平增加总趋势为升高。比较供试两个番茄品种，无论是否喷施 Fe，果实的 Cd 含量及植株 Cd 总积累量为 "4641" < "渝粉 109"，在喷 200 μmol/L 和 400 μmol/L Fe 时，果实 Cd 积累量也为 "4641" < "渝粉 109"。

供试两个番茄品种 Cd 主要累积于叶和茎中，积累较少的是根和果实，而且 Cd 含量也以叶、茎大于根、果实(表 7-5)。可见番茄对 Cd 的转移能力较强。此结果与朱芳等(2006)报道番茄 Cd 主要集中在根部有所不同。本试验中，番茄果实中 Cd 含量>5.0 mg/kg，远远高于国家对蔬菜和水果的 Cd 限量标准(≤0.05 mg/kg)，说明，番茄不但对 Cd 有较强的迁移能力，而且在可食部位对 Cd 也有很强的富集能力。提示在 Cd 污染较重的地区，种植番茄可能存在果实产品受 Cd 污染的风

表 7-5　镉污染土壤上（10 mg/kg）不同 Fe 水平对番茄 Cd 含量及积累量的影响

Fe水平 /(μmol/L)	Cd 含量/(mg/kg)								Cd 积累量/(mg/plant)									
	叶		茎		根		果实		叶		茎		根		果实		Cd 总量 /(mg/plant)	
	4641	渝粉109	4641	渝粉109	4641	渝粉109	4641	渝粉109	4641	渝粉109	4641	渝粉109	4641	渝粉109	4641	渝粉109	4641	渝粉109
0	116.04	131.68	41.33	50.99	68.6	63.37	5.72	6.35	1.53	2.06	0.84	1.79	0.19	0.15	0.16	0.16	2.71	4.17
50	97.86	101.20	28.59	32.80	48.61	54.98	5.51	6.05	1.53	2.45	0.75	1.29	0.12	0.16	0.19	0.17	2.58	4.06
100	95.92	98.43	22.69	28.93	37.64	52.53	5.05	5.72	1.54	2.01	0.68	1.23	0.18	0.15	0.18	0.17	2.57	3.57
200	90.60	102.83	21.81	25.28	43.20	54.73	5.25	6.08	1.39	1.88	0.72	1.16	0.18	0.19	0.20	0.24	2.49	3.46
400	99.58	122.28	26.60	32.83	52.11	55.14	5.56	6.55	1.44	1.88	0.83	1.33	0.207	0.15	0.19	0.25	2.65	3.60
LSD$_{0.05}$																		
番茄品种	2.231		1.726		1.033		0.131		0.238		0.324		0.009		0.001		0.087	
Fe水平	1.084		0.879		1.783		0.107		0.001		0.013		0.002		0.002		0.023	
番茄品种×Fe水平	1.967		1.075		1.652		0.276		0.143		0.179		0.006		0.005		0.050	

注：Cd 积累量=干重×Cd 含量；Cd 总量为各部位 Cd 积累量之和。表中数值进行过舍入修约，故 Cd 总量与各部位 Cd 积累量之和稍有偏差。

险。叶面喷施适量 Fe 使番茄叶、茎、根和果实中的 Cd 含量不同程度降低。该结果与 Chlopecka 等(1997)、Shao 等(2007)报道类似。原因可能是 Fe 供应充足时,铁转运子基因关闭,Fe 吸收增加,Cd 的被动吸收量下降。此外,适量的 Fe 与重金属 Cd 竞争根系吸收运输位点降低了 Cd 离子在植物体内的木质部长距离输送。但在 100 μmol/L 或 200 μmol/L Fe 时,叶、茎、根和果实中的 Cd 含量达到最低值,然后回升。该结果进一步印证了铁镉交互作用不是简单的拮抗效应,表现出拮抗和协同并存,可能与 Fe 水平有关。比较供试两个番茄品种,无论叶面喷施 Fe 与否,果实 Cd 含量及植株 Cd 总积累量为"4641"<"渝粉 109",在喷施 200 μmol/L 和 400 μmol/L Fe 时,果实 Cd 积累量也为"4641"<"渝粉109"。可见,"4641"比"渝粉 109"能更少吸收富集土壤中的 Cd,而叶面喷施 Fe 也有效地降低了"4641"植株对 Cd 的吸收富集。

三、镉与镁

镁是植物必需的中量元素之一。Mg 能否缓解 Cd 毒害的作用方面存在不同的观点。Kashem 等认为,高浓度 Mg 处理能显著提高植物地上部生物量,并降低地上部对 Cd 的吸收,缓解 Cd 的毒害作用。2013 年朱华兰等通过水培试验研究 Cd 胁迫下 Mg 对玉米生长的影响及其生理机制表明,Cd 胁迫下玉米在缺 Mg 时地上部生物量显著降低,高 Mg 状态时生物量提高,但同时 Cd 含量也显著提高。纳米氢氧化镁,白色微细粉,无毒,无味,无腐蚀,难溶于水,是一种粒径介于 1~100 nm 的新型氢氧化镁,不仅可以增加肥料的吸附,减少肥料的流失和固定,还可以增加植物必需元素镁的输入,对重金属有较大的吸附能力,是一种绿色安全的水处理剂等。尽管纳米氢氧化镁在肥料领域已有报道,但在国内外纳米氢氧化镁作为土壤重金属钝化修复剂还未见报道。

我们在 2018 年 3 月~2018 年 6 月期间,采用土培试验研究了土壤外源低镉(1 mg/kg Cd)和高镉(5 mg/kg Cd)污染条件下,使用不同施用量(100、200 和 300 mg/kg)纳米氢氧化镁和普通氢氧化镁对大白菜生长、抗氧化酶活性、Cd 吸收及土壤 Cd 形态和 pH 的影响。

(一)镁镉拮抗对蔬菜 Cd 含量的影响

由表 7-6 可知,与对照相比,施用氢氧化镁后大白菜叶片、叶柄和根系 Cd 含量分别降低了 4.8%~81.2%、9.1%~28.2%和 3.5%~19.3%。大白菜叶片和根系 Cd 含量降低幅度最大的处理为 NMg1,叶柄 Cd 含量降低幅度最大的处理是 NMg2。相同施用量纳米氢氧化镁处理的大白菜 Cd 含量比普通氢氧化镁低。

表 7-6　镉污染土壤上（10 mg/kg）使用不同类型和用量氢氧化镁对大白菜各部位 Cd 含量的影响

试验处理	Cd 含量/(mg/kg)		
	叶片	叶柄	根系
CK	1.224±0.005bc	1.363±0.119ab	1.052±0.040a
OMg1	1.165±0.032b	1.214±0.147b	1.015±0.032a
OMg2	1.076±0.043c	1.239±0.191ab	1.009±0.081a
OMg3	1.037±0.123a	1.009±0.069a	0.966±0.005a
NMg1	0.994±0.062a	1.006±0.007a	0.849±0.001a
NMg2	1.030±0.094b	0.979±0.038ab	0.912±0.057a
NMg3	1.033±0.017a	1.009±0.001a	0.929±0.255a

注：不同字母表示不同处理之间的差异达到显著性水平（$P<0.05$）。CK 表示对照，OMg1、OMg2、OMg3 和 NMg1、NMg2、NMg3 分别表示 100、200 和 300 mg/kg 纳米氢氧化镁和普通氢氧化镁处理，下同。

（二）镁镉拮抗对蔬菜 Cd 形态及含量的影响

由图 7-4 可知，各处理下大白菜地上部 Cd 形态含量以 NaCl-Cd 和 HAc-Cd 为主，占各形态之和的 34.1%～72.5%和 21.9%～44.9%。与对照相比，各处理的大白菜地上部 NaCl-Cd 态所占百分比降低，降幅为 19.5%～52.9%，而 HAc-Cd、Res-Cd、E-Cd 态所占百分比均增高，增幅分别为 41.6%～103.0%、502.4%～1463.4%、40.2%～253.3%，HCl-Cd 态（除 OMg2 处理）和 W-Cd 态（除 OMg3 和 NMg1 处理）所占百分比也有所增加，增幅分别为 47.4%～160.0%、18.5%～237.6%。其中 E-Cd 态所占百分比以 NMg1 处理增幅最大，NMg3 处理其次，其余形态以 NMg3 处理增幅或减幅最大。

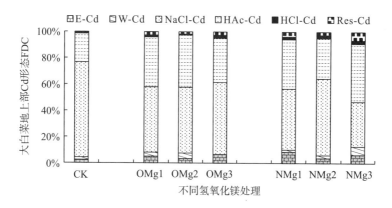

图 7-4　镉污染土壤上（10 mg/kg）使用不同类型和用量氢氧化镁对大白菜地上部 Cd 形态分布比例的影响

由表 7-7 可知，与对照相比，各处理下 NaCl-Cd 态 Cd 含量均下降，OMg1、OMg2、NMg1、NMg3 处理下差异达显著水平（$P<0.05$），NMg3 处理下 Cd 含量下降最多达 82.0%；各处理下 Res-Cd 态 Cd 含量相较于对照均有增加，NMg3 处理下差异达显著水平（$P<0.05$），增加了 511.1%；W-Cd（OMg3 处理下 Cd 含量很低）、E-Cd、HAc-Cd、HCl-Cd 各处理下的 Cd 含量并无显著差异；各处理下 Cd 形态含量之和下降了 35.6%~61.7%，NMg1 和 NMg3 处理下差异达显著水平（$P<0.05$）。

表 7-7　镉污染土壤上（10 mg/kg）使用不同类型和用量氢氧化镁对大白菜地上部 Cd 形态含量的影响

处理	Cd 形态/(mg/kg)						
	E-Cd	W-Cd	NaCl-Cd	HAc-Cd	HCl-Cd	Res-Cd	总和
CK	0.055±0.001a	0.042±0.025ab	1.615±0.273a	0.487±0.050a	0.021±0.013a	0.009±0.004b	2.229±0.364a
OMg1	0.067±0.025a	0.040±0.004ab	0.654±0.478b	0.501±0.081a	0.018±0.008a	0.034±0.013ab	1.315±0.448ab
OMg2	0.044±0.001a	0.053±0.023a	0.641±0.305b	0.509±0.029a	0.010±0.013a	0.022±0.004ab	1.279±0.300ab
OMg3	0.095±0.009a	0.000±0.009b	0.788±0.279ab	0.486±0.121a	0.031±0.010a	0.037±0.002ab	1.436±0.164ab
NMg1	0.081±0.020a	0.015±0.030ab	0.439±0.593b	0.356±0.133a	0.019±0.001a	0.034±0.006ab	0.944±0.731b
NMg2	0.053±0.004a	0.031±0.000ab	0.813±0.240ab	0.431±0.052a	0.031±0.009a	0.034±0.013ab	1.394±0.161ab
NMg3	0.054±0.042a	0.054±0.001a	0.291±0.099b	0.378±0.011a	0.021±0.012a	0.055±0.035a	0.854±0.093b

（三）镁镉拮抗对蔬菜土壤 Cd 形态及含量的影响

由图 7-5 可知，与对照相比，施用氢氧化镁后土壤 Cd 含量降低了 8.2%~41.5%。各处理下土壤有机结合态 Cd（OM-Cd）和 Res-Cd 态 Cd 含量所占比例分别降低了 15.5%~49.6% 和 3.4%~45.6%；各处理（除 NMg2 处理）下 FeMn-Cd 态 Cd 含量所占比例增加了 0.5%~38.3%；各处理（除 OMg3 处理）下 CAB-Cd 态和 EX-Cd 态 Cd 含量所占比例分别增加了 6.0%~22.2% 和 3.6%~57.7%。

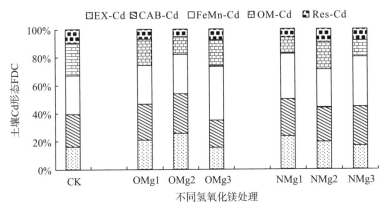

图 7-5　镉污染土壤上（10 mg/kg）使用不同类型和用量氢氧化镁对土壤 Cd 形态分布比例的影响

由表 7-8 可得，与对照相比，各处理下土壤中 OM-Cd 态 Cd 含量下降了
20.2%～70.2%，NMg3 处理下降最多；各处理下土壤中 Res-Cd 态 Cd 含量下降了
8.7%～52.7%，OMg2、OMg3、NMg1 和 NMg3 处理下差异达显著水平（$P <$
0.05），OMg3 处理差异最为显著；各处理下土壤中 FeMn-Cd 态 Cd 含量下降了
0.0%～25.1%，NMg3 处理下降最多。OMg2、NMg1 和 NMg2 处理下 EX-Cd 态 Cd
含量增加了 13.7%～42.5%，OMg1、OMg3 和 NMg3 处理降低了 39.6%～42.5%；
OMg1 和 OMg2 处理下 CAB-Cd 态 Cd 含量增加了 10.0%～10.6%，其余处理降低
了 0.00%～49.8%；各处理下土壤中 Cd 形态含量之和减少了 5.6%～41.5%。

表 7-8　镉污染土壤上（10 mg/kg）使用不同类型和用量氢氧化镁对土壤不同形态 Cd 含量的影响

处理	Cd 形态/(mg/kg)					
	EX-Cd	CAB-Cd	FeMn-Cd	OM-Cd	Res-Cd	总和
CK	0.212±0.030ab	0.303±0.031a	0.363±0.031a	0.302±0.060a	0.127±0.005a	1.310±0.035a
OMg1	0.172±0.030a	0.333±0.061a	0.363±0.031a	0.241±0.121a	0.092±0.030ab	1.203±0.029a
OMg2	0.302±0.000a	0.335±0.000a	0.332±0.000a	0.150±0.030a	0.062±0.000b	1.182±0.030a
OMg3	0.122±0.000b	0.152±0.060b	0.302±0.030a	0.150±0.030a	0.060±0.000b	0.787±0.060a
NMg1	0.242±0.000a	0.272±0.000a	0.333±0.061a	0.120±0.000a	0.062±0.000b	1.031±0.061a
NMg2	0.241±0.059a	0.303±0.151a	0.333±0.121a	0.241±0.061a	0.116±0.006a	1.236±0.400a
NMg3	0.128±0.006b	0.212±0.000a	0.272±0.060a	0.090±0.030a	0.062±0.000b	0.766±0.036a

（四）镁镉拮抗对土壤 pH 的影响

由图 7-6 可知，对照 pH 为 8.12，与对照相比，各处理下土壤 pH 增加了
0.04～0.05 个单位。OMg2 和 NMg3 处理下 pH 最高，为 8.19。

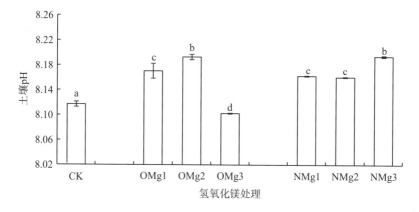

图 7-6　镉污染土壤上（10 mg/kg）使用不同类型和用量氢氧化镁对土壤 pH 的影响

注：不同字母表示不同处理之间的差异达到显著性水平（$P < 0.05$）。

第二节　菜田重金属镉污染与硅、磷

一、镉与硅

　　研究 Si 影响植物对镉的吸收和积累。2005 年陈秀芳等通过水培试验发现，Si 能够有效降低小麦(*Triticum aestivum* L.)各个部位 Cd 的含量，进而减少 Cd 对小麦的毒害作用，究其原因可能是可溶性硅酸盐水解成呈凝胶状态的 H_2SiO_3，其能够吸附有毒物质，保护蛋白质的结构；同时研究还表明，在较低 Cd 浓度时，Si 能够阻碍 Cd 从小麦地下部向地上部迁移，认为可能由于 Si 在地下部沉积进而阻碍其向上转移。2005 年 Treder 和 Cieslinski 报道，在镉胁迫下，加入 Si 后，水稻(*Oryza sativa* L.)幼苗茎叶中 Mg、Cu、Zn、Fe 含量明显上升，从而提高了水稻幼苗的光合作用，达到缓解 Cd 对水稻(*Oryza sativa* L.)幼苗茎叶的毒害。2014 年 Malčovská 等发现，添加 Si 能改善镉对玉米(*Zea mays* L.)的毒性作用，并减少其各部位镉的积累量，特别是减少了根中镉的积累量。原因可能是由于硅抑制了水稻(*Oryza sativa* L.)对 Cd 的吸收和 Cd 向地上部的运输，并使更多的 Cd 沉积在细胞壁中。为了进一步探讨 Si、Cd 的相互关系，我们选取重庆地区两个主栽加工型辣椒品种(艳椒 425 和世农朝天椒)，采用土培试验模拟 Cd 污染的土壤条件(10 mg/kg Cd)，研究了叶面喷施 Si 对不同辣椒品种抗性、Cd 的积累及化学形态的影响。

(一)硅镉拮抗对蔬菜过氧化酶活性的影响

　　过氧化氢酶(CAT)普遍存在于植物体内，可以分解 H_2O_2，对细胞膜具有保护作用。其酶促活性为机体提供了抗氧化防御机理，主要参与活性氧代谢过程。由图 7-7 可见，两个辣椒品种的叶片 CAT 的活性在各个处理之间的差异均达到显著水平。在 Cd 胁迫条件(10 mg·kg^{-1})下，叶面喷施有机 Si 或无机 Si 均增加了两个品种辣椒叶片 CAT 的活性。在相同处理下，辣椒叶片的 CAT 活性以"世农朝天椒"＞"艳椒 425"。超氧化物歧化酶(SOD)是生物体防御氧化损伤的一种十分重要的生物酶。其主要作用是清除体内有毒性的氧自由基，阻断由超氧阴离子自由基所激发的一系列自由基反应，有保护细胞免受自由基损害的作用。由图 7-8 可见，在 Cd 胁迫(10 mg/kg)下，除叶面喷施无机 Si 提高了"艳椒 425"的叶片 SOD 活性外，其余喷施 Si 的处理均降低了辣椒的叶片 SOD 活性。在相同处理下，叶片 SOD 活性以"艳椒 425"＞"世农朝天椒"。过氧化物酶(POD)是活性较高的适应性酶，能够反映植物生长发育的特性、体内代谢状况以及对外界环境的适应性。POD 等保护酶能防御活性氧或其他过氧化自由基对细胞膜系统的伤害，抑制膜脂过氧化，以减轻重金属胁迫对植物细胞的伤害(Xu et al.，2010)。由图 7-9 可见，在 Cd 胁迫(10 mg/kg)条件下，叶面喷施有机 Si 或无机 Si 均显著增加了辣椒叶片的 POD 活性。辣椒叶片的 POD 活性以"世农朝天椒"＞"艳椒 425"。

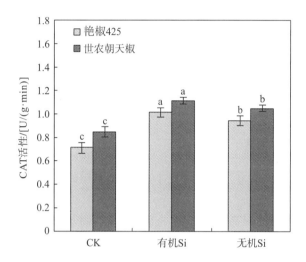

图 7-7　镉污染土壤上 Si 对不同辣椒品种叶片 CAT 活性的影响

注：图中小写字母为同一品种不同处理之间差异达 0.05%的显著水平($P<0.05$)。下同。

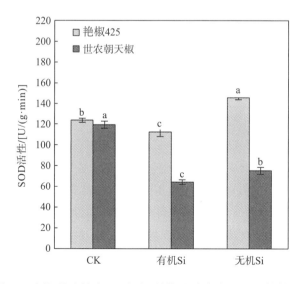

图 7-8　镉污染土壤上 Si 对不同辣椒品种叶片 SOD 活性的影响

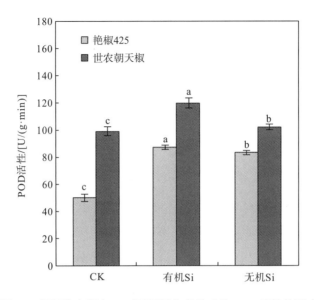

图 7-9　镉污染土壤上 Si 对不同辣椒品种叶片 POD 活性的影响

重金属污染会导致植物体内产生大量活性氧自由基，引起蛋白质和核酸等生物活性物质变性、膜脂过氧化。过氧化氢酶（CAT）、超氧化物歧化酶（SOD）和过氧化物酶（POD）同是植物体内存在的抗氧化酶，可解除细胞内有害的自由基（Rodríguez-Serrano et al.，2006）。本研究发现，在 Cd 胁迫（10 mg/kg）下，向叶面喷施有机 Si 或无机 Si，辣椒叶片的 CAT 和 POD 活性均得以加强，CAT 活性受有机 Si 的积极影响大于无机 Si，而与有机 Si 相比，POD 的活性对无机 Si 较为敏感。试验还发现，除了喷施无机 Si 增加了"艳椒 425"叶片的 SOD 活性，其余处理叶片 SOD 活性均降低。说明植物体内 CAT、POD 和 SOD 活性是协同作用的，从而保证了抗氧化酶的活性维持在适宜水平，提高了植物对重金属 Cd 的抗性（Xu et al.，2010）。

（二）硅镉拮抗对蔬菜镉形态的影响

由表 7-9 可知，辣椒果实中 Cd 的提取总量及各形态 Cd 含量在两个品种间差异达到显著水平。Cd 在辣椒果实中主要以 NaCl-Cd 形态存在，含量为 5.185～10.740 mg/kg，平均为 8.411 mg/kg，占 Cd 提取总量的比例为 75.9%～87.7%，平均为 83.5%；其次是 HAc-Cd，含量为 0.698～0.951 mg/kg，平均为 0.793 mg/kg，占 Cd 提取总量的比例为 6.2%～11.7%，平均为 8.3%；最小的是 Res-Cd，含量为 0.055～0.169 mg/kg，平均为 0.118 mg/kg，占 Cd 提取总量的比例为 0.4%～2.2%，平均为 1.3%。试验发现，喷施有机 Si 或无机 Si 明显降低了"世农朝天椒"果实中 E-Cd 含量、NaCl-Cd 含量和 Cd 总提取量，其中，"世农朝天椒"果

表 7-9　镉污染土壤上（10 mg/kg）不同 Si 形态对辣椒果实 Cd 形态含量的影响

处理	E-Cd/(mg/kg)		W-Cd/(mg/kg)		NaCl-Cd/(mg/kg)		HAc-Cd/(mg/kg)		HCl-Cd/(mg/kg)		Res-Cd/(mg/kg)		总提取量/(mg/kg)	
	艳椒425	世农朝天椒	艳椒425	世农朝天椒	艳椒425	世农朝天椒	艳椒425	世农朝天椒	艳椒425	世农朝天椒	艳椒425	世农朝天椒	艳椒425	世农朝天椒
CK	0.422	0.459	0.037	0.086	9.658	8.167	0.709	0.698	0.141	0.141	0.166	0.104	11.132	9.655
有机 Si	0.628	0.206	0.16	0.199	10.740	5.185	0.775	0.797	0.214	0.293	0.055	0.150	12.574	6.830
无机 Si	0.317	0.301	0.018	0.229	10.190	6.523	0.951	0.826	0.085	0.060	0.062	0.169	11.624	8.107
$LSD_{0.05}$														
辣椒品种	0.015		0.012		0.266		0.015		0.067		0.067		0.454	
Si 形态	0.013		0.009		0.217		0.013		0.056		0.056		0.369	
辣椒品种× Si 形态	0.009		0.007		0.154		0.009		0.039		0.039		0.261	

注：Res-Cd 为残渣态（提取总量减去其余形态提取量）。

实中 Cd 总提取量较对照分别降低达 29.3%和 16.0%，无机 Si 还降低了"世农朝天椒"果实中 HCl-Cd 含量，"艳椒 425"果实中 E-Cd、W-Cd 和 HCl-Cd 含量。但喷施有机 Si 或无机 Si 增加了"世农朝天椒"果实中 W-Cd、HAc-Cd 和 Res-Cd 含量，"艳椒 425"果实中 NaCl-Cd 含量、HAc-Cd 含量和 Cd 总提取量，其中，"艳椒 425"果实中 Cd 的总提取量增加了 13.0%和 4.4%。比较两个辣椒品种，在相同处理下，"艳椒 425"果实中 Cd 的总提取量明显大于"世农朝天椒"。

Cd 在辣椒果实中主要以 NaCl-Cd 形态存在，这主要是因为 Cd 对蛋白质或其他有机化合物中疏基有很强的亲和力，因此在作物体内，Cd 常与蛋白质相结合(陈贵青 等，2010)。本试验条件下，喷施有机 Si 或无机 Si 明显降低了"世农朝天椒"果实中 E-Cd 含量、NaCl-Cd 含量和 Cd 总提取量，其中，果实中 Cd 总提取量较对照分别降低达 29.3%和 16.0%。可见，叶面喷施有机 Si 或无机 Si 能有效降低"世农朝天椒"果实中 Cd 的含量，原因可能是 Si 与 Cd 形成不溶性的硅酸盐沉淀，影响 Cd 在植物体内各形态和含量的变化，从而降低了 Cd 在植物体内的生物富集。但本试验也发现喷施有机 Si 或无机 Si 后，"艳椒 425"果实中 Cd 的总提取量增加了 13.0%和 4.4%，尤其是 HAc-Cd 和 NaCl-Cd 含量增加最明显，此结果有待进一步研究。

(三)硅镉拮抗对蔬菜镉含量的影响

由表 7-10 可见，辣椒中 Cd 含量以根>茎>叶>果实。叶面喷施有机 Si 或无机 Si 明显降低了两个辣椒品种的叶 Cd 含量、"艳椒 425"的茎 Cd 含量和"世农朝天椒"的果实 Cd 含量，其中，"世农朝天椒"的果实 Cd 含量较对照分别降低了 31.9%和 33.6%；无机 Si 还降低了"世农朝天椒"的根 Cd 含量。但喷施有机 Si 或无机 Si 增加了"艳椒 425"的果实、根 Cd 含量和"世农朝天椒"的茎 Cd 含量，有机 Si 还增加了"世农朝天椒"的根 Cd 含量，其中"艳椒 425"的果实 Cd 含量较对照增加了 5.1%。Cd 主要累积于辣椒茎中，其次是叶和根，积累最少的是果实。叶面喷施有机 Si 或无机 Si 明显降低了"艳椒 425"的根、茎、叶、果实 Cd 积累量和植株全 Cd 量，其中，果实 Cd 积累量和植株全 Cd 量降幅分别为 28.8%和 54.0%、19.1%和 23.4%；喷施有机 Si 或无机 Si 还降低了"世农朝天椒"叶和果实的 Cd 积累量，降幅分别为 17.4%和 8.0%、13.4%和 26.1%；但明显增加了"世农朝天椒"的茎 Cd 积累量和植株全 Cd 量。比较两个辣椒品种，在相同处理下，"艳椒 425"果实中 Cd 的含量和积累量均明显大于"世农朝天椒"。

我们试验发现，Cd 主要累积于辣椒茎中，其次是叶和根，积累最少的是果实。供试两个辣椒品种以"艳椒 425"果实更易蓄积 Cd，说明不同辣椒品种在果

表 7-10 镉污染土壤上（10 mg/kg）不同 Si 形态对辣椒 Cd 积累的影响

处理	Cd 含量/(mg/kg)								Cd 积累量/(μg/plant)								Cd 全量 /(mg/plant)	
	叶		茎		根		果实		叶		茎		根		果实			
	艳椒425	世农朝天椒	艳椒425	世农朝天椒	艳椒425	世农朝天椒	艳椒425	世农朝天椒	艳椒425	世农朝天椒	艳椒425	世农朝天椒	艳椒425	世农朝天椒	艳椒425	世农朝天椒	艳椒425	世农朝天椒
CK	19.3	51.0	82.1	78.3	182.9	190.2	7.78	5.98	220.0	505.9	1134.2	935.7	567.0	420.4	64.57	35.2	1.986	1.897
有机 Si	16.0	35.5	51.9	101.5	187.5	208.9	8.18	4.07	210.6	418.2	800.8	1256.6	549.4	447.1	46.0	30.5	1.607	2.152
无机 Si	12.8	35.7	61.5	107.8	191.7	176.1	7.67	3.97	127.1	465.5	888.7	1615.9	477.3	315.2	29.7	26.0	1.523	2.423
$LSD_{0.05}$																		
辣椒品种	2.34		5.59		10.16		1.46		14.32		32.99		10.08		2.07		0.137	
Si 形态	2.19		4.21		8.29		1.19		11.69		26.94		6.54		1.69		0.113	
辣椒品种 ×Si 形态	1.55		4.06		5.86		0.84		8.27		19.45		5.82		1.19		0.079	

实 Cd 含量和富集上存在明显差异。叶面喷施有机 Si 或无机 Si 明显降低了"世农朝天椒"的叶 Cd 含量和果实 Cd 含量，无机 Si 还降低了"世农朝天椒"的根 Cd 含量。原因可能是 Si 与 Cd 的拮抗效应，阻隔了 Cd 从茎向叶、果实转移，从而降低了辣椒可食部位 Cd 含量。这也是 Cd 在茎中含量反而较对照有所增加的原因所在。叶面喷施有机 Si 或无机 Si 明显降低了"艳椒 425"的根、茎、叶、果实 Cd 积累量和植株全 Cd 量，还降低了"世农朝天椒"叶和果实的 Cd 积累量。可见，在 Cd 污染土壤上生产辣椒，无论有机 Si 还是无机 Si 均可明显减少 Cd 在两个辣椒品种果实中的蓄积，对改善其品质是十分有利的。其中，以无机 Si 对降低 Cd 在辣椒果实中蓄积的效果更佳。喷施有机 Si 或无机 Si 增加了"艳椒 425"的果实 Cd 含量，可能是 Si 使其生长受到抑制的"浓缩效应"所致。喷施有机 Si 或无机 Si 虽然降低了"世农朝天椒"果实的 Cd 积累量，但明显增加了"世农朝天椒"植株全 Cd 量，其原因可能是 Si 与 Cd 的拮抗效应促进了"世农朝天椒"生长以及植株生物量的明显增加，从而导致了植株全 Cd 量的增加。

二、镉与磷

磷是农业生产中常用到的一种肥料，其施入土壤后能够与土壤反应或产生自身形态的转化，进而影响到作物对 Cd 的吸收。2000 年 Tu 等报道，水稻 (*Oryza.sativa* L.)吸收 Cd 与 P 肥中 NH_4^+ 含量呈正相关，即含有 NH_4^+ 的 P 肥显著提高了水稻对 Cd 的吸收。P 与 Cd 之间也存在拮抗作用，植物磷素供应的改善，磷酸根阴离子的间接吸附作用，磷酸盐对 Cd 的吸附作用，磷酸盐与 Cd 形成磷酸盐沉淀及 P 与 Cd 形成金属磷酸盐等过程，可以直接或间接地降低植株体内的 Cd 含量。2010 年董善辉等通过盆栽试验研究了在水稻(*Oryza sativa* L.)土壤中施用 P 对水稻吸收积累 Cd 的影响，结果表明，施用 P 能够缓解 Cd 对水稻的毒害作用，同时能够提高水稻的生物量。许多学者就外源 P 的施用对植物吸收和积累重金属 Cd 进行了大量的研究和探索，大部分学者认为，P 的施用可以明显降低 Cd 在植物中的吸收和积累。

我们在 2009 年 3 月 20 日～2009 年 8 月 28 日采用土培试验研究了重金属 Cd(10 mg/kg)污染下，叶面喷施不同磷浓度(0、0.3%和 0.5%)对两个辣椒品种 ("艳椒 425"和"世农朝天椒")抗性及辣椒体内 Cd 形态和积累量的影响。

(一)磷镉拮抗对蔬菜过氧化酶活性的影响

生物代谢产生的自由基对生物膜有伤害作用，CAT、SOD 及 POD 等抗氧化酶对逆境诱导产生的活性氧清除相关，逆境中它们将组成植物体内活性氧清除剂系统，有效清除植物体内的自由基和过氧化物。由图 7-10～图 7-12 可见，在 Cd

污染下，喷施磷两个品种辣椒叶 CAT 活性表现出不同的变化趋势，即随磷水平增加，"世农朝天椒"CAT 活性先增加，然后下降；"艳椒 425"叶 CAT 活性则呈上升趋势。随磷水平增加，"艳椒 425"叶 SOD 和 POD 活性呈上升趋势，但"世农朝天椒"叶 SOD 和 POD 活性呈下降趋势。

重金属污染会导致植物体内产生大量活性氧自由基，引起蛋白质和核酸等生物活性物质变性、膜脂过氧化，由超氧化物歧化酶(SOD)和过氧化氢酶(CAT)等组成的抗氧化系统能够清除氧自由基，可使细胞免受由重金属引起的氧化胁迫伤害。我们在试验中发现，世农朝天椒叶面喷施低浓度磷较 CK 处理能降低 SOD、

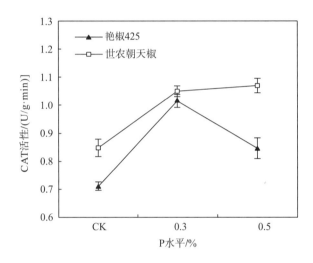

图 7-10　镉污染土壤上(10 mg/kg) P 对不同品种辣椒叶 CAT 活性的影响

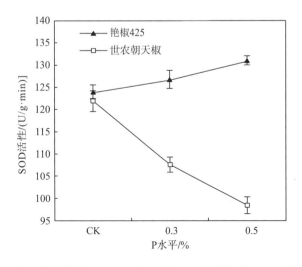

图 7-11　镉污染土壤上(10 mg/kg) P 对不同品种辣椒叶 SOD 活性的影响

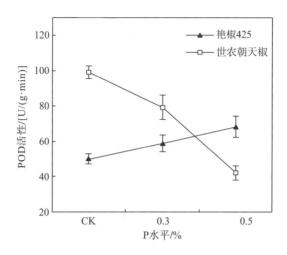

图 7-12　镉污染土壤上(10 mg/kg)P 对不同品种辣椒叶 POD 活性的影响

CAT 这两种抗氧化物酶的含量。这正表明喷施磷能降低植物体内活性氧自由基，从而导致清除自由基酶含量下降以期恢复正常活性水平。该结果与低磷浓度下(0.3% P)"世农朝天椒"生长量和产量增加是一致的。相反，喷施磷使"艳椒 425"叶 SOD 和 POD 活性增加，且随磷水平增加，"艳椒 425"叶 SOD 和 POD 活性呈上升趋势，可能是磷与 Cd 的协同效应加重了植物遭受 Cd 的毒害作用，此时植株体内的 SOD、CAT 活性上升，以适应不良环境。该结果与喷施磷"艳椒 425"生长量和产量下降趋势一致。

(二)磷镉拮抗对蔬菜镉形态的影响

由表 7-11 可知，辣椒果实中 Cd 的提取总量及各形态 Cd 含量在两个品种间差异达到显著水平(除 HCl-Cd 外)。Cd 在辣椒果实中主要以 NaCl-Cd 形态存在，含量为 8.167～9.803 mg/kg，平均为 9.000 mg/kg，占镉提取总量的比例为 84.6%～89.2%，平均为 86.0%；其次是 HAc-Cd，含量为 0.673～0.801 mg/kg，平均为 0.729 mg/kg，占 Cd 提取总量的比例为 6.1%～8.2%，平均为 7.0%；最小的是 W-Cd 和 HCl-Cd，含量分别为 0.025～0.179 mg/kg、0.086～0.148 mg/kg，平均 0.094 mg/kg 和 0.123 mg/kg，占 Cd 提取总量的比例为 0.3%～1.8%、0.9%～1.5%，平均为 0.9% 和 1.2%。试验发现，喷施 0.3% 和 0.5% 的磷后，"艳椒 425"中 Cd 提取总量有所降低，降幅分别为 2.1% 和 1.3%，辣椒果实 Cd 组分中，E-Cd、HCl-Cd 和 Res-Cd 也分别下降了 9.2% 和 37.7%、7.1% 和 34.8%、55.4% 和 52.4%，喷施 0.3% 的磷，W-Cd 和 NaCl-Cd 分别较对照减少了 32.4% 和 1.3%，但喷施 0.5% 的磷后 W-Cd 和 NaCl-Cd 反而增加了 116.2% 和 1.5%；与"艳椒 425"不同，喷施 0.3% 和 0.5% 的磷后，"世农朝天椒"中 Cd 提取总量反而增加了 4.7%

表 7-11　镉污染土壤上（10 mg/kg）不同磷浓度对辣椒果实 Cd 形态及含量的影响

磷水平/%	E-Cd/(mg/kg)		W-Cd/(mg/kg)		NaCl-Cd/(mg/kg)		HAc-Cd/(mg/kg)		HCl-Cd/(mg/kg)		Res-Cd/(mg/kg)		总提取量/(mg/kg)	
	艳椒425	世农朝天椒	艳椒425	世农朝天椒	艳椒425	世农朝天椒	艳椒425	世农朝天椒	艳椒425	世农朝天椒	艳椒425	世农朝天椒	艳椒425	世农朝天椒
0	0.422	0.459	0.037	0.086	9.658	8.167	0.709	0.698	0.141	0.141	0.166	0.104	11.133	9.655
0.3	0.383	0.301	0.025	0.154	9.531	8.636	0.755	0.737	0.131	0.148	0.074	0.135	10.899	10.111
0.5	0.263	0.357	0.080	0.179	9.803	8.178	0.673	0.801	0.092	0.086	0.079	0.148	10.990	9.749
$\text{LSD}_{0.05}$														
辣椒品种	0.068		0.007		0.154		0.069		0.031		0.015		0.330	
磷水平	0.056		0.006		0.125		0.056		0.025		0.013		0.270	
辣椒品种×磷水平	0.040		0.004		0.889		0.397		0.017		0.009		0.190	

和 1.0%，辣椒果实 Cd 组分中，除了 E-Cd 下降了 34.4%和 22.2%，以及喷施 0.5%的磷后 HCl-Cd 下降了 39.0%外，其余各形态 Cd 含量均较对照增加，其中以 HAc-Cd 和 Res-Cd 增加最明显，分别较对照提高了 5.6%和 14.8%、29.8%和 42.3%。

　　Cd 在辣椒果实中主要以 NaCl-Cd 形态存在，主要是因为 Cd 对蛋白质或其他有机化合物中巯基有很强的亲和力，因此在作物体内，Cd 常与蛋白质相结合。本试验条件下，在叶面喷施磷后"艳椒 425"果实 Cd 总提取态有所下降，尤其以 Res-Cd 及 E-Cd 下降明显。表明叶面喷施磷能有效降低辣椒果实中 Cd 的含量，其原因可能是磷与镉形成不溶性的磷酸盐沉淀，影响 Cd 在植物体内各形态和含量的变化，从而降低了镉的生物毒害性。但本试验也发现，喷施磷后，"世农朝天椒"中 Cd 提取总量反而增加了，尤其是 HAc-Cd 和 Res-Cd 增加最明显，此结果与 Sparrow 等(1993)报道施磷可促进马铃薯对镉的吸收相似，磷与 Cd 表现出明显的协同效应。

(三)磷镉拮抗对蔬菜镉含量的影响

　　由表 7-12 可见，辣椒 Cd 含量以根＞茎＞叶＞果实。叶面喷施磷使两个品种辣椒茎和果实中的 Cd 含量均有所降低，Cd 含量降低幅度分别为 5.2%、16.7%、22.2%、1.2%和 5.4%、14.1%、10.0%、11.9%。随磷浓度增加，茎和果实中 Cd 含量呈现下降趋势；喷施 0.3%磷使叶 Cd 含量降低，但 0.5%磷使叶 Cd 含量增加且大于不喷磷处理(对照)。除了"世农朝天椒"的 0.5%磷处理外，喷施磷使辣椒根的 Cd 含量增加。Cd 主要累积于辣椒茎和根中，其次是叶，积累最少的是果实。叶面喷施磷使"艳椒 425"果实 Cd 积累量和植株的 Cd 积累总量较对照分别降低了 47.7%、58.5%和 5.5%、13.1%；但"世农朝天椒"除了喷施 0.5%的磷果实 Cd 的积累量降低了 23.6%外，喷施磷使"世农朝天椒"果实的 Cd 积累量和植株的 Cd 积累总量较对照有所上升。在不喷施磷处理(对照)中，果实 Cd 的积累量及植株的 Cd 积累总量以"艳椒 425"＞"世农朝天椒"，喷施磷后，果实 Cd 的积累量及植株的 Cd 积累总量以"世农朝天椒"＞"艳椒 425"。

　　供试两个辣椒品种 Cd 主要累积于茎和根中，其次是叶，积累最少的是果实。此结果与之前报道有所不同(陈贵青 等，2010)，可能是本试验供试土壤 Cd 污染浓度较低所致。叶面喷施磷使辣椒茎和果实中的 Cd 含量有所降低，喷施 0.3%的磷使叶 Cd 含量降低，说明适量的磷与 Cd 形成的金属磷酸盐在植物体细胞壁与液泡中的沉淀作用降低了金属离子在植物体内的木质部长距离输送，阻隔了 Cd 从叶、茎向果实转移，从而降低了辣椒可食部位 Cd 含量。在不喷施磷处理(对照)中，果实 Cd 的积累量及植株的 Cd 积累总量以"艳椒 425"＞"世农朝天椒"，喷施磷后，果实 Cd 的积累量及植株的 Cd 积累总量以"世农朝天椒"＞

表 7-12　镉污染土壤上（10 mg/kg）不同磷浓度对辣椒 Cd 含量及积累量的影响

磷水平/%	Cd 含量/(mg/kg)								Cd 积累量/(mg/plant)									
	叶		茎		根		果实		叶		茎		根		果实		Cd 总量/(mg/plant)	
	艳椒425	世农朝天椒	艳椒425	世农朝天椒	艳椒425	世农朝天椒	艳椒425	世农朝天椒	艳椒425	世农朝天椒	艳椒425	世农朝天椒	艳椒425	世农朝天椒	艳椒425	世农朝天椒	艳椒425	世农朝天椒
0	19.25	50.95	82.07	78.23	182.90	190.23	7.78	5.98	220.0	505.9	1134.2	935.7	567.0	420.4	64.57	35.2	1.986	1.897
0.3	17.17	49.35	77.81	60.90	198.81	205.07	7.36	5.38	150.1	668.7	1139.1	824.1	552.7	471.7	33.78	38.7	1.876	2.003
0.5	20.10	73.08	68.39	77.31	186.37	183.89	6.68	5.27	225.7	844.1	971.82	951.7	501.3	277.7	26.79	26.9	1.726	2.100
$LSD_{0.05}$																		
辣椒品种	4.180		4.490		4.633		0.377		17.835		26.237		13.913		2.227		0.154	
磷水平	3.398		3.666		3.783		0.308		14.563		21.423		11.307		1.189		0.126	
辣椒品种×磷水平	2.403		3.084		2.649		0.218		10.298		15.148		8.033		1.286		0.089	

"艳椒 425",且喷施磷使"艳椒 425"的 Cd 积累量较对照明显下降,但"世农朝天椒"的 Cd 积累量较对照有所上升。可见,喷施磷对降低"艳椒 425"植株 Cd 的吸收富集的效果更为明显。

第三节　菜田重金属镉污染与硒、镧及其他外源物质

一、镉与硒

硒(selenium,Se)是人体不可缺少的微量元素。有研究显示叶面喷施硒使生菜(*Lactuca sativa*)对 Cd 的吸收降低了 31.6%,可能的原因是硒提高了谷胱甘肽(GSH)过氧化物酶的活性,抑制了含 Cd 复合物 PCs 的形成,从而降低了植物对 Cd 的吸收。2014 年 Hawrylak-Nowak 等研究表明,在一定浓度的 Cd 胁迫下,添加一定浓度的 Se 可以显著地增加黄瓜(*Cucumis sativus* L.)根的生物量,降低黄瓜各部位的镉含量,添加 Se 可以缓解 Cd 对植物的毒害,但也取决于这两种元素的比例。

为了进一步探讨镉与硒的关系,我们在 2013 年 2 月~2013 年 6 月,以重庆地区主要种植的两个黄瓜(*Cucumis satiuus* L.)品种"燕白"和"津优 1 号"为研究对象,采用土培试验模拟镉污染的土壤条件(20 mg/kg Cd),探讨了硒对不同品种黄瓜抗性、镉积累及化学形态的影响。

(一)硒镉拮抗对蔬菜丙二醛含量的影响

由图 7-13 可见,不同 Se 处理水平对两个品种黄瓜叶、根的丙二醛(MDA)含量有不同的影响。随着 Se 水平的增加,"燕白"和"津优 1 号"两个品种叶的 MDA 含量呈相反的趋势变化,前者喷施 0.5 mg/L 和 1.0 mg/L 的 Se 分别比对照增加了 47.1%和 62.7%,后者比对照降低了 30.7%和 44.0%。两个品种黄瓜根的 MDA 含量随 Se 水平的增加也表现出相反的变化,"燕白"根的 MDA 含量随 Se 水平的增加呈先升高后降低的变化,在 Se 水平为 0.5 mg/L 时达到最高值 0.59 μmol/L,较对照增加了 168.2%,Se 水平为 1.0 mg/L 时比对照增加了 22.7%;"津优 1 号"根的 MDA 含量则先减后增,并在 Se 水平为 0.5 mg/L 时达到最低值 0.40 μmol/L,较对照降低了 16.7%,Se 水平为 1.0 mg/L 时比对照增加了 14.6%。比较同一品种黄瓜根部和叶片,"燕白"黄瓜叶片 MDA 含量随着施用 Se 水平的增加而升高,而根的 MDA 含量则先增后减;"津优 1 号"黄瓜叶片 MDA 含量随喷施 Se 水平的增加而减少,根的 MDA 含量则先减少后增加。

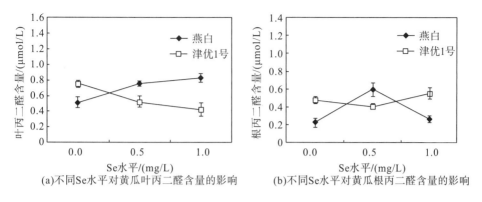

(a)不同Se水平对黄瓜叶丙二醛含量的影响　　(b)不同Se水平对黄瓜根丙二醛含量的影响

图7-13　镉污染土壤上(20 mg/kg)不同 Se 水平对黄瓜叶和根丙二醛含量的影响

一般情况下，植物体细胞中自由基的产生与清除处于动态平衡状态，Cd 胁迫会破坏这一动态平衡，产生大量的 O_2^-、OH⁻、H_2O_2、O_2 等，破坏膜系统的完整性，而由 CAT、SOD、POD 等组成的抗氧化系统可清除或减少这些自由基和过氧化物。SOD 可将 O^{2-} 分解为 H_2O_2 和 O_2，是清除活性氧的第一道防线；POD 具有将 H_2O_2 进行氧化分解的功能，在植物呼吸代谢和植物逆境胁迫中起着重要作用；CAT 的作用主要是清除由光呼吸等产生的 H_2O_2。植物体内自由基的积累可诱导清除自由基酶活性升高，以减缓自由基对植物的伤害。在本研究中，除了"燕白"叶和根的 POD 活性具有相似的变化趋势，同一品种黄瓜根和叶的 CAT、SOD 和 POD 活性均表现出不同的变化。总体而言，喷施 Se 在一定程度上增加了两个品种黄瓜叶和根的 CAT、SOD 和 POD 活性，这与喷施硒促进黄瓜的生物量和产量的增加基本相符。说明镉胁迫诱导产生了大量自由基，使抗氧化酶活性提高以消除产生的自由基，这可能是镉污染土壤上外源硒提高了黄瓜的叶、茎、根、果实及植株总干重的生理机制之一。此外，硒是谷胱甘肽过氧化物酶(GSH-Px)的重要组成部分，该酶也可清除镉胁迫所产生的大量自由基，减缓自由基引发的膜脂过氧化引起的细胞膜损伤。在黄瓜叶和根中主要由 SOD 来清除自由基，表现为两个品种黄瓜叶和根均以 SOD 活性最高，CAT 和 POD 活性较低。Saidi 等(2014)在向日葵幼苗的研究中也呈现类似的结果。研究比较根和叶的抗氧化酶活性还发现，两个品种黄瓜 CAT、SOD 及 POD 活性均为根高于叶，这可能是由于黄瓜叶片 Cd 积累量较高，抑制了叶片的抗氧化酶活性。

丙二醛(MDA)是膜脂的过氧化产物，膜脂过氧化会破坏质膜功能和结构的完整性，增加植物质膜的透性。丙二醛含量高低是反映过氧化作用大小和植物细胞膜受害程度的一个重要指标。本研究中，在 Cd 污染条件下，喷施 Se 降低了"津优 1 号"叶的丙二醛含量，说明喷施一定浓度的硒可缓解镉对"津优 1 号"叶细胞膜的伤害。但"津优 1 号"根的丙二醛含量先减少后增加，且增加后的丙二醛含量高于对照，说明低硒(0.5 mg/L)有利于降低根的过氧化作用，从而保护根细胞膜，而高硒(1.0 mg/L)对黄瓜产生了毒害效应，提高了根部的过氧化作用，增加了根细胞膜的过氧化损伤。"燕白"叶的丙二醛含量随硒水平的增加而增加，根则先增加后减少，但减少后的丙二醛含量仍高于对照，说明喷施硒增加了"燕白"叶、根细胞膜的透性，增加了叶、根细胞膜的过氧化损伤。原因可能是"燕白"对外源硒比较敏感所导致的应急反应。尽管镉胁迫造成"燕白"叶、根及"津优 1 号"根的过氧化损伤，但喷施硒仍显著增加了两个品种黄瓜叶、茎、根、果实及植株的干重，表明喷硒后抗氧化物酶在清除镉诱导的自由基过程中有重要作用，远大于由于丙二醛增加导致的细胞膜的过氧化损伤。比较两个品种黄瓜，喷施 Se 对两个品种黄瓜叶、根的丙二醛含量分别表现出相反的变化趋势，可见硒对不同品种黄瓜叶和根的过氧化作用影响不同。此外，在 Se 水平为 1.0 mg/L 时，两个品种黄瓜根的丙二醛含量与对照差异不显著，表明在 Cd 胁迫下，喷施 1.0 mg/L 的 Se 对黄瓜根部过氧化作用影响不大。总体而言，两个品种黄瓜丙二醛含量为叶大于根，这主要是由于黄瓜叶部镉积累量大于根部，严重抑制了黄瓜叶片 CAT、SOD 和 POD 活性，因此，叶部较根部发生更多的过氧化反应，产生了更多的丙二醛。

(二)硒镉拮抗对蔬菜抗氧化酶活性的影响

SOD、CAT 和 POD 等抗氧化酶作为植物体内重要的抗氧化系统，可消除或减少植物体内的自由基，是植物体中一个重要的保护机制。在 Cd 污染下，随着喷施 Se 水平的增加，除了"燕白"黄瓜根和叶的 POD 活性先增加后降低，同一品种黄瓜根、叶的 CAT、SOD 和 POD 活性均表现出不同的变化，且在相同的硒浓度下，各品种黄瓜根的抗氧化酶活性普遍高于叶(图 7-14)。随着喷施 Se 水平的增加，两个品种黄瓜间根和叶的 CAT 活性表现出相同的变化趋势，根为先降后升，叶为先升后降，喷施 Se 对黄瓜叶的 CAT 活性影响较小，而对根影响显著。在 Se 水平为 0.5 mg/L 时，"燕白"和"津优 1 号"品种黄瓜根的 CAT 活性最低，分别为 11.39 U/(g·min) 和 8.81 U/(g·min)，Se 水平为 1.0 mg/L 时达到最大，分别为 15.74 U/(g·min) 和 16.80 U/(g·min)。Se 水平对"燕白"黄瓜根和叶的 SOD 活性均有明显影响，而对"津优 1 号"黄瓜根的 SOD 活性影响较小，对叶的 SOD 活性影响较大。随着喷施 Se 水平的增加，"燕白"黄瓜叶片 SOD 活性逐渐升高，并于 Se 水平为 1.0 mg/L 时达到最大值 123.31 U/(g·min)，比对照增加了 155.0%，根呈先平缓增加后显著降低的趋势，Se 水平为 1.0 mg/L 时 SOD 活性比对照降低了 66.9%；"津优 1 号"黄瓜叶 SOD 活性随 Se 水平的增加呈先降低后升高的显著变化，根呈缓慢增加的趋势，但与对照相比，Se 水平为 0.5 mg/L 和 1.0 mg/L 时，叶的 SOD 活性分别降低了 74.9%和 31.9%。喷施不同的 Se 水平对两个品种黄瓜根和叶的 POD 活性均有明显的影响。喷施 Se 有利于"燕白"黄瓜 POD 活性的提高，Se 水平为 0.5 mg/L 时，叶和根的 POD 活性最高，分别为 7.49 U/(g·min) 和 10.07 U/(g·min)，但随着 Se 水平的增加，其活性有所降低；喷施 Se 对"津优 1 号"黄瓜叶的 POD 活性有抑制作用，Se 水平为 0.5 mg/L 和 1.0 mg/L 时，叶的 POD 活性分别比对照降低了 36.5%和 17.4%，Se 水平越大，抑制作用越小，而喷施 Se 对根 POD 活性的提高有促进作用，并于 Se 水平为 1.0 mg/L 时达到最大值 7.12 U/(g·min)，比对照增加了 513.8%。比较两个黄瓜品种，"燕白"黄瓜抗氧化酶活性总体高于"津优 1 号"。

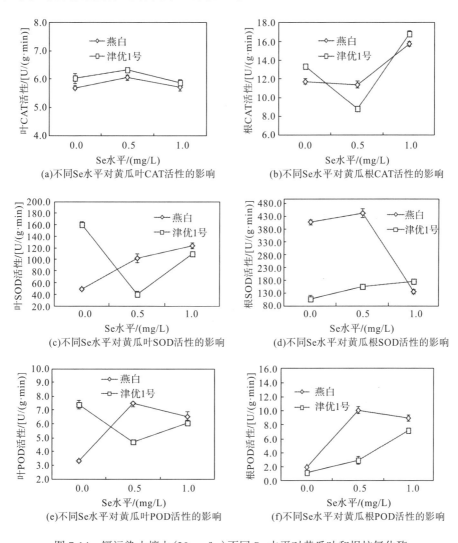

图 7-14 镉污染土壤上（20 mg/kg）不同 Se 水平对黄瓜叶和根抗氧化酶
（CAT、POD 和 SOD）活性的影响

(三)硒镉拮抗对蔬菜 Cd 形态的影响

由表 7-13 可知，黄瓜果实中各镉形态含量及 Cd 提取总量在两个品种间、Se
水平间的差异均达到了显著性水平。不同 Se 水平下，两个品种黄瓜果实中各形
态 Cd 含量略有不同。对于"燕白"品种黄瓜，除 Se 水平为 1.0 mg/L 时，其果
实中 Cd 含量为残渣态 Cd(Res-Cd)＞氯化钠提取态 Cd(NaCl-Cd)＞盐酸提取态
Cd(HCl-Cd)＞醋酸提取态 Cd(HAc-Cd)＞乙醇提取态 Cd(E-Cd)＞去离子水提取
态 Cd(W-Cd)外，其余处理的果实各形态 Cd 含量为：Res-Cd＞NaCl-Cd＞HCl-
Cd＞HAc-Cd＞W-Cd＞E-Cd；而"津优 1 号"黄瓜果实中各形态 Cd 含量在 Se
水平为 0、0.5 和 1.0 mg/kg 时分别表现为：Res-Cd＞NaCl-Cd＞HAc-Cd＞HCl-Cd
＞W-Cd＞E-Cd、Res-Cd＞NaCl-Cd＞HAc-Cd＞HCl-Cd＞E-Cd＞W-Cd、NaCl-Cd
＞Res-Cd＞HCl-Cd＞HAc-Cd＞E-Cd＞W-Cd。值得注意的是，"燕白"和"津
优 1 号"两个品种黄瓜的 Res-Cd 平均含量分别为 0.689 mg/kg 和 0.526 mg/kg，
均高于其他形态的 Cd 含量，分别占 Cd 提取总量的 43.7%和 39.3%。NaCl-Cd 含
量仅次于 Res-Cd，两个品种黄瓜的 NaCl-Cd 平均含量为 0.380 mg/kg，占 Cd 提
取总量的质量分数为 26.1%。在所有 Cd 形态中，Res-Cd 和 NaCl-Cd 活性偏低，
两者平均含量之和为 0.988 mg/kg，占 Cd 提取总量的质量分数为 68.5%。活性较

表 7-13　镉污染土壤上(20 mg/kg)不同 Se 水平对黄瓜果实 Cd 形态含量的影响

Se /(mg/L)	W-Cd/(mg/kg)		E-Cd/(mg/kg)		HAc-Cd/(mg/kg)		NaCl-Cd/(mg/kg)	
	燕白	津优 1 号	燕白	津优 1 号	燕白	津优 1 号	燕白	津优 1 号
0	0.075± 0.009a	0.102± 0.017a	0.025± 0.006a	0.101± 0.012a	0.145± 0.019a	0.226± 0.023a	0.424± 0.035a	0.452± 0.047a
0.5	0.033± 0.005b	<0.005± 0.000b	0.015± 0.005b	0.048± 0.008b	0.130± 0.017b	0.179± 0.012b	0.350± 0.029c	0.330± 0.021c
1.0	<0.005± 0.000c	<0.005± 0.000b	0.013± 0.002b	0.025± 0.004c	0.122± 0.010c	0.151± 0.010c	0.373± 0.020b	0.352± 0.028b

Se /(mg/L)	HCl-Cd/(mg/kg)		Res-Cd/(mg/kg)		总提取量/(mg/kg)	
	燕白	津优 1 号	燕白	津优 1 号	燕白	津优 1 号
0	0.224± 0.015a	0.151± 0.012b	0.873± 0.059a	0.754± 0.045a	1.771± 0.087a	1.785± 0.073a
0.5	0.150± 0.011c	0.152± 0.019b	0.500± 0.064c	0.573± 0.022b	1.558± 0.063b	1.272± 0.045b
1.0	0.199± 0.017b	0.176± 0.020a	0.695± 0.077b	0.251± 0.015c	1.404± 0.057c	0.956± 0.028c

注：W-Cd、E-Cd、HAc-Cd、NaCl-Cd、HCl-Cd 和 Res-Cd 分别代表去离子水提取态 Cd、乙醇提取态 Cd、醋酸
提取态 Cd、氯化钠提取态 Cd、盐酸提取态 Cd 和残渣态 Cd；不同字母表示不同处理之间的差异达到显著水平
(P＜0.05)，下同。

高的 E-Cd 和 W-Cd 的平均含量均为 0.038 mg/kg，占 Cd 提取总量的质量分数为 2.6%，两者的平均含量之和（0.076 mg/kg）占 Cd 提取总量的质量分数为 5.2%。此外，研究发现，除了"津优 1 号"中的 HCl-Cd 含量随着 Se 水平增加而增加，喷施 Se 均可降低两个品种黄瓜中各形态 Cd 含量，其中 W-Cd、E-Cd、HAc-Cd 及"津优 1 号"中的 Res-Cd 含量随着 Se 水平的增加而有所降低，分别比对照降低了 56.0%～95.1%、40.0%～75.2%、10.3%～33.2% 及 24.0%～66.7%；两个品种黄瓜的 NaCl-Cd、HCl-Cd 及"燕白"黄瓜的 Res-Cd 含量均在 Se 水平为 0.5 mg/L 时降至最低，分别比对照降低了 17.5% 和 27.0%、42.7% 和 24.0% 及 33.0%，随着 Se 水平的增加，Cd 含量有所增加，但仍比对照降低了 17.1%、2.7% 及 20.4%。研究还发现，随着喷施 Se 水平的增加，两个品种黄瓜的 Cd 提取总量均表现为下降变化，Se 水平为 1.0 mg/L 时，"燕白"和"津优 1 号"品种黄瓜 Cd 提取总量分别较对照下降了 20.7% 和 46.4%。

重金属在植物体内的化学形态分为活性态和非活性态，活性态有 W-Cd、E-Cd 等形态，非活性态有 NaCl-Cd、HCl-Cd、HAc-Cd、Res-Cd 等形态。本试验中，黄瓜果实中 Cd 主要以 Res-Cd 形态存在，其平均含量为 0.608 mg/kg，占 Cd 提取总量的 41.5%。这与之前的报道（周坤 等，2014）一致。NaCl-Cd 含量次之，平均含量为 0.380 mg/kg，占 Cd 提取总量的 26.1%。Res-Cd 和 NaCl-Cd 为活性偏低的 Cd 形态，而两者之和占 Cd 提取总量达 67.6%，是黄瓜果实中 Cd 形态的主要存在形式。W-Cd 和 E-Cd 活性较高，但黄瓜果实中两者之和只有 0.038 mg/kg，占 Cd 提取总量的 2.6%。说明黄瓜果实中 Cd 的活性受限制，减少了 Cd 对黄瓜的毒害。研究同时发现，除了"津优 1 号"的 HCl-Cd，喷施 Se 在不同程度上降低了各形态 Cd 的含量和 Cd 总提取量。可见 Se 对 Cd 具有拮抗作用，可降低植物对 Cd 的吸收，且本研究以 Res-Cd 的降低最显著。Se 对 Cd 的拮抗作用机制可能是硒可清除细胞代谢活性位点上的 Cd 和 Cd 胁迫诱发产生的自由基，以及 Se 可诱导产生金属硫蛋白，螯合进入生物体内的 Cd，从而降低 Cd 的有效性。但与 0.5 mg/kg Se 相比，1.0 mg/L 的 Se 反而显著增加了两个品种黄瓜的 NaCl-Cd 和 HCl-Cd 及"燕白"的 Res-Cd 含量，说明高 Se（1.0 mg/L）对 Cd 存在一定的协同作用。比较两个黄瓜品种，未喷施 Se 时，果实中 Cd 总提取量以"燕白"＜"津优 1 号"，喷施 Se 后，Cd 总提取量以"燕白"＞"津优 1 号"。这可能是由于外源 Se 提高了"燕白"的抗氧化酶活性，增强了"燕白"果实对 Cd 的抗性，使果实对 Cd 的吸收和转运量增加。

（四）硒镉拮抗对蔬菜 Cd 积累量的影响

黄瓜 Cd 含量及 Cd 积累量在两个品种间、Se 水平间的差异均达到显著水平（表 7-14）。除了 Se 水平为 0 和 1.0 mg/L 时，"燕白"黄瓜 Cd 含量大小顺序为叶

表 7-14　镉污染土壤上（20 mg/kg）不同 Se 水平对黄瓜 Cd 积累的影响

| Se/(mg/L) | Cd 含量/(mg/kg) | | | | | | | | Cd 积累量/(mg/plant) | | | | | | | | Cd 总量/(mg/plant) | |
| | 叶 | | 茎 | | 根 | | 果实 | | 叶 | | 茎 | | 根 | | 果实 | | | |
	燕白	津优1号	燕白	津优1号	燕白	津优1号	燕白	津优1号	燕白	津优1号	燕白	津优1号	燕白	津优1号	燕白	津优1号	燕白	津优1号
0	21.75±0.56a	24.44±0.71a	15.04±0.37a	14.31±0.25	17.72±0.38ab	25.08±0.53a	2.21±0.30a	2.97±0.41	0.278±0.013b	0.269±0.015a	0.117±0.0090a	0.099±0.0050b	0.018±0.0020b	0.062±0.0050a	0.045±0.0070a	0.059±0.0060a	0.457±0.019a	0.489±0.023a
0.5	18.35±0.43b	21.90±0.60b	12.84±0.23b	10.27±0.20	19.67±0.45a	23.59±0.47b	0.87±0.067b	0.84±0.09b	0.253±0.018c	0.278±0.020a	0.107±0.0050a	0.090±0.0080b	0.026±0.0040a	0.073±0.0080a	0.020±0.020b	0.019±0.004b	0.406±0.013b	0.460±0.015b
1.0	21.05±0.40a	20.07±0.48c	12.49±0.17b	12.11±0.14	16.81±0.50b	20.44±0.25c	0.79±0.08b	0.72±0.05c	0.292±0.12a	0.272±0.016a	0.106±0.0080a	0.110±0.0070a	0.028±0.0010a	0.067±0.0030a	0.019±0.030b	0.018±0.002b	0.444±0.009a	0.463±0.023b

＞根＞茎＞果实，其余处理 Cd 含量大小顺序为根＞叶＞茎＞果实。除了"燕白"黄瓜根在 0.5 mg/L Se 处理时 Cd 含量呈最高(19.67 mg/kg)，与对照相比，喷施 Se 均在不同程度上降低了黄瓜叶、茎、根及果实的 Cd 含量，Cd 含量降低幅度分别为 3.2%～17.9%、15.4%～28.2%、5.1%～18.5%及 60.6%～75.8%。值得注意的是，除了"燕白"叶和"津优 1 号"茎，其他处理下 Cd 含量均以 Se 水平为 1.0 mg/L 时最低。对于 Cd 积累量，除了 Se 水平为 0.5 mg/L 时"燕白"黄瓜 Cd 积累量大小顺序为叶＞茎＞果实＞根，其余处理大小顺序为叶＞茎＞根＞果实。Cd 在两个品种黄瓜叶中积累量最大，茎次之，分别占 Cd 全量的 60.4%和 23.0%。根和果实的 Cd 积累量较少，仅占 Cd 全量的 10.1%和 6.6%。喷施 Se 降低了两个品种黄瓜果实的 Cd 积累量，比对照降低了 55.6%～69.5%，且随着 Se 水平的增加，Cd 积累量减少。除了"燕白"叶在 Se 水平为 0.5 mg/L 时 Cd 积累量最低(0.253 mg/plant)，喷施 Se 均在不同程度上增加了黄瓜根和叶的 Cd 积累量。"燕白"黄瓜茎的 Cd 积累量随着 Se 水平的增加而降低，在 Se 水平为 1.0 mg/L 时 Cd 积累量最低，为 0.106 mg/plant，而"津优 1 号"茎的 Cd 积累量随 Se 水平的增加呈先降低后升高的变化，并在 Se 水平为 0.5 mg/L 时降至最低值 0.090 mg/plant，Se 水平为 1.0 mg/L 时达到最高值 0.110 mg/plant。比较两个供试黄瓜品种，不管是否喷施 Se，Cd 全量均以"燕白"小于"津优 1 号"。

Feng 等(2013)的研究结果表明，Cd 在水稻中主要积累于根部。但我们的试验发现，两个黄瓜品种中 Cd 主要积累于茎和叶中，根和果实中积累量较少，而黄瓜 Cd 含量以根和叶较多，茎和果实含量较少(表 7-14)。这表明 Cd 在两个供试黄瓜品种中具有较强的转移能力，且 Cd 主要集中于黄瓜叶部。黄瓜果实中 Cd 含量为 0.72～2.97 mg/kg，远远超过《食品中污染物限量》(GB 2762—2017)对蔬菜中 Cd 的限量标准(0.05 mg/kg)。可见黄瓜不仅对 Cd 有较强的迁移能力，而且在可食部位对 Cd 也有很强的富集能力。因此，在 Cd 污染环境下种植黄瓜，其果实可能存在受 Cd 污染的危险。研究同时发现，除了低 Se(0.5 mg/L Se)处理增加了"燕白"根的 Cd 含量，叶面喷施 Se 均不同程度地降低了黄瓜叶、茎、根及果实中的 Cd 含量，且绝大多数处理中叶、茎、根及果实 Cd 含量均以 1.0 mg/L ＜0.5 mg/L。可见，外源 Se 可降低植物对 Cd 的吸收，进一步说明了 Se 与 Cd 存在拮抗作用。比较两个黄瓜品种，未喷施 Se 时，"燕白"果实中 Cd 含量和果实中 Cd 积累量分别比"津优 1 号"低 0.76 mg/kg 和 0.014 mg/plant，说明"津优 1 号"较"燕白"的 Cd 转运至可食部位(果实)的能力更强，数量更多，其食用风险亦更大。喷施 Se 后，两个黄瓜品种果实 Cd 含量和 Cd 积累量均显著降低，而"燕白"果实 Cd 含量和 Cd 积累量略高于"津优 1 号"，说明喷 Se 硒降低"津优 1 号"体内 Cd 含量的效果优于"燕白"。试验还发现，无论喷施 Se 与否，Cd 全量均以"燕白"＜"津优 1 号"，原因可能与"燕白"植株总干重小于"津优 1 号"有关。

二、镉与镧

镧(La)是稀土金属中最活泼的金属之一。利用其来提高植物对重金属等不良环境的抗性已有不少报道(张杰 等,2007;周青 等,2003)。如周青等(2003)报道,叶面喷施 10 mg/L 的 La 可减轻 Cd 对菜豆(*Phaseolus vulgaris*)幼苗的伤害程度。张杰等(2007)报道,La 对 Cd 胁迫下水稻(*Oryza sativa* L.)幼苗生长有一定的防护效应。但研究者们就 La 提高植物对重金属的抗性作用目前并未达成共识。庞欣等(2002)报道 0.05 mg/L 的 La 水平对小麦(*Triticum aestivum* L.)根和地上部分铅的累积无显著影响。Xiong 等(2006)报道仅在 La 离子的浓度大于 1 mg/L 时,可以降低雪菜(*Brassica juncea* var. *multiceps*)地上部分的 Cd 累积量。可见,La 与 Cd 的交互作用与 La 与 Cd 的浓度、植物及部位、营养状况及外界环境条件等诸多因素有关。

为了进一步探讨 La、Cd 的相互关系以及 La 对不同品种黄瓜 Cd 吸收和 Cd 向可食部位(果实)转移的影响,我们选取了重庆地区"燕白"和"津优 1 号"等两个主要黄瓜栽培品种,采用盆栽试验模拟 Cd 污染的土壤条件(20 mg/kg Cd),探讨外源 La 对 Cd 污染土壤上黄瓜抗性和镉吸收的影响。

(一)镧镉拮抗对蔬菜丙二醛含量的影响

由图 7-15 可知,在 Cd 污染条件下,随 La 水平的增加,"燕白"和"津优 1 号"两个品种叶和根的 MDA 含量呈现出不同的变化趋势。随 La 水平的增加,"燕白"的叶和根 MDA 含量略有增加,但差异不显著。"津优 1 号"的叶 MDA 含量随 La 水平增加呈先降后升趋势,在 10 mg/L La 水平时达到最低值;而根的 MDA 含量则表现为先升后降趋势,在 10 mg/L La 水平时达到最大值。除 10 mg/L La 水平处理的"津优 1 号"的叶 MDA 含量外,无论是否有 La 的存在,两个品种叶和根的 MDA 含量均以"津优 1 号">"燕白"。

丙二醛(MDA)是植物细胞膜脂过氧化作用的产物之一,其含量反映了植物遭受逆境伤害的程度,它的产生加剧了膜的损伤。在 Cd 污染条件下,随 La 水平的增加,"燕白"叶和根的 MDA 含量几乎保持不变。说明对"燕白"品种而言,外源 La 对 Cd 引起的细胞膜脂过氧化并无显著影响。"津优 1 号"的叶 MDA 含量随 La 水平增加呈先降后升趋势,在 10 mg/L La 时达到最低值。可见,低 La(10 mg/L)可以降低"津优 1 号"叶内 MDA 产生,缓解 Cd 对膜的损伤,但高 La(20 mg/L)可能会与 Cd 发生协同作用,使质膜透性更大,细胞膜结构破坏更严重。而"津优 1 号"的根 MDA 含量随 La 水平的增加呈先升后降趋势。说明高 La(20 mg/L)有利于降低"津优 1 号"根的 MDA 含量,降低 Cd 引起的根细胞膜脂过氧化。喷 La 后,虽然两个品种叶和根的 MDA 含量以"津优 1 号">"燕白",但"津优 1 号"的叶和根抗氧化酶(CAT、SOD 和 POD)活性也高于"燕白",说明"津优 1 号"产生了足够的抗氧化酶,及时清除了多余的自由基引起的细胞膜损伤。这可能是"津优 1 号"的植株总干质量高于"燕白"的重要原因之一。

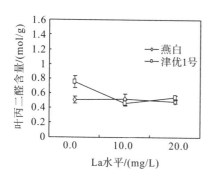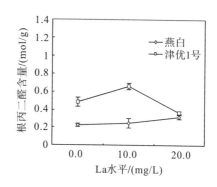

图 7-15　镉污染土壤上(20 mg/kg)不同 La 水平对黄瓜的叶和根丙二醛含量的影响

(二)镧镉拮抗对蔬菜抗氧化酶活性的影响

在 Cd 污染条件下,随外源 La 水平的增加,"燕白"和"津优 1 号"两个品种的叶和根抗氧化酶(CAT、SOD 和 POD)活性也呈现出不同的变化趋势(图 7-16)。"燕白"的叶 CAT 活性、"津优 1 号"的根 SOD 活性随外源 La 水平的增加表现出上升趋势;"燕白"的根 CAT 活性和 POD 活性、"燕白"的叶和根 SOD 活性、"津优 1 号"的叶和根 CAT 活性、"津优 1 号"的叶 SOD 活性及"津优 1 号"的叶 POD 活性随外源 La 水平的增加呈先降后升趋势,在 10 mg/L La 时达到最低值。随外源 La 水平的增加,"燕白"的叶 POD 活性和"津优 1 号"的根 POD 活性则表现出先升后降趋势,在 10 mg/L La 时达到最大值。总的来说,"津优 1 号"抗氧化酶(CAT、SOD 和 POD)活性略高于"燕白"(除根 SOD 活性外)。

重金属 Cd 胁迫可以影响植物体内活性氧代谢系统的平衡,产生大量的氧自由基。抗氧化酶(CAT、SOD 和 POD)能够清除氧自由基,降低细胞遭受由重金属 Cd 引起的氧化胁迫伤害。在 Cd 污染条件下,外源 La 总的来说使两个品种叶和根的抗氧化酶(CAT、SOD 和 POD)活性呈升高趋势(图 7-16)。表明 La 可以增加植物的叶和根抗氧化酶活性,有利于清除体内的 H_2O_2,使细胞免受重金属 Cd 的伤害。外源 La 使黄瓜的叶和根抗氧化酶活性升高,抗性增强可能是 Cd 污染土壤上外源 La 提高了黄瓜的叶、茎、根、果实干质量及植株总干质量的生理机制之一。但试验也发现，"燕白"的叶 POD 活性和"津优 1 号"的根 POD 活性则表现出先升后降趋势。其原因有待进一步研究。

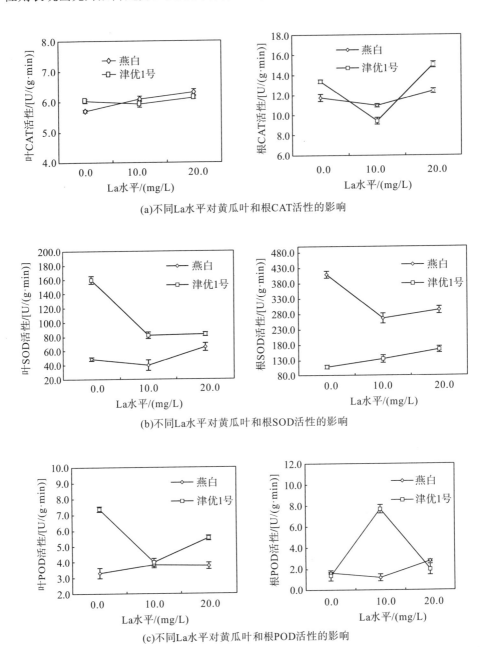

(a)不同La水平对黄瓜叶和根CAT活性的影响

(b)不同La水平对黄瓜叶和根SOD活性的影响

(c)不同La水平对黄瓜叶和根POD活性的影响

图 7-16　镉污染土壤上(20 mg/kg)不同 La 水平对黄瓜叶和根 CAT、SOD 和
POD 活性的影响

(三)镧镉拮抗对蔬菜 Cd 形态及含量的影响

由表 7-15 可知,黄瓜果实中不同形态 Cd 含量的大小顺序为残渣态(Res-Cd)>氯化钠提取态(NaCl-Cd)>醋酸提取态(HAc-Cd)>盐酸提取态(HCl-Cd)>乙醇提取态(E-Cd)>去离子水提取态(W-Cd)。其中,Res-Cd 平均含量为 0.693 mg/kg,占 Cd 提取总量的 44.8%;NaCl-Cd 平均含量为 0.372 mg/kg,占 Cd 提取总量的 24.1%。二者均为活性偏低形态 Cd,其平均含量之和为 1.065 mg/kg,占 Cd 提取总量的 68.9%。活性较高的 W-Cd 和 E-Cd 平均含量分别为 0.026 mg/kg 和 0.033 mg/kg,占 Cd 提取总量的 1.7%和 2.1%,二者平均含量之和为 0.059 mg/kg,占 Cd 提取总量的 3.8%。除"燕白"的 HAc-Cd 及"津优 1 号"的 HCl-Cd 外,喷施 La 减少了两个品种果实中不同形态 Cd 含量和 Cd 提取总量。随 La 水平的增加,两个品种果实的 E-Cd、NaCl-Cd 以及"燕白"的 W-Cd、HCl-Cd 含量逐渐降低,分别较对照减少了 48.0%~100.0%、15.9%~34.7%、32%~58.7%及 9.8%~32.6%;同时 La 也降低了两个品种果实 Cd 总提取量和 Res-Cd 含量,降幅分别为 8.6%~22.0%和 1.3%~41.5%,但随 La 水平增加表现为先降后增趋势,在 10 mg/L La 处理时达到最低值。未喷 La 时,果实的 Cd 提取总量以"燕白">"津优 1 号";喷 La 后,果实的 Cd 提取总量以"燕白"<"津优 1 号"。

我们研究发现,黄瓜果实中的 Cd 主要以 Res-Cd 和 NaCl-Cd 存在,二者均为活性偏低形态 Cd,其平均含量之和为 1.065 mg/kg,占 Cd 提取总量的 68.9%(表 7-15)。与早前(陈贵青 等,2010)报道相似。而活性较高的 W-Cd 和 E-Cd 平均含量之和为 0.059 mg/kg,仅占 Cd 提取总量的 3.8%,从而极大地限制了 Cd 的毒害效应。外源 La 减少了两个品种果实中不同形态 Cd 含量和 Cd 总提取量,原因可能是 La 主要与蛋白质、核酸、磷脂等生物活性物质形成配合物,与重金属 Cd 竞争结合位点所致,也可能是 La 与 Cd 的拮抗效应所致。但高量 La(20 mg/L)反而较低量 La(10 mg/L)增加了两个品种果实 Cd 总提取量和 Res-Cd 含量,La 与 Cd 表现出一定的协同效应。喷 La 后,果实的 Cd 提取总量以"津优 1 号">"燕白"。原因可能是 La 明显提高了"津优 1 号"的抗氧化酶活性,增强了该品种对 Cd 的抗性,提高了植株干质量,同时对 Cd 的吸收和转运量也相应增加了。世界卫生组织(World Health Organization,WHO)对 Cd 的安全标准是基于对肾脏的毒性建立的,上限是每周每公斤体重 7 微克。这相当于一个 60 公斤的人,每天 Cd 摄入量不超过 60 微克。这个安全标准包括蔬菜、大米和水等所有的 Cd 来源。对于蔬菜,我国的安全标准是小于等于每公斤 0.05 毫克。本试验中,黄瓜果实鲜样中 Cd 总提取量平均为 1.55 mg/kg(表 7-15),高于国家对蔬菜和水果的 Cd 限量标准(≤0.05 mg/kg 鲜样),说明在 Cd 污染较重的地区,种植黄瓜可能存在果实 Cd 超标的风险。

表 7-15　镉污染土壤上 (20 mg/kg) 不同 La 水平对黄瓜果实中不同化学形态 Cd 含量的影响

La 水平/(mg/L)	W-Cd/(mg/kg)		E-Cd/(mg/kg)		HAc-Cd/(mg/kg)		NaCl-Cd/(mg/kg)		HCl-Cd/(mg/kg)		Res-Cd/(mg/kg)		总提取量/(mg/kg)	
	燕白	津优1号	燕白	津优1号	燕白	津优1号	燕白	津优1号	燕白	津优1号	燕白	津优1号	燕白	津优1号
0	0.075	<0.002	0.025	0.101	0.150	0.226	0.424	0.452	0.224	0.151	0.873	0.754	1.771	1.683
10	0.051	<0.002	0.013	0.050	0.277	0.228	0.328	0.380	0.202	0.228	0.511	0.519	1.382	1.405
20	0.031	<0.002	0.008	<0.002	0.277	0.223	0.277	0.372	0.151	0.199	0.756	0.744	1.500	1.538
LSD$_{0.05}$　黄瓜品种	0.058		0.007		0.038		0.024		0.012		0.003		0.051	
La 水平	0.025		0.005		0.011		0.006		0.020		0.061		0.139	
黄瓜品种×La 水平	0.016		0.009		0.017		0.005		0.019		0.034		0.147	

注：W-Cd、E-Cd、HAc-Cd、NaCl-Cd、HCl-Cd 和 Res-Cd 分别代表去离子水提取态 Cd、乙醇提取态 Cd、醋酸提取态 Cd、氯化钠提取态 Cd、盐酸提取态 Cd 和残渣态 Cd。

(四)镧镉拮抗对蔬菜 Cd 积累量的影响

由表 7-16 可见，黄瓜各部位 Cd 含量的大小顺序为根＞叶＞茎＞果实。外源 La 使黄瓜叶、茎、根和果实中的 Cd 含量不同程度降低，降低幅度分别为 6.0%～10.2%、8.9%～23.5%、4.0%～29.2%和 32.0%～49.8%。随 La 水平的增加，两个品种的叶、茎 Cd 含量和"燕白"的果实 Cd 含量逐渐降低，但两个品种的根 Cd 含量和"津优 1 号"的果实 Cd 含量则表现为先降后增趋势，在 10 mg/L La 处理时达到最低值。

黄瓜单株各部位 Cd 积累量的大小顺序为叶＞茎＞根＞果实，其中叶、茎积累量分别为植株 Cd 总积累量的 59.1%和 23.4%，根和果实的 Cd 积累量分别为植株 Cd 总积累量的 10.6%和 6.8%。外源 La(10 和 20 mg/L La)降低了"燕白"的植株 Cd 全量和两个品种的果实 Cd 积累量。但喷 La 提高了"津优 1 号"的植株 Cd 全量及"津优 1 号"的叶和茎 Cd 积累量。同时，高水平的 La(20 mg/L)也提高了两个品种的根和果实 Cd 积累量、"津优 1 号"的茎 Cd 积累量。随 La 水平的增加，黄瓜单株各部位 Cd 积累量表现出不同的变化趋势。如随 La 处理水平的增加，两个品种的叶 Cd 积累量表现为先增后降趋势，在 10 mg/L La 处理时达到最大值；"燕白"的茎 Cd 含量和植株 Cd 全量表现为降低趋势；"津优 1 号"的茎 Cd 含量和植株 Cd 全量表现为上升趋势；两个品种的根和果实 Cd 积累量表现为先降后增趋势，在 10 mg/L La 处理时达到最低值。比较供试两个黄瓜品种，未喷 La 时，单株果实的 Cd 含量和 Cd 积累量以"燕白"＞"津优 1 号"，但喷 La 后，单株果实的 Cd 含量和 Cd 积累量以"津优 1 号"＞"燕白"。但无论是否喷施 La，植株 Cd 全量均以"津优 1 号"＞"燕白"。

供试两个黄瓜品种 Cd 含量的大小顺序为根＞叶＞茎＞果实。Cd 主要累积于黄瓜的叶和茎中(表 7-16)，说明黄瓜根系对 Cd 具有较强的向地上部转移(或转运)的能力，原因可能是叶的干质量远远大于根系干质量所致。喷 La 后，单株果实的 Cd 含量和 Cd 积累量、植株 Cd 全量均以"津优 1 号"＞"燕白"。进一步说明由于 La 明显提高了"津优 1 号"对 Cd 的抗性，增加了植株干质量，因此，该品种从土壤中吸收和富集了更多的 Cd，同时，Cd 从根部转运至果实的数量也明显增加。外源 La 降低了黄瓜叶、茎、根和果实中的 Cd 含量。La 与 Cd 表现为明显的拮抗效应。但两个品种的根 Cd 含量和"津优 1 号"的果实 Cd 含量随 La 的水平增加则表现为先降后增趋势。La 与 Cd 又表现出明显的协同效应。究其原因可能与 La 水平、植物品种及部位有关。

表 7-16　镉污染土壤上（20 mg/kg）不同 La 水平对黄瓜 Cd 含量和 Cd 积累量的影响

La 水平/(mg/L)	Cd 含量/(mg/kg)								Cd 积累量/(mg/plant)										
	叶		茎		根		果实		叶		茎		根		果实		Cd 全量/(mg/plant)	
	燕白	津优1号	燕白	津优1号	燕白	津优1号	燕白	津优1号	燕白	津优1号	燕白	津优1号	燕白	津优1号	燕白	津优1号	燕白	津优1号
0	21.75	26.44	15.04	16.31	27.72	28.08	2.21	1.97	0.278	0.290	0.117	0.113	0.028	0.069	0.045	0.039	0.467	0.512
10	20.45	23.96	13.70	14.18	19.62	20.69	1.11	1.25	0.279	0.323	0.116	0.121	0.025	0.066	0.024	0.028	0.444	0.539
20	20.00	23.73	11.51	14.07	26.62	23.53	1.11	1.34	0.265	0.300	0.085	0.136	0.040	0.084	0.031	0.032	0.421	0.551
$LSD_{0.05}$ 黄瓜品种	0.953		0.636		0.219		0.103		0.029		0003		0.037		0.003		0.051	
$LSD_{0.05}$ La 水平	0.431		0.554		1.235		0.042		0.033		0.002		0.007		0.005		0.013	
$LSD_{0.05}$ 黄瓜品种×La 水平	0.717		0.510		1.011		0.057		0.061		0.005		0.023		0.007		0.034	

三、镉与其他外源物质

　　Ca 也可以影响作物对 Cd 的吸收和积累。施用硅酸钙、石灰、磷石膏可减缓 Cd 对白菜的毒害作用。GSH、AsA、SA、酶类等有机物在缓解植物 Cd 毒害方面也起到重要的作用。GSH 是一种有效的抗氧化剂，可降低 Cd 诱导的氧化胁迫。外源 GSH 的加入能降低根细胞共质体汁液中的 Cd 浓度，抑制 Cd 从根部向地上部的运输，缓解了 Cd 对芥菜型油菜(*Brassica juncea* L.)的毒害作用。董静(2009)对大麦(*Hordeum vulgare* L.)细胞的研究表明，外源 GSH 和 SA 降低了 Cd 胁迫对大麦细胞造成的氧化损伤，细胞活力也有所上升。外源 AsA 的作用和 GSH 类似(Han et al.，2014)。Han 等(2014)的研究显示胡杨木葡聚糖水解酶基因的表达可降低转基因烟草根系中的 Cd 含量，从而提高植物对 Cd 胁迫的耐受性。有研究发现，转基因烟草中一类 p 型 2B Ca^{2+} ATP 酶 OsACA6 在 Cd 胁迫下可增加植物体内的抗氧化酶(SOD、CAT)活性和非酶抗氧化剂(GSH、AsA)活性，OsACA6 通过调节维持细胞内的离子和非酶 ROS 的平衡，从而保护植株免受 Cd 的毒害(Arthur et al.，2000)。

主要参考文献

陈贵青, 张晓璟, 徐卫红, 等. 2010. 不同锌水平下辣椒体内镉的积累、化学形态及生理特性[J]. 环境科学, 31(7): 1657-1662.

陈惠, 曹秋华, 徐卫红, 等. 2013. 镉对不同品种辣椒幼苗生理特性及镉积累的影响[J]. 西南师范大学学报(自然科学版), 38(9): 110-115.

陈蓉, 刘俊, 徐卫红, 等. 2015. 外源镧对不同品种黄瓜镉积累及镉化学形态的影响[J]. 食品科学, 36(5): 38-44.

陈永勤. 2017. 镉富集植物镉积累基因型差异及分子机理研究[D]. 重庆: 西南大学.

董静. 2009. 基于悬浮细胞培养的大麦耐镉性基因型差异及大小麦耐渗透胁迫差异的机理研究[D]. 杭州: 浙江大学.

李桃. 2018. 不同品种辣椒镉胁迫耐受机制研究[D]. 重庆: 西南大学.

李文一. 2007. 香根草对碱性土壤难溶性锌镉的吸收利用及 EDTA 调控机理[D]. 重庆: 西南大学.

刘吉振, 蓝春桃, 徐卫红, 等. 2011. 硅对不同辣椒品种镉积累、化学形态及生理特性的影响[J]. 中国蔬菜, (10): 69-75.

刘俊, 周坤, 徐卫红, 等. 2013. 外源铁对不同番茄品种生理特性、镉积累及化学形态的影响[J]. 环境科学, 34(10): 4126-4131

吕选忠, 宫象雷, 唐勇. 2006. 叶面喷施锌或硒对生菜吸收镉的拮抗作用研究[J]. 土壤学报, 43(5): 868-870.

庞欣, 王东红, 彭安. 2002. La 对铅胁迫下小麦幼苗抗氧化酶活性的影响[J]. 环境化学, 21(4): 318-323.

秦余丽. 2018. 两个品种黑麦草镉富集特性及镉转运基因差异研究[D]. 重庆: 西南大学.

谢文文, 周坤, 徐卫红, 等. 2015. 外源锌对不同品种番茄光合特性、品质及镉积累的影响[J]. 西南大学学报(自然科学版), 37(11): 22-29.

熊仕娟, 刘俊, 徐卫红, 等. 2015. 外源硒对黄瓜抗性、镉积累及镉化学形态的影响[J]. 环境科学, 36(1): 286-294.

杨芸, 周坤, 徐卫红, 等. 2015. 外源铁对不同品种番茄光合特性、品质及镉积累的影响[J]. 植物营养与肥料学报, 21(4): 1006-1015.

张海波. 2013. 不同辣椒品种镉积累差异及外源物质对镉富集的调控效应[D]. 重庆: 西南大学.

张杰, 黄永杰, 刘雪云. 2007. La 对镉胁迫下水稻幼苗生长及生理特性的影响[J]. 生态环境, 16(3): 835-841.

张晓璟, 刘吉振, 徐卫红, 等. 2011. 磷对不同辣椒品种镉积累、化学形态及生理特性的影响[J]. 环境科学, 32(4): 1171-1176.

周坤, 刘俊, 徐卫红, 等. 2013. 铁对番茄镉积累及其化学形态的影响[J]. 园艺学报, 40(11): 111-122.

周坤, 刘俊, 徐卫红, 等. 2014. 外源锌对不同番茄品种抗氧化酶活性、镉积累及化学形态的影响[J]. 环境科学学报, 34(6): 1592-1599.

周青, 张辉, 黄晓华, 等. 2003. La 对镉胁迫下菜豆幼苗生长的影响[J]. 环境科学, 24(4): 48-53.

朱芳, 方炜, 杨中艺. 2006. 番茄吸收和积累 Cd 能力的品种间差异[J]. 生态学报, 26(12): 4071-4081.

Alarcón A L, Madrid R, Romojaro F, et al. 1998. Calcium forms in leaves of muskmelon plants grown with different calcium compounds [J]. Journal of Plant Nutrition, 21(9): 1897-1912.

Arthur E, Crews H, Morgan C. 2000. Optimizing plant genetic strategies for minimizing environmental contamination in the food chain[J]. International Journal of Phytoremediation, 2(1): 1-21.

Chien H F, Wang J W, Lin C C, et al. 2001. Cadmium toxicity of rice leaves is mediated through lipid peroxidation[J]. Plant Growth Regulation, 33(3): 205-213.

Chlopecka A, Adriano D C. 1997. Influence of zeolite, apatite and Fe-oxide on Cd and Pb uptake by crops[J]. The Science of the Total Environment, 207(2-3): 195-206.

Ding Y Z, Feng R W, Wang R G, et al. 2013. A dual effect of Se on Cd toxicity: evidence from plant growth, root morphology and responses of the antioxidative systems of paddy rice [J]. Plant and Soil, 375(1-2): 289-301.

Feng R W, Wei C Y, Tu S X, et al. 2013. A dual role of Se on Cd toxicity: evidences from the uptake of Cd and some essential elements and the growth responses in paddy rice[J]. Biological Trace Element Research, 151(1): 113-121.

Han Y, Sa G, Sun J, et al. 2014. Overexpression of *Populus euphratica* xyloglucan endotransglucosylase/hydrolase gene confers enhanced cadmium tolerance by the restriction of root cadmium uptake in transgenic tobacco[J]. Environmental and Experimental Botany, 100: 74-83.

Hart J J, Welch R M, Norvell W A, et al. 2005. Zinc effects on cadmium accumulation and partitioning in near isogenic lines of durum wheat that differ in grain cadmium concentration[J]. New Phytologist, 167: 391-401.

Rodríguez-Serrano M, Romero-Puertas M C, Zabalza A, et al. 2006. Cadmium effect on oxidative metabolism of pea (*Pisum sativum* L.) roots. Imaging of reactive oxygen species and nitric oxide accumulation *in vivo*[J]. Plant, Cell and Environment, 29(8): 1532-1544.

Saidi I, Chtourou Y, Djebali W. 2014. Selenium alleviates cadmium toxicity by preventing oxidative stress in sunflower (*Helianthus annuus*) seedlings[J]. Journal of Plant Physiology, 171(5): 85-91.

Satarug S, Baker J R, Urbenjapol S, et al. 2003. A global perspective on cadmium pollution and toxicity in nonoccupationally exposed population[J]. Toxicology Letters, 137(1-2): 65-83.

Shao G S, Chen, M X, Wang W X, et al. 2007. Iron nutrition affects cadmium accumulation and toxicity in rice plants[J]. Plant Growth Regulation, 53: 33-42.

Siedlecka A S, Krupa Z. 1999. Cd/Fe Interaction in higher plants-its consequences for the photosynthetic apparatus[J]. Photosynthetica, 36(3): 321-331.

Sinha S, Gupta M, Chandra P. 1997. Oxidative stress induced by iron in *Hydrilla verticillata*(l. f.)Royle: response of antioxidants[J]. Ecotoxicology and Environmental Safety, 38(3): 286-291.

Sparrow L A, Salardini A A, Bishop A C. 1993. Field studies of cadmium in potatoes(*Solanum tuberosum* L.). Effects of lime and phosphorus on cv. Russet Burbank[J]. Australian Journal of Agricultural Research, 44(4): 845-853.

Stephan U W, Grun M. 1989. Physiological disorders of the nicotianamine-auxotroph tomato mutant *chloronerva* at different levels of iron nutrition II. Iron deficiency response and heavy metal metabolism[J]. Biochemie und Physiologie der Pflanzen, 185(3-4): 189-200.

Wang C L, Xu W H, Li H, et al. 2013. Effects of zinc on physiologic characterization and cadmium accumulation and chemical forms in different varieties of pepper[J]. Wuhan University Journal of Natural Sciences, 18(6): 541-548.

Wang W Z, Li X C, Xu W H, et al. 2017. Effect of iron on forms and concentration of cadmium and expression of Cd-tolerance related genes in tomatoes[J]. International Journal of Agriculture & Biology, 19(6): 1585-1592.

Wang W Z, Xu W H, Zhou K, et al. 2015. Research progressing of present contamination of Cd in soil and restoration method[J]. Wuhan University Journal of Natural Sciences, 20(5): 430-444.

Wei S H, Zhou Q X. 2006. Phytoremdiation of cadmium-contaminated soils by *Rorippa globosa* using two-phase planting[J]. Environmental Science and Pollution Research, 13(3): 151-155.

Xie W W, Xiong S J, Xu W H, et al. 2014. Effect of exogenous lanthanum on accumulation of cadmium and its chemical form in tomatoes[J]. Wuhan University Journal of Natural Sciences, 19(3): 221-228.

Xiong S L, Xiong Z T, Chen Y C, et al. 2006. Interactive effects of lanthanum and cadmium on plant growth and mineral element uptake in crisped-leaf mustard under hydroponic conditions[J]. Journal of Plant Nutrition, 29: 1889-1902.

Xu W H, Li Y R, He J P, et al. 2010. Cd uptake in rice cultivars treated with organic acids and EDTA[J]. Journal of Environmental Sciences, 22(3): 441-447.

Zembala M, Filek M, Walas S, et al. 2010. Effect of selenium on macro-and microelement distribution and physiological parameters of rape and wheat seedlings exposed to cadmium stress[J]. Plant Soil, 329(1-2): 457-468.

第八章 低重金属镉蓄积蔬菜种类及品种选育

不同作物或不同品种间对重金属 Cd 的吸收和积累存在显著性差异。这为选育 Cd 低积累品种提供了理论依据。20 世纪 90 年代初,加拿大就开始了对硬粒小麦 Cd 低积累品种的筛选,通过与其他国家引进的小麦基因型对比研究,发现基因型间 Cd 积累存在显著差异,小麦 Cd 低积累的性状是由单基因控制的,具有较高的遗传性。Cd 低积累品种的筛选标准至少应具备以下特征:①筛选的低积累农作物地上部和根部重金属 Cd 含量均很低,或者可供食用的部位重金属 Cd 含量低于国家食品卫生标准;②筛选的低积累农作物对重金属 Cd 的累积量小于土壤中重金属 Cd 的浓度,即富集系数<1;③筛选的低积累农作物从其他部位向可食部位转运重金属 Cd 的能力较差,即转运系数<1,即该农作物吸收的重金属 Cd 主要累积在根部,向地上部转运较少;④筛选的低积累农作物对 Cd 毒害具有较高的耐受性,在 Cd 高污染土壤下能够正常生长,且生物量无显著下降。近年来,部分粮食作物如水稻、大豆、向日葵和小麦,通过传统育种途径降低籽粒 Cd 含量的研究已取得了进展,积累了许多数据,为开展 Cd 低积累农作物的分子育种奠定了基础,也为中低 Cd 污染土壤上农业生产的合理布局提供了依据。我们可以选择低富集 Cd 的作物种类和品种作为栽培对象,有效降低作物可食部位 Cd 的含量,从而提高农产品的安全性。

第一节 概 述

一、概念

根据作物体内 Cd 积累量的差异可将作物分为以下三种类型:高积累型,包括十字花科 (Brassicaceae)、茄科 (Solanaceae)、菊科 (Asteraceae)、藜科 (Chenopodiaceae) 等;中积累型,包括禾本科 (Poaceae)、百合科 (Liliaceae)、葫芦科 (Cucurbitaceae);低积累型,主要为豆科 (Leguminosae)。不仅不同作物对 Cd 的积累存在差异,同种作物不同基因型(品种)间 Cd 吸收和积累也有所差异。

2014 年黄志熊等的研究结果显示，不同基因型水稻的 Cd 抗蛋白基因家族成员 *OsPCRI* 的表达水平存在显著差异，说明该种基因可能参与调控水稻体内 Cd 的积累，这为培育低 Cd 积累水稻(*Oryza sativa* L.)品种提供了一定的理论依据。2014 年韩超等报道，不同品种白菜(*Brassica rapa pekinensis*)和甘蓝(*Brassica oleracea* L.)间 Cd 积累差异显著，高积累品种体内 Cd 含量显著高于低积累品种。此外，不同品种蕹菜(*Ipomoea aquatica* Forsk.)和番茄(*Lycopersicon esculentum* Mill.)间 Cd 积累也存在明显差异。基因型不同，不同品种作物根系对 Cd 的吸收和固定能力、木质部装载以及木质部长距离运输能力和韧皮部再分配能力均存在差异。此外，作物蒸腾能力的差异也引起 Cd 迁移和分配的不均衡。在重金属 Cd 污染地区，可考虑种植可食部分 Cd 积累较少的作物和品种，以减少对人类健康的潜在威胁。但低 Cd 累积品种与其他品种相比，其产量、品质、抗病性以及其他特性可能会发生改变，限制了此种方法的应用。

二、低重金属镉蓄积蔬菜种类及品种选育研究进展

白菜(*Brassica rapa pekinensis*)、甘蓝(*Brassica oleracea* L.)、蕹菜(*Ipomoea aquatica* Forsk.)和番茄(*Lycopersicon esculentum* Mill.)等不同蔬菜及品种对 Cd 的蓄积存在明显差异。耐性植物或品种可通过限制对 Cd 的吸收，降低体内的 Cd 浓度，某些植物的根细胞还具有排出 Cd^{2+} 的功能。2017 年 Wang 等通过对 35 个白菜品种进行 Cd 安全品种筛选，获得 Cd 含量符合食品安全标准的低 Cd 富集品种 "CB" 和 "HLQX"。2017 年 Dai 等对不同品种萝卜 Cd 积累差异的研究筛选出 3 个 Cd 低积累型品种和 5 个 Cd 高积累型品种。2015 年 Huang 等对 30 个红薯品种 Cd 吸收转运情况的研究，筛选出 4 个低 Cd 甘薯品种 "Nan88"、"Xiang20"、"Ji78-066" 和 "Ji73-427"。2018 年 Xu 等对不同品种番茄 Cd 积累特性的研究筛选出了 "Xin402" 等 Cd 低积累型品种，并发现在 Cd 低积累型品种中，樱桃型比普通型积累了更多的 Cd。2018 年 Guo 等对不同品种芥蓝(*Brassica alboglabra* L. H. Bailey)耐 Cd 特性的研究，筛选出典型低 Cd 品种 "DX102" 和典型高 Cd 品种 "HJK"，并发现典型低 Cd 品种 "DX102" 的根、地上部细胞壁 Cd 含量均高于典型高 Cd 品种 HJK。通过选育 Cd 低积累型蔬菜可以降低蔬菜地上部 Cd 含量等。目前，对参与 Cd 吸收或转运基因的研究对象主要集中在 Cd 超积累植物上，对部分作物低 Cd 吸收积累机理进行了较深入研究。但由于作物 Cd 吸收积累机理的复杂性，目前 Cd 对植物的毒害及植物耐 Cd 机理尚存在分歧和争议，Cd 低积累型作物在 Cd 吸收转运过程及影响作物器官中 Cd 含量的关键基因研究很少。

第二节　不同种类与品种蔬菜重金属镉污染评价
及蓄积特征

一、不同种类蔬菜重金属镉污染评价及蓄积特征

我们于 2016 年 10 月～2016 年 11 月采集了重庆市潼南区桂林、新胜、玉溪、中渡村、樊家坝，璧山区七塘、八塘，涪陵区大木，渝北区关兴（玉峰山），九龙坡区含谷，江津区支坪、仁沱，北碚区龙凤桥镇等 13 个主要蔬菜基地成熟期蔬菜样品并进行了镉含量检测。研究发现，重庆市主要蔬菜基地蔬菜鲜样中 Cd 含量大小顺序为叶菜类（平均值 $\bar{X}$ =0.090 mg/kg）＞茄果类（$\bar{X}$ =0.061 mg/kg）＞根茎类（$\bar{X}$ =0.049 mg/kg）（表 8-1）。从整体上看，叶菜类蔬菜中 Cd 的含量显著高于其他两类蔬菜，其中空心菜、莴苣叶、甘蓝的含量最高。Cd 含量的变异系数大小顺序为叶菜类（变异系数 C.V.=84.72%）＞茄果类（C.V.=58.68%）＞根茎类（C.V.=43.59%），即蔬菜 Cd 含量的变异系数以叶菜类高于其他两类蔬菜。

表 8-1　重庆市主要蔬菜基地蔬菜鲜样中重金属镉含量

蔬菜类别	蔬菜名称	样本数/个	范围/(mg/kg)	均值/(mg/kg)	标准差/(mg/kg)	变异系数/%
叶菜类	空心菜	4	ND～0.088	0.046	0.048	103.06
	小白菜	5	0.012～0.086	0.042	0.027	65.16
	甘蓝	11	0.023～0.355	0.096	0.096	100.77
	莴苣叶	11	0.048～0.522	0.134	0.132	98.40
	大白菜	3	0.021～0.075	0.048	0.027	56.23
根茎类	萝卜	7	0.020～0.083	0.049	0.021	43.59
茄果类	茄子	4	0.028～0.111	0.061	0.036	58.68

二、不同品种蔬菜重金属镉蓄积特征

（一）不同品种蔬菜镉含量比较

2011 年 2～4 月我们以辣椒（*Capsicum annuum* L.）为研究对象，8 个品种分别为"PE4"、"PE5"、"PE21"、"PE32"、"PE33"、"PE37"、"PE39"、"PE41"（由重庆市农科院蔬菜花卉研究所提供），研究了不同辣椒品种对 Cd 的吸收蓄积特征。由表 8-2 可见，辣椒幼苗 Cd 含量大小顺序为根＞

茎＞叶。随着 Cd 水平的增加，8 个品种辣椒的根、茎和叶 Cd 含量差异显著。在 Cd 水平为 40 mg/kg 时，除"PE37"品种的茎的 Cd 含量较 Cd 水平为 20 mg/kg 时降低了 11.3%，其根和叶的 Cd 含量较 Cd 水平为 20 mg/kg 时分别增加了 23.3%和 36.2%；"PE32"品种根、茎和叶的 Cd 含量分别增加了 33.4%、38.1% 和 36.1%；"PE33"品种根、茎和叶的 Cd 含量分别增加了 41.0%、48.5%和 29.9%；"PE21"品种根、茎和叶的 Cd 含量分别增加了 29.1%、110.5%和 115.6%；"PE5"品种根、茎和叶的 Cd 含量分别增加了 22.2%、78.4%和 46.4%；"PE39"品种根、茎和叶的 Cd 含量分别增加了 43.6%、52.5%和 59.4%；"PE41"品种根、茎和叶的 Cd 含量分别增加了 53.6%、47.4%和 54.3%；"PE4"品种根、茎和叶的 Cd 含量分别增加了 42.6%、65.0%和 106.0%。相同 Cd 水平下，不同品种的根、茎和叶 Cd 含量差异不显著。在 Cd 水平为 20 mg/kg 时，8 个品种根部 Cd 含量大小排序为："PE39"＞"PE4"＞"PE32"＞"PE33"＞"PE37"＞"PE21"＞"PE41"＞"PE5"；茎部 Cd 含量大小排序为："PE39"＞"PE4"＞"PE41"＞"PE32"＞"PE33"＞"PE37"＞"PE21"＞"PE5"；叶片 Cd 含量大小排序为："PE33"＞"PE39"＞"PE4"＞"PE41"＞"PE32"＞"PE37"＞"PE21"＞"PE5"。在 Cd 水平为 40 mg/kg 时，8 个品种根部 Cd 含量大小排序为："PE39"＞"PE4"＞"PE33"＞"PE32"＞"PE41"＞"PE37"＞"PE21"＞"PE5"；茎部 Cd 含量大小排序为："PE39"＞"PE4"＞"PE21"＞"PE41"＞"PE33"＞"PE32"＞"PE5"＞"PE37"；叶片 Cd 含量大小排序为："PE4"＞"PE39"＞"PE33"＞"PE41"＞"PE21"＞"PE32"＞"PE37"＞"PE5"。

(二)不同品种蔬菜镉积累特征

Cd 主要积累于辣椒幼苗的根部，其次是茎，叶积累量最低。如表 8-2 所示，除"PE37"品种茎部随着 Cd 水平增加 Cd 积累量下降而根和叶的增加外，其余 7 种辣椒品种随着 Cd 水平的增加，其根、茎和叶中 Cd 积累量显著增加。其中在 Cd 水平为 40 mg/kg 时，"PE37"辣椒品种根和叶的 Cd 积累量分别较 Cd 水平为 20 mg/kg 时增加了 19.4%和 26.0%，茎降低了 25.0%；"PE32"品种根、茎和叶的 Cd 积累量分别增加了 22.6%、23.0%和 37.2%；"PE33"品种根、茎和叶的 Cd 积累量分别增加了 24.4%、64.7%和 10.7%；"PE21"品种根、茎和叶的 Cd 积累量分别增加了 27.6%、108.1%和 44.7%；"PE5"品种根、茎和叶的 Cd 积累量分别增加了 0.8%、59.8%和 21.7%；"PE39"品种根、茎和叶的 Cd 积累量分别增加了 56.6%、36.7%和 26.7%；"PE41"品种根、茎和叶的 Cd 积累量分别增加了 33.0%、63.3%和 14.3%；"PE4"品种根、茎和叶的 Cd 积累量分别增加了

14.5%、102.3%和19.1%。同时，在相同Cd水平下，不同品种的根、茎和叶Cd积累量差异较显著。在Cd水平为20 mg/kg时，8个品种根部Cd积累量大小顺序为："PE4">"PE39">"PE32">"PE21">"PE5">"PE33">"PE41">"PE37"，茎部Cd积累量大小顺序为："PE4">"PE39">"PE32">"PE37">"PE21">"PE41">"PE33">"PE5"；叶部Cd积累量大小顺序为："PE33">"PE39">"PE4">"PE41">"PE32">"PE21">"PE37">"PE5"。当Cd水平为40 mg/kg时，8个品种根部Cd积累量大小顺序为："PE39">"PE4">"PE32">"PE21">"PE33">"PE41">"PE37">"PE5"；茎部Cd积累量大小顺序为："PE4">"PE21">"PE39">"PE41">"PE33">"PE32">"PE5">"PE37"；叶部Cd积累量大小顺序为："PE33">"PE39">"PE4">"PE32">"PE21">"PE41">"PE37">"PE5"。

表 8-2 不同镉水平对辣椒 Cd 积累量的影响

品种	Cd 水平/(mg/kg)	Cd 含量/(mg/kg)			Cd 积累量/(μg/plant)			Cd 全量/(μg/plant)
		根	茎	叶	根	茎	叶	
"PE37"	0	—	—	—	—	—	—	—
	20	79.98b	34.96a	18.71b	82.91b	55.24a	29.19b	167.34b
	40	98.64a	31.02b	25.47a	98.97a	41.46b	36.76a	177.20a
"PE32"	0	—	—	—	—	—	—	—
	20	87.43b	37.54b	21.63b	115.41b	55.61b	37.27b	208.29b
	40	116.6a	51.84a	29.44a	141.47a	68.43a	51.13a	261.03a
"PE33"	0	—	—	—	—	—	—	—
	20	84.38b	35.26b	35.18b	90.85b	43.96b	68.96b	203.76b
	40	118.96a	52.35a	45.71a	113.01a	72.42a	76.34a	261.77a
"PE21"	0	—	—	—	—	—	—	—
	20	76.24b	30.02b	15.38b	106.48b	53.74b	31.48b	191.70b
	40	98.46a	63.19a	33.16a	135.90a	112.06a	45.54a	293.51a
"PE5"	0	—	—	—	—	—	—	—
	20	73.87b	21.86b	13.52b	94.55a	36.43b	15.77b	146.76b
	40	90.24a	38.99a	19.80a	95.35a	58.22a	19.20a	172.77a
"PE39"	0	—	—	—	—	—	—	—
	20	89.81b	49.51b	30.55b	125.73b	76.58b	54.08a	256.39b
	40	128.96a	75.49a	48.69a	196.88a	104.68a	68.49a	370.05a
"PE41"	0	—	—	—	—	—	—	—
	20	74.71b	39.07b	24.72b	83.68b	44.93b	38.47b	167.08b
	40	114.73a	57.61a	38.13a	111.28a	73.35a	43.98a	228.61a

续表

品种	Cd 水平 /(mg/kg)	Cd 含量/(mg/kg)			Cd 积累量/(μg/plant)			Cd 全量 /(μg/plant)
		根	茎	叶	根	茎	叶	
"PE4"	0	—			—			—
	20	87.56b	43.14b	27.25b	138.93b	92.18b	43.68b	274.79b
	40	124.9a	71.16a	56.14a	159.04a	186.45a	52.02a	397.50a

注：表中小写字母（a, b）为同一辣椒品种不同 Cd 处理之间差异达 0.05%的显著水平（$P<0.05$）；"—"表示未检。

由表 8-2 可知，同一品种辣椒幼苗在不同的 Cd 水平下 Cd 全量差异性显著。8 个辣椒品种在 Cd 水平为 40 mg/kg 时较 Cd 水平为 20 mg/kg 时 Cd 全量均增高，分别增加了 5.9%、25.3%、28.5%、53.1%、17.7%、44.3%、36.8%和 44.7%。在 Cd 水平为 20 mg/kg 时，各个品种 Cd 全量大小顺序为："PE4" > "PE39" > "PE32" > "PE33" > "PE21" > "PE37" > "PE41" > "PE5"；在 Cd 水平为 40 mg/kg 时，各个品种 Cd 全量大小顺序为："PE4" > "PE39" > "PE21" > "PE33" > "PE32" > "PE41" > "PE37" > "PE5"。

综上所述，"PE37"和"PE5"品种辣椒根、茎和叶的 Cd 含量较其他品种低，同时在低 Cd（20 mg/kg）条件下，以"PE41"和"PE5"品种 Cd 全量最小；高 Cd（40 mg/kg）条件下以"PE37"和"PE5"辣椒品种 Cd 全量最小，故说明品种"PE37"和"PE5"较其他辣椒品种有较强的耐 Cd 性。而品种"PE39"和品种"PE4"较其他品种具有较高的 Cd 含量及总 Cd 积累量，故可以说明此两种辣椒品种具有较高的 Cd 富集性。

我们研究发现辣椒对 Cd 的富集能力强，如"PE21"品种茎和叶在 Cd 水平为 40 mg/kg 时的 Cd 含量较 20 mg/kg 时分别增加了 110.0%和 115.6%，而品种"PE4"叶片的 Cd 含量增加了 106.0%。在低 Cd（20 mg/kg）条件下，辣椒品种"PE39"和"PE4"的根和茎 Cd 含量最大，而叶片 Cd 含量最大的为"PE39"和"PE33"品种；品种"PE21"和"PE5"的茎和叶的 Cd 含量最小，而根部 Cd 含量最小的为"PE41"和"PE5"。在高 Cd（40 mg/kg）条件下，辣椒品种"PE39"和"PE4"的根、茎和叶 Cd 含量最大，而品种"PE37"和"PE5"的茎和叶的 Cd 含量最小，品种"PE21"和"PE5"根部 Cd 含量最小。Cd 主要积累于辣椒幼苗的根部，其次是茎，叶积累量最低。说明 Cd 向辣椒地上部转移的量不大，这对于以果实为食用部位的辣椒的安全性是有益的。相同 Cd 水平下，不同品种的根、茎和叶 Cd 含量及积累量差异显著。显示不同辣椒品种由于基因型差异对 Cd 的富集存在明显不同。20 mg/kg Cd 水平时辣椒植株 Cd 总积累量大小顺序为"PE4" > "PE39" > "PE32" > "PE33" > "PE21" > "PE37" > "PE41" > "PE5"；在 Cd 水平为 40 mg/kg 时，各个品种 Cd 总积累量大小顺序为："PE4" > "PE39" > "PE21" > "PE33" > "PE32" > "PE41" > "PE37" > "PE5"。这表明"PE39"和"PE4"对 Cd 的富集能力最强，而"PE37"、"PE41"和"PE5"品种对 Cd 的富集能力最弱。

第三节　不同种类及品种蔬菜吸收、转运、蓄积重金属差异及分子机制

一、不同种类及品种蔬菜吸收、转运、蓄积重金属差异

(一)不同种类蔬菜重金属吸收、蓄积差异

1.不同种类蔬菜重金属含量差异

重庆市主要蔬菜基地不同蔬菜的可食部分中的重金属含量差异显著(表 8-3)。蔬菜鲜样中 Pb 含量大小顺序为根茎类($\bar{X}$=0.174 mg/kg)>叶菜类($\bar{X}$=0.065 mg/kg)>茄果类($\bar{X}$=0.006 mg/kg)；蔬菜鲜样中 Cd 含量大小顺序为叶菜类($\bar{X}$=0.090 mg/kg)>茄果类($\bar{X}$=0.061 mg/kg)>根茎类($\bar{X}$=0.049 mg/kg)；蔬菜鲜样中 Hg 含量大小顺序为叶菜类($\bar{X}$=0.004 mg/kg)>根茎类($\bar{X}$=0.003 mg/kg)>茄果类($\bar{X}$=0.001 mg/kg)；蔬菜鲜样中 As 含量大小顺序为根茎类($\bar{X}$=0.116 mg/kg)>茄果类($\bar{X}$=0.057 mg/kg)>叶菜类($\bar{X}$=0.026 mg/kg)。从整体上看，叶菜类蔬菜中 Cd、Hg 的含量显著高于其他两类蔬菜，其中空心菜、莴苣叶、甘蓝的含量最高；而 Pb 和 As 的含量是根茎类远高于其他两类，分别比叶菜类高出 70.00%和 11.59%，分别比茄果类高出 98.03%和 50.86%，其中萝卜中的含量最高。

不同种类蔬菜可食部分中重金属含量的变异系数不同，Pb 含量的变异系数大小顺序为根茎类(C.V.=142.84%)>茄果类(C.V.=120.42%)>叶菜类(C.V.=96.61%)；Cd 含量的变异系数大小顺序为叶菜类(C.V.=85.34%)>茄果类(C.V.=58.68%)>根茎类(C.V.=43.59%)；Hg 含量的变异系数大小顺序为根茎类(C.V.=60.38%)>茄果类(C.V.=54.27%)>叶菜类(C.V.=51.13%)；As 含量的变异系数大小顺序为茄果类(C.V.=104.41%)>叶菜类(C.V.=67.70%)>根茎类(C.V.=54.33%)。从整体上看，蔬菜中重金属含量的变异强度大小顺序为：Pb>Cd>As>Hg，Pb、Cd 和 As 的变异系数最高，说明蔬菜受这三种重金属的外来污染的影响最大，其中 Cd 含量的变异系数是叶菜类高于其他两类，As 是茄果类大于其他两类，而 Pb 和 Hg 是根茎类最大。

表 8-3　重庆市主要蔬菜基地蔬菜鲜样中重金属含量

重金属名称	蔬菜类别	蔬菜名称	样本数/个	范围/(mg/kg)	均值/(mg/kg)	标准差/(mg/kg)	变异系数/%
Pb	叶菜类	空心菜	4	0.044~0.110	0.051	0.045	87.50
		小白菜	5	0.022~0.244	0.110	0.107	97.45
		甘蓝	11	ND~0.066	0.018	0.025	139.30
		莴苣叶	11	ND~0.211	0.084	0.053	62.37
		大白菜	3	0.023~0.197	0.124	0.090	72.58
	根茎类	萝卜	7	ND~0.712	0.174	0.248	142.38
	茄果类	茄子	4	ND~0.018	0.006	0.008	120.42
Cd	叶菜类	空心菜	4	ND~0.088	0.046	0.048	103.06
		小白菜	5	0.012~0.086	0.042	0.027	65.16
		甘蓝	11	0.023~0.355	0.096	0.096	100.77
		莴苣叶	11	0.048~0.522	0.134	0.132	98.40
		大白菜	3	0.021~0.075	0.048	0.027	56.23
	根茎类	萝卜	7	0.020~0.083	0.049	0.021	43.59
	茄果类	茄子	4	0.028~0.111	0.061	0.036	58.68
Hg	叶菜类	空心菜	4	0.009~0.015	0.012	0.002	21.32
		小白菜	5	0.001~0.002	0.001	0.001	28.19
		甘蓝	11	0~0.007	0.004	0.002	48.92
		莴苣叶	11	ND~0.007	0.002	0.002	102.95
Hg	叶菜类	大白菜	3	0.001~0.003	0.002	0.001	14.63
	根茎类	萝卜	7	0.001~0.005	0.003	0.002	60.38
	茄果类	茄子	4	0.001~0.002	0.001	0.001	54.27
As	叶菜类	空心菜	4	0.006~0.027	0.017	0.010	59.43
		小白菜	5	0.002~0.003	0.003	0.001	26.64
		甘蓝	11	0.001~0.026	0.009	0.009	94.39
		莴苣叶	11	0.003~0.174	0.041	0.054	133.42
		大白菜	3	0.072~0.114	0.089	0.022	24.62
	根茎类	萝卜	7	0.010~0.226	0.116	0.063	54.33
	茄果类	茄子	4	0.004~0.108	0.057	0.059	104.41

2.不同种类蔬菜重金属含量与土壤重金属含量的相关性

供试重庆市主要蔬菜基地种植空心菜、小白菜、甘蓝、莴苣叶、茄子、萝卜、大白菜的土壤中重金属的分析结果表明(表 8-4)，7 种蔬菜土壤中 Pb 含量大小顺序为种植茄果类土壤($\bar{X}$=24.761 mg/kg)＞种植根茎类土壤($\bar{X}$=23.543 mg/kg)

>种植叶菜类土壤($\bar{X}$=23.535 mg/kg)；土壤中 Cd 含量大小顺序为种植叶菜类土壤($\bar{X}$=1.507 mg/kg)>种植茄果类土壤($\bar{X}$=0.938 mg/kg)>种植根茎类土壤($\bar{X}$=0.907 mg/kg)；土壤中 Hg 含量大小顺序为种植茄果类土壤($\bar{X}$=0.412 mg/kg)>种植叶菜类土壤($\bar{X}$=0.399 mg/kg)>种植根茎类土壤($\bar{X}$=0.267 mg/kg)；土壤中 As 含量大小顺序为种植叶菜类土壤($\bar{X}$=6.765 mg/kg)>种植茄果类土壤($\bar{X}$=6.426 mg/kg)>种植根茎类土壤($\bar{X}$=6.354 mg/kg)。种植不同种类蔬菜的土壤中的重金属含量变异系数差异显著，其中，Pb 含量的变异系数大小顺序为种植叶菜类土壤(C.V.=20.02%)>种植根茎类土壤(C.V.=18.96%)>种植茄果类土壤(C.V.=11.49%)；Cd 含量的变异系数大小顺序为种植叶菜类土壤(C.V.=74.43%)>种植根茎类土壤(C.V.=46.54%)>种植茄果类土壤(C.V.=17.53%)；Hg 含量的变异系数大小顺序为种植根茎类土壤(C.V.=76.55%)>种植叶菜类土壤(C.V.=55.56%)>种植茄果类土壤(C.V.=34.65%)；As 含量的变异系数大小顺序为种植根茎类土壤(C.V.=36.97%)>种植叶菜类土壤(C.V.=17.95%)>种植茄果类土壤(C.V.=16.00%)。土壤中重金属含量变异强度大小顺序为 Cd>Hg>As>Pb。以种植茄果类的土壤的变异系数最低，说明种植该类蔬菜的土壤受重金属的外来污染的影响较小。土壤中 Hg 和 As 含量的变异系数以种植根茎类土壤高于种植其他两类蔬菜的土壤；Pb 和 Cd 含量的变异系数以种植叶菜类蔬菜的土壤大于种植其他两类蔬菜的土壤，其中，种植甘蓝的土壤中的 Cd 含量变异系数最高，高达 248.12%。

表 8-4　重庆市主要蔬菜基地土壤中重金属含量

金属	种植蔬菜类别	种植蔬菜名称	样本数/个	范围/(mg/kg)	均值/(mg/kg)	总平均值/(mg/kg)	标准差/(mg/kg)	变异系数/%
Pb		空心菜	4	23.572~29.400	25.240		2.780	11.02
		水白菜	5	14.541~28.519	21.149		5.081	24.02
	叶菜类	甘蓝	11	18.912~31.858	24.150		4.207	17.42
		莴苣叶	11	13.241~29.098	22.114	23.645	4.576	20.69
		卷心白	3	20.069~35.127	28.196		7.600	26.95
	根茎类	萝卜	7	16.293~29.085	23.543		4.465	18.96
	茄果类	茄子	4	22.112~28.791	24.761		2.846	11.49
Cd		空心菜	4	0.607~1.509	1.037		0.403	38.85
		水白菜	5	0.452~0.780	0.618		0.155	25.09
	叶菜类	甘蓝	11	0.452~25.215	2.974		7.380	248.12
		莴苣叶	11	0.370~1.170	0.776	1.363	0.255	32.93
		卷心白	3	0.632~1.085	0.919		0.249	27.14
	根茎类	萝卜	7	0.357~1.680	0.907		0.422	46.54
	茄果类	茄子	4	0.779~1.169	0.938		0.164	17.53

金属	种植蔬菜类别	种植蔬菜名称	样本数/个	范围/(mg/kg)	均值/(mg/kg)	总平均值/(mg/kg)	标准差/(mg/kg)	变异系数/%
Hg	叶菜类	空心菜	4	0.171~0.745	0.378		0.253	66.94
		水白菜	5	0.180~0.631	0.330		0.175	52.96
		甘蓝	11	0.219~0.939	0.442		0.233	52.78
		莴苣叶	11	0.145~0.698	0.369	0.406	0.233	44.74
		卷心白	3	0.281~0.829	0.490		0.296	60.39
	根茎类	萝卜	7	0.007~0.548	0.267		0.204	76.55
	茄果类	茄子	4	0.245~0.558	0.412		0.143	34.65
As	叶菜类	空心菜	4	6.161~7.633	6.996		0.612	8.74
		水白菜	5	5.372~7.771	6.478		0.946	14.61
		甘蓝	11	3.321~8.726	7.095		1.523	21.47
		莴苣叶	11	4.481~8.155	6.399	6.671	1.187	18.55
		卷心白	3	4.969~8.524	7.073		1.865	26.37
	根茎类	萝卜	7	1.602~8.597	6.354		2.349	36.97
	茄果类	茄子	4	5.292~7.348	6.426		1.028	16.00

重金属元素之间的相关性可反映有关元素之间的关联情况或污染来源。将此次试验采集的所有蔬菜和土壤样品经曲线回归分析，各蔬菜与蔬菜重金属之间、土壤与土壤重金属之间以及蔬菜重金属与土壤重金属之间的相关系数见表 8-5。Pb 与 As 之间的相关系数为 0.379，$P=0.01<0.05$，达到显著水平。Hg 与 Cd 存在一定的正相关，而与 Pb、As 存在一定的负相关性，但均未达到显著水平。

土壤与土壤中重金属之间除 Pb 与 Hg、Pb 与 As、Hg 与 As 外均无显著相关性，Pb 与 As 之间的相关系数为 0.556，$P=0.000<0.01$，达到极显著水平；Hg 与 As 之间的相关系数为 0.545，$P=0.000<0.01$，达到极显著水平；Pb 与 Hg 之间的相关系数为 0.332，$P=0.026<0.05$，达到显著水平。Hg 与 Cd 和 Pb 与 Cd 之间存在一定的负相关性，但不显著。

蔬菜可食部位中重金属 Pb、Cd、Hg、As 含量与土壤中重金属 Pb、Cd、Hg、As 含量的相关系数分别为-0.074、0.480、0.113、0.057，经检验，仅蔬菜可食部位中 Cd 含量与土壤中 Cd 含量呈极显著线性相关，其线性方程为 $y=0.065+0.012x$，$r=0.480$，$P=0.001<0.01$，相关性达到极显著水平。其中，空心菜中 Hg 与土壤中 Hg 呈极显著线性相关，其线性方程为 $y=0.008+0.010x$，$r=0.989$，$P=0.008<0.01$；茄子中 As 与土壤中 As 呈显著线性相关，其线性方程为 $y=0.416-0.056x$，$r=-0.974$，$P=0.03<0.05$。

表 8-5   重庆市主要蔬菜基地蔬菜与土壤重金属的相关系数

重金属种类	V-Pb	V-Cd	V-Hg	V-As	T-Pb	T-Cd	T-Hg	T-As
V-Pb	1							
V-Cd	0.056	1						
V-Hg	−0.008	0.062	1					
V-As	0.379*	0.192	−0.042	1				
T-Pb	−0.074	−0.082	0.290	0.151	1			
T-Cd	0.017	0.480**	0.102	−0.092	−0.034	1		
T-Hg	−0.076	0.137	0.113	−0.099	0.332*	−0.014	1	
T-As	0.112	0.093	0.179	0.057	0.556**	0.125	0.545**	1

注:"V-重金属"表示蔬菜中的重金属全量,"T-重金属"表示土壤中的重金属全量;**表示 $P<0.01$,*表示 $P<0.05$。

(二)不同品种蔬菜镉含量差异

前期试验对 91 个辣椒品种资源进行筛选,挑选高积 Cd 型品种("X55",由重庆市农科院蔬菜花卉研究所提供)、中积 Cd 型品种(品种"27","大果99",购于湖南湘研种业有限公司)、低积 Cd 型品种(品种"17","洛椒318",购于洛阳市诚研种业有限公司)各一份,采用盆栽试验结合室内分析研究了在 0、5 和 10 mg/kg Cd 胁迫下,三个品种辣椒生长及生理效应、Cd 吸收、Cd迁移富集、Cd 积累和耐性相关基因表达量的变化(表 8-6)。结果发现,辣椒各部位 Cd 含量和植株总 Cd 含量随 Cd 处理水平的增加而增加(品种"X55"茎和品种"17"果实除外),和 5 mg/kg Cd 处理相比较,品种"17"、"27"和"X55"植株总 Cd 含量在 10 mg/kg Cd 处理下分别增加 65.04%、43.99%和9.18%。同一 Cd 处理水平下根、茎、果和植株总 Cd 含量在品种间存在显著差异,且在种间总 Cd 含量大小顺序表现为品种"X55">"27">"17",果实Cd 含量在品种间差异不显著。

表 8-6   不同 Cd 处理对辣椒 Cd 含量的影响

Cd 处理水平 /(mg/kg)	品种	植株镉含量/(mg/kg)			
		根	茎	叶	果
0	17	—	—	—	—
	27	—	—	—	—
	X55	—	—	—	—
5	17	14.474±0.747c	0.499±0.027c	0.831±0.018c	2.280±0.005a
	27	28.591±1.512b	5.628±0.208b	6.240±0.261b	1.967±0.253a
	X55	54.736±2.044a	6.384±0.061a	8.786±0.047a	1.946±0.065a

Cd 处理水平 /(mg/kg)	品种	植株镉含量/(mg/kg)			
		根	茎	叶	果
10	17	26.468±0.546c	0.538±0.026c	0.877±0.012c	1.962±0.003b
	27	45.515±1.043b	6.808±0.228a	6.436±0.136b	2.329±0.189ab
	X55	58.859±2.962a	5.789±0.123b	11.191±1.014a	2.610±0.078a

(三)镉吸收转运能力

不同 Cd 处理下三个品种辣椒果实 Cd 迁移富集系数变化情况如表 8-7 所示，三个品种辣椒果实 Cd 迁移富集系数随 Cd 处理水平增加呈先增大后减小趋势(品种"17"的 Cd 迁移系数除外)，在 5 mg/kg Cd 处理下达到最大值，10 mg/kg Cd 处理下有所减小。和 5 mg/kg Cd 处理相比较，10 mg/kg Cd 处理下品种"27"和"X55"的 Cd 迁移系数分别减少 13.94%和 21.88%；品种"17"、"27"和"X55"的 Cd 富集系数分别减少 57.02%、40.71%和 32.90%。果实 Cd 迁移系数在品种间差异显著，同一 Cd 水平下果实 Cd 迁移系数大小顺序为品种"27">"17">"X55"，5 mg/kg Cd 处理下品种"27"果实的 Cd 迁移系数分别是品种"17"和"X55"的 1.859 倍和 3.922 倍；10 mg/kg Cd 处理下品种"27"果实的 Cd 迁移系数分别是品种"17"和"X55"的 1.367 倍和 4.320 倍。同一 Cd 处理下果实 Cd 富集系数在品种间差异不大。

我们的研究中，辣椒各部位 Cd 含量和植株总 Cd 含量随 Cd 处理水平的增加而增加，且同一 Cd 处理下，Cd 含量大小顺序为"X55">"27">"17"，说明品种"X55"比其他两个品种吸收了更多的 Cd。2015 年 Ammara 等的研究显示，在大部分植物种类中，Cd 主要积累在植物根系，植物根系金属浓度较高可能是植物应对重金属胁迫的一种方式。植物对重金属的耐受性可以通过两种基本策略来控制：排除和积累。排除意味着植物避免或限制金属的吸收，而积累则直接关系到植物在组织内隔离金属的能力。高等植物通过叶或根的吸收而积累镉，Cd 进入植物主要通过根部吸收，而根对 Cd 的固持限制了 Cd 往地上部的运输。本研究中，相同 Cd 处理水平下，Cd 积累量大小顺序为根>茎>叶>果。2012 年 Monteiro 等报道，在植物运输重金属的过程中，大部分重金属被区隔在根系细胞壁中，这就解释了 Cd^{2+} 主要是被保留在根系中，只有少部分被转移到地上部。在本研究中，根系 Cd 累积量在品种间存在显著差异，且大小顺序为"X55">"27">"17"，说明品种"X55"根系对 Cd 的保留能力最强。2015 年 Xin 等研究表明，较耐 Cd 辣椒品种"YCT"根系比品种"JFZ"保留了更多的 Cd，与本研究结果相类似。本研究中，辣椒各部位 Cd 积累量随 Cd 处理水平的增加呈先增加后降低的趋势，较耐 Cd 品种"X55"比品种"17"和"27"吸收积累了更多的 Cd，品种"X55"地上部 Cd 积累量最高，品种

"X55"地上部 Cd 积累量在 5 mg/kg Cd 处理下分别是品种"17"和"27"的
8.551 倍和 1.692 倍,10 mg/kg Cd 处理下分别是品种"17"和"27"的 8.574 倍
和 1.537 倍。但品种"X55"地上部生物量最大,说明 Cd 的高积累能力可能部
分归因于其较多的生物量,辣椒品种在果实中积累 Cd 的能力不同,品种
"X55"的果实 Cd 积累量在品种间最低,且"X55"的 Cd 迁移系数最小,能更
好地防止 Cd 从根部向果实部分的迁移。2018 年 Xu 等的研究表明,两种番茄低
Cd 品种根中 Cd 含量明显低于高 Cd 品种,与本研究结果相类似。

表 8-7 不同 Cd 处理对辣椒果实 Cd 迁移富集系数的影响

Cd 处理水平/(mg/kg)	品种	迁移系数	富集系数
0	17	—	—
	27	—	—
	X55	—	—
5	17	0.135±0.015b	0.456±0.001a
	27	0.251±0.044a	0.393±0.051a
	X55	0.064±0.002b	0.389±0.013a
10	17	0.158±0.001b	0.196±0.000b
	27	0.216±0.008a	0.233±0.019ab
	X55	0.050±0.005c	0.261±0.008a

二、蔬菜低重金属镉蓄积的分子机制

Cd 对植物来说是一种非必需营养元素,因此没有特定的载体对其进行运
输。Cd 可能和锌(Zn)、铁(Fe)、锰(Mn)、钙(Ca)等竞争细胞膜上的离子通道或
运输蛋白而进入细胞内。最近研究表明,植物中多类金属转运蛋白在 Cd 吸收与
转运以及解毒过程中起着重要作用,在 ZIP 家族、NRAMP 家族、CDF 蛋白家族
和 CPx-ATPase 中都有与 Cd 运输相关的蛋白(表 8-8)。金属转运蛋白 ZIP(zinc
and iron regulated transporter proteins)基因家族中的 IRT1 在植物根系对 Cd 的吸收
中起到重要作用。2002 年 Connolly 等发现在拟南芥中过量表达 IRT1 基因,能使
根部积累更多 Zn^{2+} 和 Cd^{2+},显示 IRT1 与 Cd 吸收有关。2018 年 Pang 等从矮秆
波兰小麦(DPW, Triticum polonicum L.)中分离到一株含 TpNRAMP5 的植株,
TpNRAMP5 主要表达于 DPW 的根和茎中,通过对 TpNRAMP5 基因的调控,可
以限制 Cd 从土壤向小麦籽粒的转移。2019 年 Wang 等从小麦中分离到一株含
TtNRAMP6 的植株,TtNRAMP6 定位于 3B 染色体,通过对 TtNRAMP6 基因的调
控,可以降低小麦对 Cd 的吸收,从而保护小麦食品的安全。2017 年湖南杂交水

稻研究中心研究员赵炳然团队，以杂交稻骨干亲本为受体材料，通过基因组编辑技术与水稻杂种优势利用技术的集成创新，率先建立了快速、精准培育不含任何外源基因的低 Cd 籼型杂交稻亲本品系及组合的技术体系，培育出的低 Cd 杂交稻组合"低镉 1 号"和"两优低镉 1 号"，较对照品种"湘晚籼 13 号"、"深两优 5814"等稻谷 Cd 含量下降了 90%以上。该项技术不改变原水稻品种的产量、品质及任何性状，只大幅降低了品种的 Cd 吸收能力，可以应用到玉米、油菜等品种的低 Cd 改良和分子育种中。

表 8-8　镉转运蛋白种类与位置汇总

编号	转运蛋白	元素	器官	组织	参考文献
1	AtNRAMP3	Fe，Cd，Mn	液泡	根/地上部	Thomine et al.，2000
2	TgMIP1	Cd，Co，Zn，Ni	液泡	叶	Küpper et al.，2000
3	IRT1	Fe，Zn，Mn，Cd	质膜	根	Cohen et al.，1998；Connolly et al.，2002；Lombi et al.，2002
4	TcZNT1	Zn，Cd		根/地上部	Pence et al.，2000；Assuncao et al.，2001
5	CAX2	Ca，Mn，Cd	液泡	根	
6	CPx-ATPase	Cd，Fe，Zn，Mn，Pb		根/地上部	Hirayama et al.，1999
7	HMA4	Zn，Cd	质膜	根/地上部	Papoyan and Kochian，2004；Courbot et al.，2007；Hanikenne et al.，2008

目前从植物中已分离和鉴定的转运体基因主要有 ZIP（zinc and iron regulated transporter proteins）家族、HMA（heavy metal ATPase）、ABC（ATP-binding cassette transporter）家族、CDF（cation diffuse facilitator）家族、CAX（cation/H$^+$ antiporters）和 NRAMP（natural resistance-associated macrophage proteins）家族。研究已证实它们表达的转运体与金属离子的吸收、转运、积累和固定等关系密切，并在植株 Cd 耐性或 Cd 积累方面发挥了重要作用。

ZIP 基因即锌铁调控蛋白基因，包括 ZRT（zinc regulated transporter）和 IRT（iron regulated transporter）两类基因，分别主要负责 Zn 和 Fe 的转运。IRT1 是从拟南芥中分离出来的第一个 ZIP 家族基因。其编码的膜蛋白除了主要负责二价 Fe 的转运外，也能将 Zn^{2+}、Cd^{2+}、Mn^{2+}、Co^{2+}等离子跨膜转运到细胞内。2011 年贺晓燕的研究则发现萝卜中的 RsIRT1 基因受外源缺 Fe 和 Cd 胁迫所诱导，且缺 Fe 加 Cd 胁迫下，叶片和根中 RsIRT1 的表达量均高于单独缺 Fe 胁迫时，显示 RsIRT1 参与金属 Fe 和 Cd 的吸收和转运过程。ZNT1 是在超积累植物遏蓝菜中发现的 ZIP 家族基因，其表达的转运蛋白主要分布在原生质膜。2000 年 Pence

等的研究表明，ZNT1 具有高亲和力的 Zn 转运活性和低亲和力的 Cd 转运活性，可促进植物对 Cd 的吸收。但也有不同报道。2012 年 Milner 等对 NcZNT1 的深入研究发现，NcZNT1 参与根系细胞对 Zn 的吸收以及 Zn 在木质部的长距离运输，但却并不参与细胞对 Cd 等的跨膜运输。

HMA 是一种 P_{1B} 型 ATP 酶。AtHMA4 是在拟南芥中分离出第一个 HMA 家族基因，其编码转运体定位于细胞的原生质膜上，集中在根部维管组织中表达。AtHMA4 能够转运 Cd；过量表达 AtHMA4 能增加拟南芥地上部 Cd 的积累。2004 年 Bernard 等的研究则表明，在超积累植物遏蓝菜中 NcHMA4 基因的表达要显著高于非超积累植物拟南芥根系和地上部 AtHMA4 的表达量。在拟南芥中和水稻中还发现了另一种 HMA 家族基因，分别为 AtHMA3 和 OsHMA3；其编码蛋白定位于液泡膜，能跨膜转运 Zn 和 Cd，并将其储存在液泡中，可能其在植物 Cd 耐性方面起到一定作用。

ABC 转运体的编码基因被命名为 HMT1。在细胞中，ABC 转运体定位于细胞膜。Cd 进入细胞后和植物螯合肽结合成低分子复合物（LMW），然后经液泡膜上的 ABC 运输到液泡中，与同样转运到液泡中的硫化物结合成高分子 PC-Cd 复合物，储存在液泡中。YCF1 是酵母中分离出的一种 ABC 家族基因，编码一个经 MgATP 激活的液泡膜转运体，能将与 GSH 巯基结合的金属离子复合物转运到液泡中。2003 年 Song 等报道，在拟南芥中过量表达 YCF1，能提高植株对 Cd 的耐性。

CDF 家族成员通过促进重金属离子泌出至质外体或隔离于液泡中这两种方式来提高细胞对重金属的耐性。2006 年 Arrivault 等发现拟南芥根中 AtMTP3 的表达受过量 Cd 的诱导，可能 AtMTP3 能将 Cd 转运至液泡中储存，提高植物 Cd 耐性。此外，2001 年 Persans 等发现 TgMTP1 在酵母中的表达也增强了其对 Cd^{2+} 的耐性。

CAX 是 CaCA（Ca^{2+}/cation antiporter）广义基因家族中的一员。其编码蛋白也是一种液泡膜转运体，主要负责将阳离子跨膜转运出细胞质以保持细胞的离子稳态。2007 年 Korenkov 等发现在拟南芥中，所有目前已鉴定的 CAXs 都能转运 Cd，但以 CAX2 和 CAX4 转运 Cd 的能力最强。2000 年 Hirschi 等报道，在烟草中过量表达拟南芥 CAX2 基因能促进根部 Cd 跨液泡膜的转运，提高 Cd 在根部的积累及植株 Cd 耐性。过量表达 CAX4 的转基因拟南芥植株也表现出更强的 Cd 积累能力和 Cd 耐性，可能是由于 Cd 更多地被隔离在液泡中所致。2011 年 Wu 等的研究也发现，矮牵牛中表达拟南芥 CAX1 突变基因，植株相比对照表现出更强的 Cd 耐性和 Cd 积累；而且直到开花期之前，植株的生长和形态均没有受 Cd 积累的影响。

已有研究表明，NRAMP 基因编码的膜蛋白能够转运多种二价阳离子，包括必需金属 Fe、Mn 以及有毒重金属 Cd。功能研究表明，拟南芥中的 *AtNRAMP* 具有调控植株 Cd 毒性的作用。2000 年 Thomine 等发现，在 Cd 胁迫下过量表达 *AtNRAMP3* 将导致拟南芥根生长对 Cd 的敏感性增加。2011 年 Takahashi 等研究显示，*OsNRAMP1* 在高 Cd 积累品种根部的表达量高于低 Cd 积累品种，*OsNRAMP1* 可能参与细胞对 Cd 的吸收，且品种间 Cd 积累的差异可能是由根部 *OsNRAMP1* 表达水平差异所致。而 2012 年 Sasaki 等发现，水稻中的 *OsNRAMP5* 也是定位于质膜的转运蛋白，分布在外皮层和内皮层，是主要的 Cd 转运体之一，负责将 Cd 转移到根细胞内。

　　选育低重金属蓄积品种是降低作物 Cd 吸收最有效的策略之一，并已对此开展了研究。部分作物如水稻、向日葵和硬粒小麦，通过育种途径降低籽粒 Cd 含量的研究也已取得了进展。2017 年 9 月，"杂交水稻之父"袁隆平院士宣布成功使用 CRISPR/Cas9 技术敲除了与水稻 Cd 吸收和积累相关的基因。由于作物低 Cd 吸收积累机理的复杂性，现有研究存在着许多还未澄清的问题，Cd 向可食部位（果实或籽粒）转运的调控机制仍然难以捉摸，Cd 蓄积关键基因及其分子机理仍不清楚，甚至出现相反报道。

　　近年来，我们对 2500 份辣椒资源进行筛选，并通过试验进一步证实辣椒对 Cd 的耐性和吸收积累存在基因型差异（李桃，2019；李欣忱 等，2017；张海波，2013）。我们选择了 3 个辣椒品种（"17"、"27" 和 "X55" 分别为高、中和 "低镉蓄积型"）对其果实中 Cd 耐性相关基因进行了 qRT-PCR 检测。引物在 OligoArchitecxt™ Online（http://www.oligoarchitect.com）或 Primer 5.0 上设计，共设计 12 对 qRT-PCR 引物（表 8-9）。所有引物均由南京金斯瑞生物科技有限公司合成。

表 8-9　辣椒镉积累/耐性相关基因 qRT-PCR 引物

基因	引物	序列（5′→3′）	退火温度/℃
FTP1-1	FCaFTP1Aq（正向引物）	5′-CCCTCTCTAAAGATGGAACGAAACT-3′	61.0
	RCaFTP1Aq（反向引物）	5′-GCCATTGCTGCCTTTTTCAACATT-3′	
FTP1-2	FCaFTP1Bq	5′-GAAATCGGTCAGGGTCAAGATAGT-3′	61.0
	RCaFTP1Bq	5′-GCATGTATTGCTTGAAGCACCTAA-3′	
FTP1-3	FCaFTP1Cq	5′-CTAGTTTGTACAGCAACAAGCAC-3′	61.0
	RCaFTP1Cq	5′-GCTTGACGCTCCAAGAGAAAG-3′	
FTP1-4	FCaFTP1Dq	5′-CGTTCATGGACTAGCCAAATGTG-3′	61.0
	RCaFTP1Dq	5′-GCTTTCATCTTCATCCCATATTCC-3′	

续表

基因	引物	序列（5′→3′）	退火温度/℃
HMA1	FCaHMA1q	5′-ACATATTGGAAGGTGGCTTGCT-3′	62.0
	RCaHMA1q	5′-CAGGTCACTCACGGGAACTT-3′	
HMA2	FCaHMA2q	5′-CACCTCTCCAATGGTTAGCACTT-3′	62.0
	RCaHMA2q	5′-CTTGTGACTTGCCCTTGACTCT-3′	
NRAMP1	FCaNRAMP1q	5′-GGAGCTGGCAGGCTGATTATC-3′	62.0
	RCaNRAMP1q	5′-AGGCCGTGCTGAGGTAGTAT-3′	
NRAMP2	FCaNRAMP2q	5′-TGGCTTAGGGCACTGATTACAC-3′	62.0
	RCaNRAMP2q	5′-CACGAGTACAGCAACAGTCCAT-3′	
NRAMP3	FCaNRAMP3q	5′-TGTTCTTCAGTCTGTCCAAATCCC-3′	62.0
	RCaNRAMP3q	5′-CAGATGTAAGCAGCACACCACT-3′	
NRAMP5	FCaNRAMP5q	5′-TCGATGTTCTGAACGAATGGCTAA-3′	62.0
	RCaNRAMP5q	5′-ATGGTTATGACGCTGGGCAAT-3′	
NRAMP6	FCaNRAMP6q	5′-CTGAAGCCGTGGATTAGGAACTT-3′	62.0
	RCaNRAMP6q	5′-CCATCTTGGTCTTACTGCTTGTGA-3′	
PCS	FCaPCSq	5′-CCTGGAAGCAACGATGTACTGA-3′	60.0
	RCaPCSq	5′-GCAGCCAACTCTTCTTCTACCT-3′	

使用 ABI-9700 PCR 仪对 cDNA 进行特异扩增。qRT-PCR 反应体系为：2.5 μL 10×Buffer，0.5 μL dNTP，1.0 μL 正向引物 F，1.0 μL 反向引物 R，0.25 μL Taq 酶，18.75 μL ddH$_2$O，1.0 μL cDNA。PCR 反应程序为：94℃预变性 2 min，94℃变性 30 s，退火（退火温度均为 60.0℃）45 s，72℃延伸 30 s，35 个循环，72℃最后延伸 3 min，16℃处理 5 min。

qRT-PCR 检测使用荧光定量 PCR 仪（CFX96TM Real-Time System）进行，采用 FastStart Essential DNA Green Master 试剂盒，Bio-Rad CFX Manager 3.0 软件分析数据。反转录所得 cDNA 用 ddH$_2$O 稀释 30 倍。PCR 反应体系为：5.0 μL 2×Master，0.5 μL 正向引物 F，0.5 μL 反向引物 R，2.5 μL 稀释后的 cDNA，1.5 μL 无菌水。PCR 条件：95℃预变性 10 min，95℃变性 10 s，60.0℃退火 30 s，40 个循环，由 65℃上升至 95℃检测产物熔解曲线分析。内参基因为 26 s rRNA。所有试验重复 3 次。

PCR 扩增得到与辣椒镉积累和耐性相关的 *FTP*、*HMA*、*NRAMP*、*PCS* 四

种基因在 3 个辣椒品种("17"、"27"、"X55")根、茎、果中的表达情况
(图 8-1)。四个家族基因(*FTP1-1*、*FTP1-4* 除外)在辣椒根、茎、果中均有表达条
带。5 mg/kg 和 10 mg/kg Cd 诱导后，*HMA* 和 *NRAMP* 家族各基因条带亮度增强
且条带亮度明显，*FTP* 和 *PCS* 家族次之，说明 *HMA1*、*HMA2*、*NRAMP1*、
NRAMP2、*NRAMP3*、*NRAMP5*、*NRAMP6* 对辣椒耐 Cd 性起主导作用。综合
PCR 扩增结果，最终选定 *FTP1-2*、*FTP1-3*、*HMA1*、*HMA2*、*NRAMP1*、
NRAMP2、*NRAMP3*、*NRAMP5*、*NRAMP6*、*PCS* 做实时荧光定量 PCR 分析。

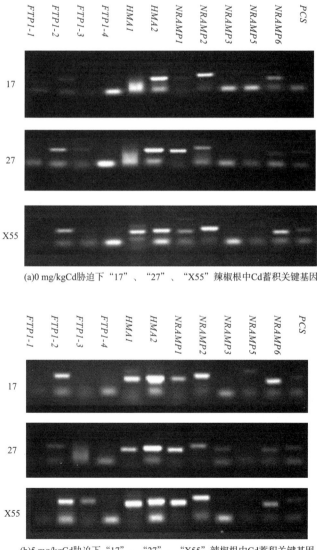

(a)0 mg/kgCd胁迫下"17"、"27"、"X55"辣椒根中Cd蓄积关键基因

(b)5 mg/kgCd胁迫下"17"、"27"、"X55"辣椒根中Cd蓄积关键基因

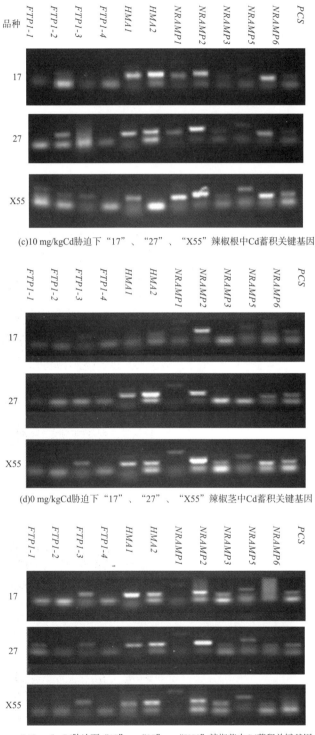

(c) 10 mg/kgCd胁迫下"17"、"27"、"X55"辣椒根中Cd蓄积关键基因

(d) 0 mg/kgCd胁迫下"17"、"27"、"X55"辣椒茎中Cd蓄积关键基因

(e) 5 mg/kgCd胁迫下"17"、"27"、"X55"辣椒茎中Cd蓄积关键基因

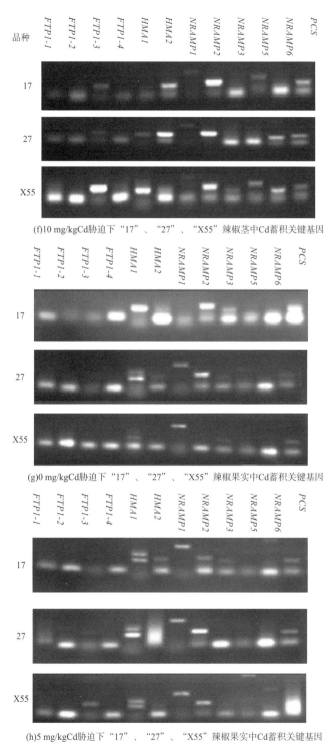

(f)10 mg/kgCd胁迫下"17"、"27"、"X55"辣椒茎中Cd蓄积关键基因

(g)0 mg/kgCd胁迫下"17"、"27"、"X55"辣椒果实中Cd蓄积关键基因

(h)5 mg/kgCd胁迫下"17"、"27"、"X55"辣椒果实中Cd蓄积关键基因

图 8-1　三个品种辣椒根、茎和果实中 Cd 蓄积关键基因 qRT-PCR 扩增电泳结果

（一）不同品种辣椒各部位的 *FTP* 家族基因表达量比较

如图 8-2 所示，*FTP* 家族基因表达量大小顺序为根＞茎＞果实，在品种间 *FTP* 家族基因表达量大小顺序为品种"X55"＞"17"＞"27"。*FTP1-2* 基因在品种"27"的根系中上调倍数不明显，在品种"17"和"X55"的根系中上调倍数明显，与 0 mg/kg Cd 处理相比较，5 mg/kg 和 10 mg/kg Cd 诱导后，品种"17"和"X55"的 *FTP1-2* 基因表达量分别上调 2.941、4.957 和 2.055、3.049 倍。在茎材料中，*FTP1-2* 基因在不同品种中的表达量都显示一定的浓度效应，与 0 mg/kg Cd 处理相比较，5 mg/kg Cd 诱导后，品种"17"、"27"和"X55"的 *FTP1-2* 基因分别上调 1.486、1.382 和 1.400 倍；10 mg/kg Cd 诱导后，*FTP1-2* 基因分别上调 1.903、1.888 和 1.800 倍。在果实材料中，5 mg/kg Cd 诱导后，品种"17"、"27"和"X55"的 *FTP1-2* 基因分别上调 1.370、1.507 和 1.546 倍。

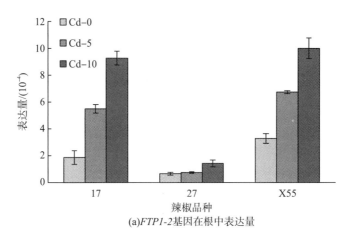

(a)*FTP1-2*基因在根中表达量

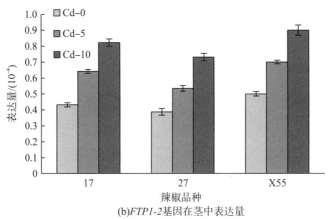

(b)*FTP1-2*基因在茎中表达量

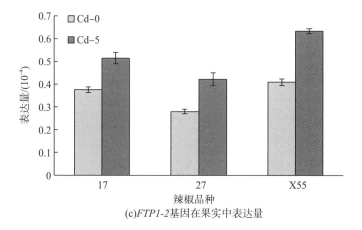

(c)*FTP1-2*基因在果实中表达量

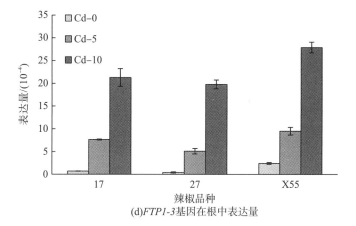

(d)*FTP1-3*基因在根中表达量

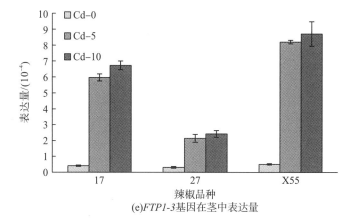

(e)*FTP1-3*基因在茎中表达量

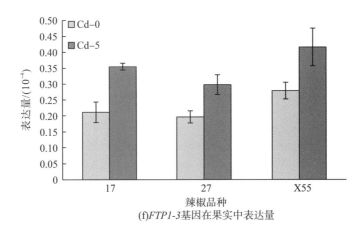

(f)*FTP1-3*基因在果实中表达量

图 8-2　辣椒各部位 *FTP* 家族基因表达量

　　FTP1-3 基因在镉诱导后在不同材料中显著上调。在根系材料中，与 0 mg/kg Cd 处理相比较，5 mg/kg Cd 诱导后，品种"17"、"27"和"X55"的 *FTP1-3* 基因表达量分别上调 10.882、12.138 和 3.946 倍；10 mg/kg Cd 诱导后，品种 "17"、"27"和"X55"的 *FTP1-3* 基因表达量分别上调 30.299、47.031 和 11.577 倍。在茎材料中，*FTP1-3* 基因上调倍数在 5 mg/kg 和 10 mg/kg Cd 处理下差异不明显，在 5 mg/kg Cd 处理后，品种"17"、"27"和"X55"的 *FTP1-3* 基因表达量分别上调 14.501、6.893 和 16.206 倍；10 mg/kg Cd 处理后，品种 "17"、"27"和"X55"的 *FTP1-3* 基因表达量分别上调 16.350、7.799 和 17.213 倍。在果实材料中，5 mg/kg Cd 处理后，品种"17"、"27"和 "X55"的 *FTP1-3* 基因表达量分别上调 1.675、1.513 和 1.491 倍。

　　ZIP 家族转运体不但能转运 Zn 和 Fe 等植物必需的营养元素，同时还能转运 Cd、Pb 等有害重金属元素。*IRT1* 主要参与植物的 Fe 转运，并且由于 *IRT1* 具有较低的选择性，*IRT1* 在调控 Fe 转运过程中，还能转运 Cd 等其他毒性重金属进入植物体内。有研究表明，*IRT1* 在根系对 Cd^{2+} 的吸收过程中起重要作用。2000 年 Rogers 等分析了 *AtIRT1* 与金属吸收的相关位点，结果表明，*AtIRT1* 参与了 Fe、Mn 和 Cd 的转运，且 136-Asp 是吸收 Cd 的关键位点。但是 2018 年 Anna 等对烟草 *NtZIP1-like* 基因的详细分析表明，*NtZIP1-like* 定位于质膜，参与 Zn 而不参与 Fe 和 Cd 的转运。2006 年 Nakanishi 等研究表明，*OsIRT2* 也能转运 Cd，但是转运能力远小于 *OsIRT1*。2015 年 Sasaki 等指出 *OsZIP3* 只与 Zn 分配有关，不参与 Zn 的吸收和转运过程。目前对 *ZIP* 家族在 Cd 转运方面的研究还存在争议。本研究中，不同 Cd 处理下 *FTP* 家族基因表达量大小顺序为根>茎>果实，在品种间 *FTP* 家族基因表达量大小顺序为品种"X55">"17">"27"。其中，*FTP1-2* 基因在品种"27"的根系中上调倍数不明显，而与 0 mg/kg Cd 处理相比较，5 mg/kg

和 10 mg/kg Cd 诱导后，品种"17"和"X55"*FTP1-2* 基因表达量分别上调 2.941、4.957 和 2.055、3.049 倍。Cd 诱导 *FTP1-3* 基因在不同材料中均显著上调。说明 *FTP1-2* 和 *FTP1-3* 基因参与了辣椒根系的 Cd 吸收及辣椒在地上部的积累。

(二)不同品种辣椒各部位的 *HMA* 家族基因表达量比较

如图 8-3 所示，与 0 mg/kg Cd 处理相比较，5 mg/kg 和 10 mg/kg Cd 诱导后，*HMA1* 和 *HMA2* 基因在品种"17"、"27"和"X55"的根、茎、果中被诱导上调表达，且在茎中 *HMA1* 和 *HMA2* 表达量显著高于根系和果实。*HMA1* 基因在品种"17"和品种"27"的根系中表达的上调倍数不明显，在品种"X55"的根系中表达的上调倍数明显，与 0 mg/kg Cd 处理相比较，5 mg/kg 和 10 mg/kg Cd 处理后，*HMA1* 基因在品种"X55"根系中表达分别上调 7.488 和 52.103 倍；品种"17"、"27"和"X55"茎中 *HMA1* 基因在 5 mg/kg Cd 处理后分别上调 1.673、3.154 和 1.786 倍，在 10 mg/kg Cd 处理后 *HMA1* 基因表达量分别上调 1.923、4.846 和 2.381 倍，有一定浓度效应；*HMA1* 基因在品种"17"、"27"和"X55"果实中表达量具有一定浓度效应，在 5 mg/kg Cd 处理后，"X55"果实中 *HMA1* 基因表达量分别是品种"17"和"27"的 1.473 和 3.584 倍。*HMA2* 基因在品种"17"、"27"和"X55"根系中上调表达具有一定浓度效应，在 5 mg/kg 处理后分别上调 4.962、4.600 和 4.653 倍，在 10 mg/kg Cd 处理后 *HMA2* 基因表达量分别上调 6.000、6.150 和 7.041 倍；*HMA2* 基因在品种"17"、"27"和"X55"茎中上调表达具有一定浓度效应，在 5 mg/kg 处理后 *HMA2* 基因表达量分别上调 5.526、4.884 和 7.333 倍，在 10 mg/kg Cd 处理后分别上调 9.605、9.070 和 13.333 倍；*HMA2* 基因在品种"17"和"27"的果实中表达的上调倍数不明显，在 5 mg/kg Cd 处理后，品种"X55"果实中 *HMA2* 基因上调 3.906 倍。

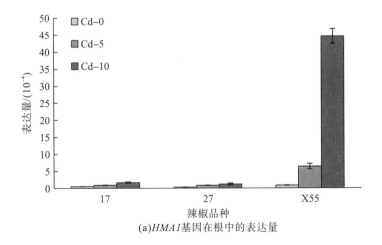

(a)*HMA1*基因在根中的表达量

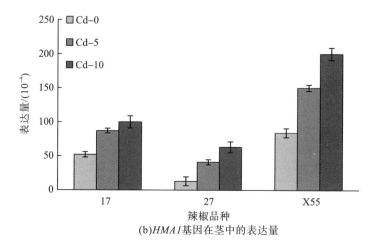

(b)HMA1基因在茎中的表达量

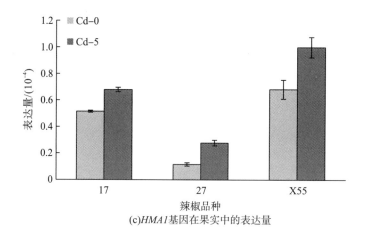

(c)HMA1基因在果实中的表达量

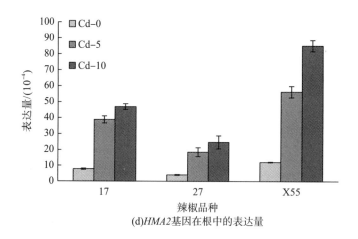

(d)HMA2基因在根中的表达量

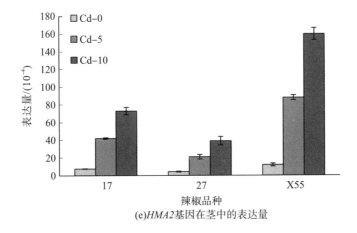

(e)*HMA2*基因在茎中的表达量

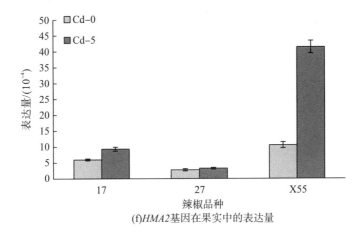

(f)*HMA2*基因在果实中的表达量

图 8-3　辣椒各部位 *HMA* 家族基因表达量

　　HMA 家族，尤其是 *HMA1-4*，在植物 Cd 积累过程中起着核心作用，包括超积累植物天蓝遏蓝菜（*Thlaspi caerulescens*）和鼠耳芥（*Arabidopsis thaliana*），*AtHMA1* 在金属运输进入叶绿体中起重要作用，*AtHMA2* 和 *AtHMA4* 负责根部的转移，*AtHMA3* 负责将金属运输到液泡中。*HMA1-4* 的过表达促进了根系对 Cd 的吸收，同时促进了 Cd 在木质部的装载，增加了幼苗的 Cd 积累量。在本研究中，与 0 mg/kg Cd 处理相比较，5 mg/kg 和 10 mg/kg Cd 诱导后，*HMA1* 和 *HMA2* 基因在品种"17"、"27"和"X55"的根、茎、果中被诱导上调表达并具有一定浓度效应，且在茎中表达量显著高于根系和果实。说明 *HMA1* 和 *HMA2* 基因的表达倍数受到外源 Cd 的调节，并且茎材料中基因表达丰度显著高于根系，说明 *HMA1* 和 *HMA2* 基因可能参与了 Cd 元素从辣椒根系往地上部的运输，并且参与了 Cd 的地上部的累积。2012 年 Satoh-Nagasawa 等的研究表明，

OsHMA2 是水稻根和地上部运输 Zn 和 Cd 的一个转运蛋白，2013 年 Naoki 等发现 *OsHMA2* 不仅在水稻根中高表达，在地上部也高表达，是根和地上部锌和镉的主要转运途径之一，这与本研究结果相类似。此外，在本研究中，三个辣椒品种中，品种"X55"的 *HMA1* 和 *HMA2* 基因表达量均显著高于品种"17"和"27"，说明 Cd 诱导下 *HMA1* 和 *HMA2* 基因在品种"X55"中的调控作用显著高于其他两个品种，这可能与"X55"地上部 Cd 累积量较高，并且耐性较高有关。

（三）不同品种辣椒各部位的 *NRAMP* 家族基因表达量比较

如图 8-4 所示，与 0 mg/kg Cd 处理相比较，5 mg/kg 和 10 mg/kg Cd 诱导后，*NRAMP1*、*NRAMP2*、*NRAMP3*、*NRAMP5* 和 *NRAMP6* 基因在品种"17"、"27"和"X55"的根、茎、果中被诱导上调表达。*NRAMP1* 基因在品种"17"和"27"的根系中上调不明显，在品种"X55"根系中上调明显，5 mg/kg 和 10 mg/kg Cd 诱导后分别上调 1.654 和 2.370 倍；*NRAMP1* 基因在品种"17"、"27"和"X55"茎中上调表达有明显的浓度效应，与 0 mg/kg Cd 处理相比较，5 mg/kg Cd 处理后，三个品种 *NRAMP1* 基因表达量分别上调 1.757、1.871 和 1.767 倍，10 mg/kg Cd 处理后分别上调 2.351、2.452 和 2.279 倍；与 0 mg/kg Cd 处理相比较，5 mg/kg Cd 处理后，*NRAMP1* 基因在品种"17"、"27"和"X55"果实中分别上调 1.813、1.689 和 1.677 倍。*NRAMP2* 基因在品种"17"、"27"和"X55"的各部位间表达量大小顺序为根＞茎＞果，且上调表达具有一定浓度效应，同一 Cd 处理下 *NRAMP2* 表达量大小顺序为品种"27"＞"17"＞"X55"。在辣椒根材料中，5 mg/kg Cd 处理后，品种"27" *NRAMP2* 基因表达量分别是品种"17"和"X55"的 2.134 和 2.746 倍；10 mg/kg Cd 处理后，品种"27" *NRAMP2* 基因表达量分别是品种"17"和"X55"的 1.890 和 4.079 倍。在辣椒茎材料中，5 mg/kg Cd 处理后，品种"27" *NRAMP2* 基因表达量分别是品种"17"和"X55"的 2.041 和 2.517 倍；10 mg/kg Cd 处理后，品种"27" *NRAMP2* 基因表达量分别是品种"17"和"X55"的 1.254 和 3.971 倍。在辣椒果实材料中，5 mg/kg Cd 处理后，品种"27" *NRAMP2* 基因表达量分别是品种"17"和"X55"的 1.649 和 3.558 倍。

NRAMP3 基因的根、茎、果中表达量大小顺序在品种间均表现为品种"27"＞"17"＞"X55"。在根系材料中，5 mg/kg Cd 处理后，品种"27" *NRAMP2* 基因表达量分别是品种"17"和"X55"的 1.501 和 3.392 倍；10 mg/kg Cd 处理后，品种"27" *NRAMP2* 基因表达量分别是品种"17"和"X55"的 2.461 和 3.708 倍。在茎材料中，5 mg/kg Cd 处理后，品种"27" *NRAMP2* 基因表达量分别是品种"17"和"X55"的 1.755 和 2.578 倍；10 mg/kg Cd 处理后，品种"27" *NRAMP2* 基因表达量分别是品种"17"和"X55"的 1.833 和 2.862 倍。

在果实材料中，5 mg/kg Cd 处理后，品种"27"*NRAMP2*基因表达量分别是品种"17"和"X55"的 1.515 和 4.459 倍。*NRAMP5* 基因在各品种间均表现为根＞茎＞果实，在 10 mg/kg Cd 处理后，在根、茎、果中 *NRAMP5* 表达量大小顺序为品种"X55"＞"17"＞"27"，品种"X55"的 *NRAMP5* 表达量分别是品种"17"和"27"的 1.2 和 3.067 倍；在茎材料中，品种"X55"的表达量分别是品种"17"和"27"的 1.269 和 4.660 倍。5 mg/kg Cd 处理后，在果实材料中，品种"X55"*NRAMP5* 的表达量分别是品种"17"和"27"的 1.686 和 2.926 倍。*NRAMP6* 基因的根、茎、果中表达量在品种间均表现为品种"27"＞"17"＞"X55"。在根系材料中，5 mg/kg Cd 处理后，品种"27"的 *NRAMP6* 表达量分别是品种"17"和"X55"的 1.250 和 2.413 倍；在 10 mg/kg Cd 处理后，品种"27"的 *NRAMP6* 表达量分别是品种"17"和"X55"的 1.122 和 2.520 倍。在茎材料中，5 mg/kg Cd 处理后，品种"27"的 *NRAMP6* 表达量分别是品种"17"和"X55"的 1.315 和 2.261 倍；在 10 mg/kg Cd 处理后，品种"27"的 *NRAMP6*

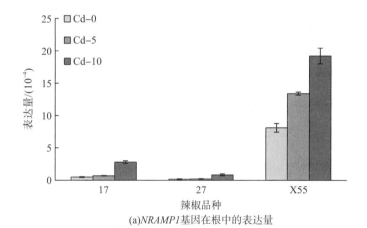

(a)*NRAMP1*基因在根中的表达量

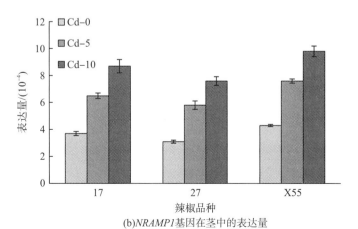

(b)*NRAMP1*基因在茎中的表达量

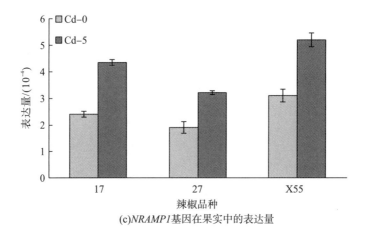

(c)*NRAMP1*基因在果实中的表达量

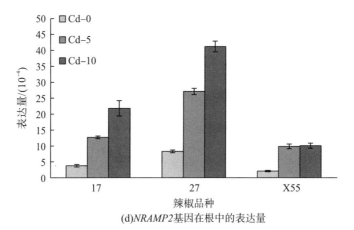

(d)*NRAMP2*基因在根中的表达量

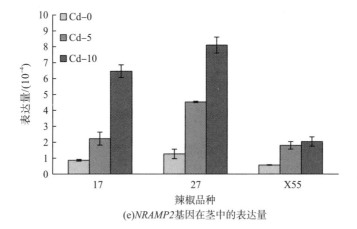

(e)*NRAMP2*基因在茎中的表达量

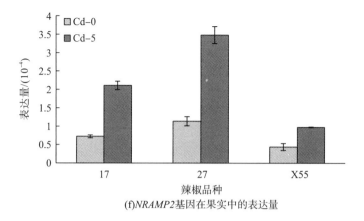

(f)NRAMP2基因在果实中的表达量

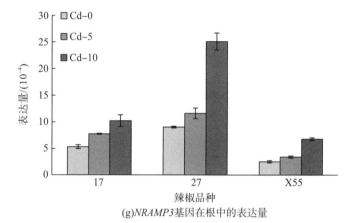

(g)NRAMP3基因在根中的表达量

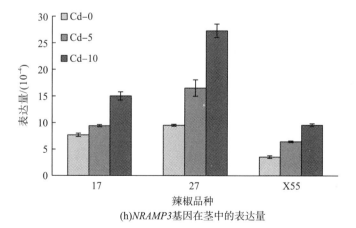

(h)NRAMP3基因在茎中的表达量

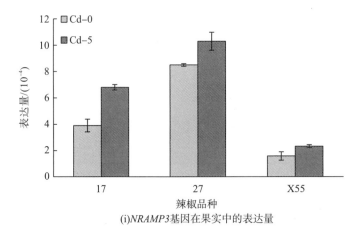

(i)*NRAMP3*基因在果实中的表达量

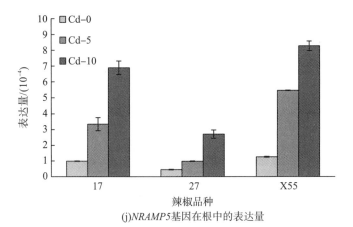

(j)*NRAMP5*基因在根中的表达量

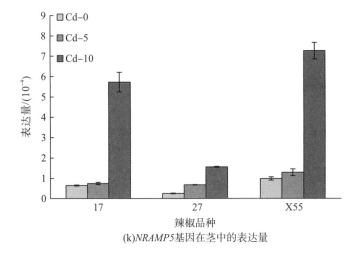

(k)*NRAMP5*基因在茎中的表达量

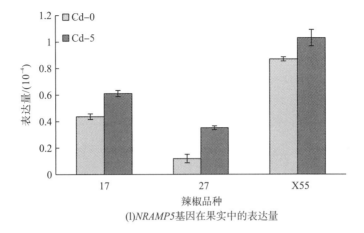

(l)NRAMP5基因在果实中的表达量

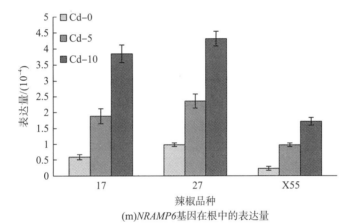

(m)NRAMP6基因在根中的表达量

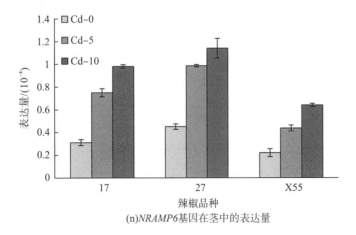

(n)NRAMP6基因在茎中的表达量

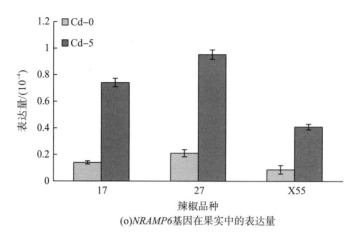

(o)NRAMP6基因在果实中的表达量

图 8-4　辣椒各部位 *NRAMP* 家族基因表达量

表达量分别是品种"17"和"X55"的 1.163 和 1.781 倍。在果实材料中，5 mg/kg Cd 处理后，品种"27"的 *NRAMP6* 表达量分别是品种"17"和"X55"的 1.287 和 2.327 倍。

植物天然抗性相关巨噬细胞蛋白(*NRAMP*)家族对重金属胁迫具有重要的耐受作用，是一类重要的金属跨膜转运蛋白，参与植物体内的金属转运和体内金属离子平衡。*NRAMP* 转运蛋白已被报道在植物根系和地上部均有表达，并被分类为涉及 Mn^{2+}、Zn^{2+}、Cu^{2+}、Fe^{2+}、Cd^{2+}、Ni^{2+} 和 Co^{2+} 的金属跨膜转运蛋白。据报道，Cd 污染条件下植物可通过 *NRAMP* 等金属阳离子转运体积累土壤中的 Cd。许多研究已报道 *NRAMP1*、*NRAMP3*、*NRAMP4* 和 *NRAMP6* 参与了 Fe 和 Cd 的转运。2018 年 Mani 等对 *OsNRAMP* 的相互作用分析也表明，*OsNRAMP1-7* 这些转运蛋白可能与 Cd/Zn 转运有关。在本研究中，辣椒根、茎、果实的 *NRAMP2*、*NRAMP3*、*NRAMP6* 基因表达量大小顺序为品种"27">"17">"X55"，*NRAMP1* 和 *NRAMP5* 基因表达量大小顺序为"X55">"17">"27"，而不同 Cd 处理下地上部 Cd 积累量大小顺序为"X55">"17">"27"，*NRAMP* 基因在不同辣椒品种间的表达差异性，说明不同品种辣椒对 Cd 吸收转运的高低不同。2013 年 Hartke 等研究了 Cd 胁迫下 6 个番茄品种 Cd 积累和转运基因 *LeNRAMP1* 与 *LeNRAMP3* 表达量存在基因型差异，Cd 转运和耐胁迫能力在品种间也存在显著差异，同样 2017 年 Wang 等研究发现在不同品种白菜中也存在这样的规律。上述结果同时还说明 *NRAMP1* 和 *NRAMP5* 基因介导了品种 X55 高积累 Cd。2012 年 Ishimaru 等研究表明，*OsNRAMP5* 定位于水稻表皮细胞的质膜上，水稻过表达 *OsNRAMP5* 会提高水稻地上部 Cd 积累量，与本研究结果相类似。在本研究中，同一 Cd 处理下，*NRAMP* 家族中的这六个基因在辣椒的根、茎、果实材料中均有表达，品种"17"和品种"27"的 *NRAMP1* 基因在辣椒茎中的表达量显著高于根系，而品种 X55 茎中 *NRAMP1* 基因表达量显著低于根系；*NRAMP2*、*NRAMP5*、*NRAMP6* 基因在三个辣椒品种根系中的表达量均最高，其次为茎和果实；而 *NRAMP3* 基因在三个辣椒品种茎中的表达量显著高于根系，果实表达量最低。本试验结果说明，以上几个基因均参与了辣椒 Cd 从根系到地上部的迁移过程，参与了 Cd 在辣椒体内的长距离运输。2018 年 Meena 等研究表明，*LeNRAMP3* 金属转运蛋白参与番茄 Cd 从根到叶子的迁移转运过程，并且在 250 μmol/L Cd 浓度下较为敏感。2003 年 Thomine 等也报道了 *AtNRAMP3* 参与植物体内金属的长距离运输，并在植物根、茎和叶的维管组织中都有表达。

（四）不同品种辣椒各部位的 *PCS* 基因表达量比较

如图 8-5 所示，*PCS* 基因表达量大小顺序为根＞茎＞果实，同一材料中表达量大小顺序为品种"X55"＞"17"＞"27"。在根系材料中，与 0 mg/kg Cd 处理相比较，5 mg/kg 和 10 mg/kg Cd 诱导后，品种"17"、"27"和"X55"表达

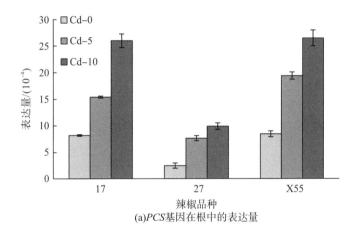

(a)*PCS*基因在根中的表达量

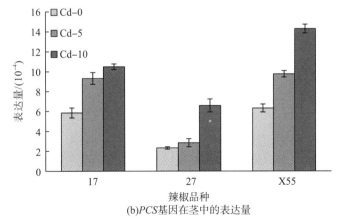

(b)*PCS*基因在茎中的表达量

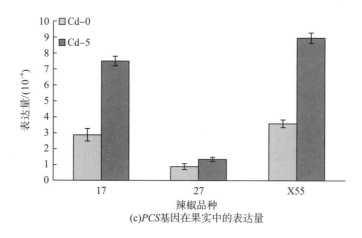

(c)*PCS*基因在果实中的表达量

图 8-5　辣椒各部位 *PCS* 家族基因表达量

量分别上调 1.885、3.077、2.299 倍和 3.182、3.984、3.140 倍。在茎材料中，5 mg/kg Cd 处理后，品种"17"、"27"和"X55"表达量分别上调 1.590、1.227 和 1.543 倍；10 mg/kg Cd 诱导后，品种"17"、"27"和"X55"表达量分别上调 1.792、2.828 和 2.259 倍。在果实材料中，5 mg/kg Cd 处理后，品种"17"、"27"和"X55"表达量分别上调 2.622、1.520 和 2.503 倍。

　　PCS 是植物中的重金属螯合剂，参与调控植物细胞内重金属的解毒机制，在植物 Cd 耐性过程中起着重要作用。*PCS* 能通过细胞液中的半胱氨酸硫醇基团与 Cd 离子结合，形成复杂的络合物。复合物可以被吸附并区隔在液泡中，从而限制 Cd 在细胞溶质中的运输，实现植物体内金属离子的平衡和解毒。*PCS* 基因是编码 PC 合成酶的关键基因，被认为是植物重金属离子耐受和积累的关键基因。一般认为，植物体内过表达 *PCS* 基因可以提高 *PCS* 的含量，提高植物对重金属的耐受性。依赖于 *PCS* 基因的 PC 合成已经被证明是拟南芥细胞内 Cd、As、Hg 和 Pb 等离子解毒的关键反应。在本研究中，相同 Cd 处理下，辣椒根、茎、果实的 *PCS* 基因表达量大小顺序为品种"X55"＞"17"＞"27"，说明 *PCS* 基因表达量也存在基因型差异。本试验中，辣椒不同部位 *PCS* 基因表达量大小顺序为根＞茎＞果实，辣椒根系对 Cd 的积累量也较高，说明 *PCS* 基因可能诱导了根系 *PCS* 的合成较多，大部分 Cd 被固定在辣椒根系中，*PCS* 基因对辣椒 Cd 解毒机制有着重要的作用。

三、低重金属镉蓄积蔬菜种类及品种选育研究展望

　　在重金属 Cd 污染地区，可考虑种植可食部分 Cd 积累较少的蔬菜种类和品种，以减少对人类健康的潜在威胁。目前对选育 Cd 低吸收、低积累的作物品种来

降低作物可食部位的 Cd 含量研究取得了一些进展，发现部分能够吸收或转运 Cd 的基因，也积累了一定数量低 Cd 积累的品种资源(Wang et al.，2009；He et al.，2008；Wu et al.，2005；Zhang et al.，2000)。对部分作物低 Cd 吸收积累机理进行了较深入研究(Liu et al.，2010)，如通过育种途径降低向日葵和硬粒小麦籽粒 Cd 含量的研究已取得了进展。2016 年李家洋院士领衔的团队通过对主要 QTL 进行合理设计，成功开发了更高产和更优质的水稻新品种。这一创新性思路为发掘低 Cd 蓄积蔬菜品种来降低蔬菜 Cd 的吸收、转运和蓄积提供了技术支持和保障。在分子水平上鉴定 Cd 吸收、转运基因的研究将有助于开发低 Cd 或无 Cd 蔬菜产品。诸多成果已成为低 Cd 积累机理研究的重要资料。由于作物低 Cd 吸收积累机理的复杂性，现有研究存在着许多还未澄清的问题。关于低 Cd 积累基因差异的分子机理仍不清楚。这极大地限制了利用现代分子生物学技术来培育耐 Cd、低 Cd 作物新品种的进程。目前进一步的工作还需要深入开展：

(1)比较分析高/低 Cd 蓄积品种在 Cd 处理下 Cd 主要富集基因以及其他尚未确认的、潜在的功能基因等的表达差异，确定候选基因，为更全面地理解低 Cd 蓄积的机理提供分子方面的试验证据。

(2)开展基因功能预测，从转录组水平上研究 Cd 诱导条件下低 Cd 蓄积品种基因表达水平，利用 NCBI 数据库，对基因表达有显著差异的基因进行分析，明确低 Cd 蓄积基因型低吸收 Cd 的主要分子机制。

(3)对候选基因进行克隆和比较分析，进一步确定关键基因位点和群体遗传特征，解析低蓄积分子机理，为选育低 Cd 蓄积新品种奠定基础。

主要参考文献

陈贵青, 张晓璟, 徐卫红, 等. 2010. 不同锌水平下辣椒体内镉的积累、化学形态及生理特性[J]. 环境科学, 31(7): 1657-1662.

陈惠, 曹秋华, 徐卫红, 等. 2013. 镉对不同品种辣椒幼苗生理特性及镉积累的影响[J]. 西南师范大学学报(自然科学版), 38(9): 110-115.

陈蓉, 刘俊, 徐卫红, 等. 2015. 外源镧对不同品种黄瓜镉积累及镉化学形态的影响[J]. 食品科学, 36(5): 38-44.

陈永勤. 2017. 镉富集植物镉积累基因型差异及分子机理研究[D]. 重庆: 西南大学.

黄朝冉, 江玲, 徐卫红, 等. 2016. 菜园土壤和蔬菜中 Pb, Cd, Hg 和 As 的质量分数及相关性研究[J]. 西南师范大学学报(自然科学版), 41(11): 40-48.

李桃. 2019. 不同品种辣椒镉胁迫耐受机制研究[D]. 重庆: 西南大学.

李欣忱, 李桃, 徐卫红, 等. 2017. 不同品种辣椒镉吸收与转运的差异[J]. 中国蔬菜, (9): 32-36.

张海波. 2013. 不同辣椒品种镉积累差异及外源物质对镉富集的调控效应[D]. 重庆: 西南大学.

周坤, 刘俊, 徐卫红, 等. 2013. 铁对番茄镉积累及其化学形态的影响[J]. 园艺学报, 40(11): 111-122.

周坤, 刘俊, 徐卫红, 等. 2014. 外源锌对不同番茄品种抗氧化酶活性、镉积累及化学形态的影响[J]. 环境科学学报, 34(6): 1592-1599.

Antonious G F, Kochhar T S. 2009. Mobility of heavy metals from soil into hot pepper fruits: a field study[J]. Bulletin of Environmental Contamination & Toxicology, 82(1): 59-63.

Assunção A G L, Martins P D C, Folter S D, et al. 2001. Elevated expression of metal transporter genes in three accessions of the metal hyperaccumulator *Thlaspi caerulescens*[J]. Plant, Cell and Environment, 24(2): 211-226.

Chen B C, Lai H Y, Lee D Y, et al. 2011. Using chemical fractionation to evaluate the phytoextraction of cadmium by switchgrass from Cd-contaminated soils[J]. Ecotoxicology, 20(2): 409-418.

Cho U H, Seo N H. 2005. Oxidative stress in *Arabidopsis thaliana* exposed to cadmium is due to hydrogen peroxide accumulation[J]. Plant Sci. , 168: 113-120.

Cohen C K, Fox T C, Garvin D E, et al. 1998. The role of iron-deficiency stress responses in stimulating heavy-metal transport in plants[J]. Plant Physiology, (116): 1063-1072.

Connolly E L, Fett J P, Guerinot M L. 2002. Expression of the *IRT1* metal transporter is controlled by metals at the levels of transcript and protein accumulation[J]. Plant cell, 14(6): 1347-1357.

Courbot M, Willems G, Motte P, et al. 2007. A major quantitative trait locus for cadmium tolerance in *Arabidopsis haileri* colocalizes with *HMA4*, a gene encoding a heavy metal ATPase[J]. Plant Physiology, 144(2): 1052-1065.

Delorme T A, Gagliardi J V, Angle J S, et al. 2001. Influence of the zinc hyperaccumulator *Thlaspi caerulescens* J. & C. Presl. and the nonmetal accumulator *Trifolium pratense* L. on soil microbial populations[J]. Can. J. Microbiol. , 47(8): 773-776.

Hanikenne M, Talke I N, Haydon M J, et al. 2008. Evolution of metal hyperaccumulation required cis-regulatory changes and tripl ication of *HMA4*[J]. Nature, 453(7193): 391-395.

He J Y, Zhu C, Ren Y F, et al. 2008. Uptake, subcellular distribution and chemical forms of cadmium in wild-type and mutant rice[J]. Pedosphere, 8(3): 371-377.

Hirschi K. 2001. Vacuolar H$^+$/Ca^{2+} transport: Who's directing the traffic?[J]. Trends in Plant Science, (6): 100-104.

Hirayama T, Kieber J J, Hirayama N, et al. 1999. Responsive-to-antagonist1, a Menkes/Wilson disease-related copper transporter, is required for ethylene signaling in *Arabidopsis*[J]. Cell, 97, 383-393.

Jiang W, Wang J J, Tang J S, et al. 2010. Soil bacterial functional diversity as influenced by cadmium, phenanthrene and degrade bacteria application[J]. Environ. Earth Sci. , 59(8): 1717-1722.

Küpper H, Lombi E, Zhao F J, et al. 2000. Cellular compartmentation of cadmium and zinc in relation to other elements in the hyperaccumulator *Arabidopsis halleri*[J]. Planta, (212): 75-84.

León A M, Palma J M, Corpas F J, et al. 2002. Antioxidative enzymes in cultivars of pepper plants with different sensitivity to cadmium[J]. Plant Physiol. Biochem. , 40: 813-820.

Liao M, Luo Y K, Zhao X M, et al. 2005. Toxicity of cadmium to soil microbial biomass and its activity: effect of incubation time on Cd ecological dose in a paddy soil[J]. Journal of Zhejiang University Science, 6(5): 324-330.

Liao M, Xie X M. 2004. Cadmium release in contaminated soil due to organic acids[J]. Pedosphere, 14(2): 223-228.

Liu H, Probst A, Liao B. 2005 Metal contamination of soils and crops affected by the Chenzhou lead/zinc mine spill (Hunan, China) [J]. Sci. Total Environ. , 339: 153-166.

Liu W T, Zhou Q X, An J, et al. 2010. Variations in cadmium accumulation among Chinese cabbage cultivars and screening for Cd-safe cultivars [J]. Hazardous Materials, 173: 737-743.

Liu W T, Zhou Q X, Sun Y B, et al. 2009. Identification of Chinese cabbage genotypes with low cadmium accumulation for food safety [J]. Environ. Pollut. , 157 (6) : 1961-1967.

Lombi E, Tearall K L, Howarth J R, et al. 2002. Influence of iron status on cadmium and zinc uptake by different ecotypes of the hyperaccumulator *Thlaspi caerulescens* [J]. Plant Physiology, (128): 1359-1367.

Lux A, Martinka M, Vaculik M, et al. 2011. Root responses to cadmium in the rhizosphere: a review [J]. Journal of Experimental Botany, 62 (1) : 21-37.

Lux A, Vaculik M, Martinka M, et al. 2011. Cadmium induces hypodermal periderm formation in the roots of the monocotyledonous medicinal plant *Merwilla plumbea* [J]. Ann. Bot. , 107 (2) : 285-292.

Majer B J, Tscherko D, Paschke A. 2002. Effects of heavy metal contamination of soils on micronucleus induction in *Tradescantia* and on microbial enzyme activities: a comparative investigation [J]. Mut. Res. -Genetic Toxicology and Environmental Mutagenesis, 515: 111-124.

Moreno-Caselles J, Moral A, Perez-Esplnosa R, et al. 2000. Cadmium accumulation and distribution in cucumber plant [J]. Plant Nutri. , 23 (2) , 243-250.

Muñoz S, Alma H, Gutierrez Corona F, et al. 2005. Subcellular distribution of aluminum, bismuth, cadmium, chromium, copper, iron, manganese, nickel, and lead in cultivated mushrooms (*Agaricus bisporus* and *Pleurotus ostreatus*) [J]. Biol. Trace Elem. Res. , 106 (3) : 265-277.

Papoyan A, Kochian L V. 2004. Identification of *Thlaspi caerulescens* genes that may be involved in heavy metal hyperaccumulation and tolerance. Characterization of a novel heavy metal transporting ATPase [J]. Plant Physiology, (136) : 3814-3823.

Peer W A, Mamoudian M, Lahner B, et al. 2003. Identifying model metal hyperaccumulating plants: germplasm analysis of 20 *Brassicaceae accessions* from a wide geographical area [J]. New Phytologist, (159) : 421-430.

Pence N S, Larsen P B, Ebbs S D, et al. 2000. The molecular physiology of heavy metal transporter in the Zn/Cd hyperaccumulator *Thlaspi caerulescens* [J]. Proc. Natl. Acad. Sci. USA, 97: 4956-4960.

Perronnet K, Schwartz C, Morel J L, et al. 2003. Distribution of cadmium and zinc in the hyperaccumulator *Thlaspi caerulescens* grown on multicontaminated soil [J]. Plant Soil, 249: 19-25.

Pinto A P, Simões I, Mota A M. 2008. Cadmium impact on root exudates of sorghum and maize plants: a speciation study [J]. Plant Nutri. , 31 (10) : 1746-1755.

Romero-Gonzalez M E, Williams C J, Gardiner P H. 2001. Study of the mechanisms of cadmium biosorption by dealginated seaweed waste [J]. Environ. Sci. Technol. , 35 (14) : 3025-3030.

Romero-Puertas M C, Corpas F J, Rodriguez-Serrano M, et al. 2007. Differential expression and regulation of antioxidative enzymes by cadmium in pea plants [J]. Plant Physi. , 164: 1346-1357.

Sandrin T R, Maier R M. 2002. Effect of pH on cadmium toxicity, speciation and accumulation during biodegradation of naphthalene[J]. Environ. Toxicol. Chem. , 21: 2075-2079.

Satarug S, Baker J R, Urbenjapol S, et al. 2003. A global perspective on cadmium pollution and toxicity in non-occupationally exposed population[J]. Toxicol. Lett. , 137(1-2): 65-83.

Shentu J L, He Z L, Yang X E, et al. 2008. Accumulation properties of cadmium in selected-vegetable-rotation system of Southeastern China[J]. Agric. Food Chem. , 56(15): 6382-6388.

Shentu J L, He Z L, Yang X E, et al. 2008. Microbial activity and community diversity in a variable charge soil as affected by cadmium exposure levels and time[J]. Zhejiang Univ. Sci. B, 9(3): 250-260.

Thomine S, Wang R C, Ward J M, et al. 2000. Cadmium and iton transport by members of a plant metal transporter family in arabidopsis with homology to *NRAMP* genes[J]. Proceedings of the National Academy of Sciences of the Umted States of America, (97): 4991-4996.

Vig K, Megharaj M, Sethunathan N, et al. 2003. Bioavailability and toxicity of cadmium to microorganisms and their activities in soil: a review[J]. Adv. Environ. Res. , 8(1): 121-135.

Wang J L, Yuan J G, Yang Z Y, et al. 2009. Variation in cadmium accumulation among 30 cultivars and cadmium subcellular distribution in 2 selected cultivars of water spinach (*Ipomoea aquatica* Forsk.)[J]. Agric. Food Chem. , 57(19): 8942-8949.

Wei S H, Zhou Q X. 2006. Phytoremdiation of cadmium-contaminated soils by *Rorippa globosa* using two-phase planting[J]. Environ. Sci. Pollut. Res. , 13(3): 151-155.

Wu F B, Dong J, Qian Q, et al. 2005. Subcellular distribution and chemical form of Cd and Cd-Zn interaction in different barley genotypes[J]. Chemosphere, 60(10): 1437-1446.

Yao H Y, Xu J M, Huang C Y. 2003. Substrate utilization pattern, biomass and activity of microbial communities in a sequence of heavy metal-polluted paddy soils[J]. Geoderma, 115: 139-148.

Zeng L S, Liao M, Chen C L, et al. 2005. Variation of soil microbial biomass and emzyme activities at different growth stages of rice (*Oryza sativa* L.)[J]. Rice Science, 12(4): 283-288.

Zhang G P, Fukarni M, Sekimoto H. 2000. Genotypic differences in effects of cadmium on growth and nutrient compositions in wheat[J]. Plant Nutr. , 23(9): 1337-1350.

Zhang Y, Zhang X L, Zhang H W, et al. 2009. Responses of soil bacteria to long-term and short-term cadmium stress as revealed by microbial community analysis[J]. Bull. Environ. Contam. Toxicol. , 82: 367-372.

Zhu Y H, Zhang S H, Huang H L, et al. 2009. Effects of maize root exudates and organic acids on the desorption of phenanthrene from soils[J]. Environ. Sci. , 21(7): 920-926.

Zhu Z J, Sun G W, Fang X Z. 2004. Genotypic differences in effects of cadmium exposure elements in 14 cultivars of Bai Cai[J]. Environ. Sci. Health, Part B: Pestic. , Food Contam. , Agric. Wastes. , 39(4): 675-687.